数字媒体艺术专业“十四五”规划核心教材

用户体验与UI交互设计

（第二版）

主　编　石云平　刘丽萍　李永文
副主编　雷子昂　李　可　左子昂

中国传媒大学出版社
·北　京·

前 言

以用户体验为中心的移动应用交互设计的好坏对于移动应用产品的开发是否成功起着决定性的作用。本书以行业对数字媒体人才的需求为导向，将实际项目贯穿于本书的设计中。首先，本书从感知移动设计讲起，引入从设计思维到产品思维的相关理论，分析、总结了移动设计的特点和创新，重点指出如何平衡用户、商业和技术之间的关系，并对互联网产品新发展的风向和发展新趋势进行了论述；其次，本书以用户体验的三大设计流程为主线，详细分析了每个流程中涉及的新技术、方法、原则、思路和设计标准，同时作者们根据自身的移动应用设计经验，介绍了一些常用的设计工具和使用技巧，希望对新入行的设计师们有所帮助；最后，本书详细讲解了移动平台产品设计项目的实践范例，让使用者通过本书真正掌握移动设计的方法，真正了解行业设计流程。同时，以附录的形式列出了很多有参考价值的资料、网址供设计者选择学习。本书适合数字媒体艺术相关专业的移动设计初学者，对移动设计感兴趣、想进入此领域的设计师，对企业家、开发人员、产品经理、质量保证人员、销售与客服来说也是一本非常实用的参考书，同时对设计师在设计领域中迅速转型也有很大的帮助。

本书从想法诞生到付诸实施花费了好几个月的时间，本次的修订也是增加了很多新的内容。从内容结构到设计观点，我们进行了一遍遍的推敲，确定了本书的核心内容和创新点，每位作者都付出了艰辛的努力。书中难免会有一些纰漏，还望各位读者批评指正并提出宝贵的意见和建议。

本书整体结构由主编石云平规划，全书共七大章，第一章、第二章、第三章和第五章由石云平、刘丽萍、李可、左子昂完成，共配图200余幅；第四章由雷子昂、李可完成，共配图100余幅；第六章由李永文、左子昂完成，共配图90余幅，第七章由刘丽萍、石云平共同完成，共配图70余幅。其中李可、左子昂还完成了全书配套课件的设计与制作，累计各完成3.5万字的内容。在撰写过程中，资深互联网产品用户体验设计师徐强为本书提供了很多素材和资料，并提出了很多非常有建设性的意见和建议，使全书的品质有了很大的提高，在此对他致以真诚的谢意！

石云平

2024年3月于西安邮电大学

序　设计的价值

2017 年 6 月，在《自然》杂志发表的两篇论文研究证明，在 320 万年前，早期的智人就开始制造和使用工具。当原始智人第一次挑选并简单处理一块石头，将动物身上的肉割下来食用的那一刻，人类第一次对“设计”做出了定义：“解决问题”，这也是设计的核心意义，只有为了某种需求，去主动思考、寻找、改造、使用，到发现新的问题，再次思考、寻找、深度改造（制造）、使用的循环过程，才能被称为设计。所以设计是一种创造性地解决问题的过程，并且它诞生之初，其价值就不仅仅是为了解决生存需求（早期智人采集植物果实已经能够生存），而是为了提高生存质量，从而带来对更高层次的需求的追求。例如，为了对更容易消化的熟食的追求，人类学会制造工具生火；为了减少野兽攻击带来的死亡风险而制造武器；再到为了开拓生活空间，去更远的地方适应不同气候条件而制造衣服；再到为了敬畏万灵而设计祭祀仪器等。

今天，我们身处相对于原始人类，无比丰富的物质与精神世界中，早已是各种需求被满足，又簇生新的需求，再被满足的循环迭代了几百万年后的人类世界，我们在当下再次询问设计价值的时候，发现那些更为精确的定义其实与原始人类的解决机制如出一辙。

引用“博朗”品牌首席设计师迪特·拉姆斯（Dieter Rams）为现代设计总结的十大原则：

1. 好的设计是创新的（Good design is innovative）

创新的可能性是永远存在并且不会消耗殆尽的。科技日新月异的发展不断为创新设计提供了崭新的机会。同时创新设计总是伴随着科技的进步而向前发展，永远不会完结。

2. 好的设计是实用的（Good design makes a product useful）

实用不仅是功能，也要体现在用户的购买心理和产品的审美上。优秀的设计强调实用性的同时也不能忽略其他方面。

3. 好的设计是唯美的（Good design is aesthetic）

产品的美感是实用性不可或缺的一部分，因为每天使用的产品无时无刻不在影响着我们的生活，但是只有精湛的东西才可能是美的。

4. 好的设计让产品说话（Good design helps a product to be understood）

优秀的设计让产品的结构清晰明了，更强大的是它能让产品自己说话，最好是一切能够不解自明。

5. 好的设计是谦虚的（Good design is unobtrusive）

产品要像工具一样能够达成某种目的。它们既不是装饰物也不是艺术品。因此它们应该是中庸的，带有约束的，这样会给使用者的个性表现上留有一定空间。

6. 好的设计是诚实的（Good design is honest）

不要夸张产品本身的创意、功能的强大和其价值。也不要试图用实现不了的承诺去欺骗消费者。

7. 好的设计坚固耐用（Good design is durable）

它使产品避免成为短暂的时尚，而是看上去永远都不会过时。和时尚设计不同的是，它会被人们接受并使用很多年，甚至是在当今被一次性商品充斥的社会。

8. 好的设计是细致的（Good design is thorough to the last detail）

任何细节都不能敷衍了事或者怀有侥幸心理。设计过程中的悉心和精确是对消费者的一种尊敬。

9. 好的设计是环保的（Good design is concerned with the environment）

好的设计必须考虑到使用者的环境，关注体验的每一个环节。

10. 好的设计是极简的（Good design is as little design as possible）

少，但是更好。因为它浓缩了产品必须具备的因素，剔除了不必要的东西。

我们不难看出上述原则并不仅仅是现代设计所遵循的原理，而是从人类开始有设计意识的那一刻，就已经自然而然地执行了，所以这些才是设计的价值，作为设计师，应该深刻地感知、理解和体验这些原则。无论未来人工智能（AI）发展成为多么高效的执行终端，它的核心任务还是辅助设计者，因为人类原始的需求动机和解决机制，还暂时无法被人工智能所理解。所以上述原则在很长的一段时间内，无法由人工智能完整理解，而作为设计师，在未来与“AI 工具”联合工作的时候，更多的价值是在于为了解决用户需求，去思考、寻找、改造、使用，到发现新的问题，再次思考、寻找、深度改造（制造）、使用的“设计过程”。

徐　强

资深互联网产品用户体验设计师

目　录

第一章　感知移动设计

本章内容思维导图

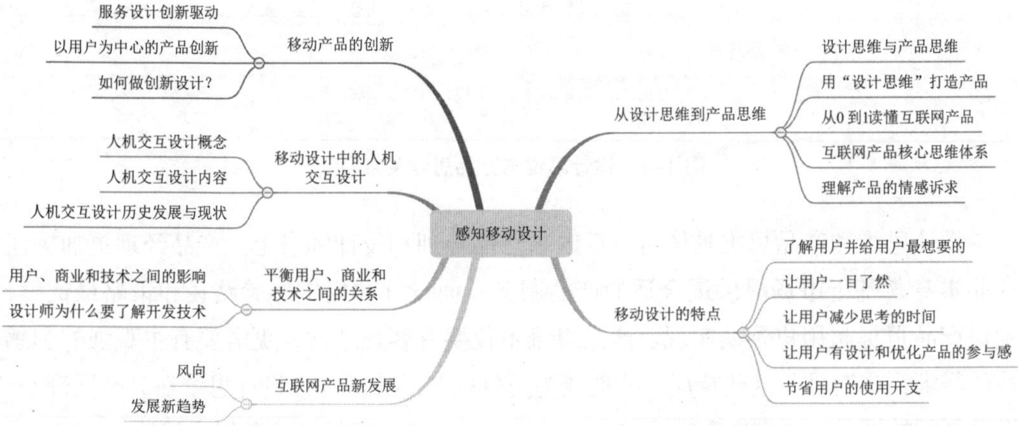

本章要点

1. 从设计思维到产品思维的相关理论
2. 移动设计的特点
3. 移动产品如何创新
4. 移动设备中的人机交互设计
5. 如何平衡用户、商业和技术之间的关系
6. 了解互联网产品新发展的风向和发展新趋势

扫码查看
第一章彩图

第一节　从设计思维到产品思维

一、设计思维与产品思维

设计思维和产品思维紧密结合。设计思维是从同理心的角度设计更加贴近人们生

活的产品或者解决用户、社会痛点问题的思维方式，帮助用户发现痛点和解决痛点，从而发现产品机会，最终产生了自己产品的价值和价值主张。设计思维在前，需要对用户进行深度的了解、访谈、观察、分析和总结，然后进入产品原型多轮的验证阶段，用最低的成本验证产品设计和产品价值主张，收集反馈数据，对“用户、需求、信息、交互、视觉”这五个方面进行不断调整。而产品思维就需要从市场、用户、功能、数据、信息、交互、推广、变现等方面考虑，推广产品价值，保证产品得到良性循环和反馈，增强产品的生命周期。如图 1-1 所示。

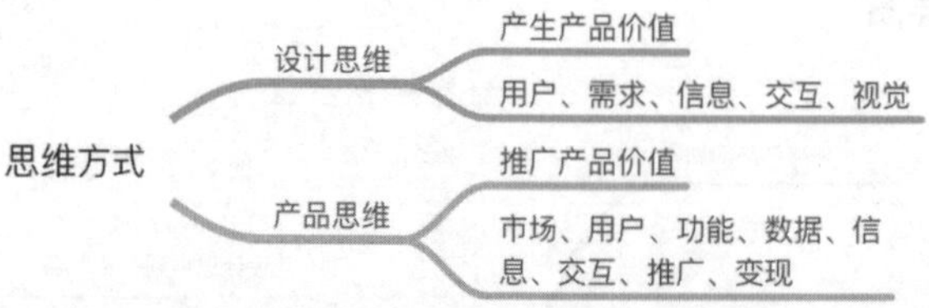

图 1-1　设计思维与产品思维关系解读

设计思维和产品思维具体可以反映在产品经理和设计师身上。产品经理更加关注产品本身，基于市场提供最合适的产品服务，而设计师提供体验路径和策略最优解，确保产品目标超用户预期实现。产品思维不仅要有客观理性，更需要有主观强烈和感性的需求，唯有具备这些特质，才能成为更好的产品经理；而设计思维在具有同理心、发散创新的同时，更需要有先后、有目标、有验证地来理性论证并解决问题。

综上，产品经理加强设计思维来对用户、场景、市场保持同理心的状态，更容易洞察更本质的因果关系；设计师拥有产品思维来拥抱市场、技术和项目的变化，才能给出更符合市场需求的设计方案。

二、用“设计思维”打造产品

用“设计思维”打造产品并不是简单地解决问题，而是强调更深入地理解问题，探索各种可能的答案，从而确定一个最优的解决问题的方案，然后不断测试、验证和改进。

用“设计思维”打造产品以赫赫有名的斯坦福设计思维（Design Thinking）作为理论支撑，共分为五个步骤，分别是 Empathize（同理心）、Define（界定需求）、Ideate（构思想法）、Prototype（设计原型）、Test（测试检验），并对原型进行反复测试，如图 1-2 所示。

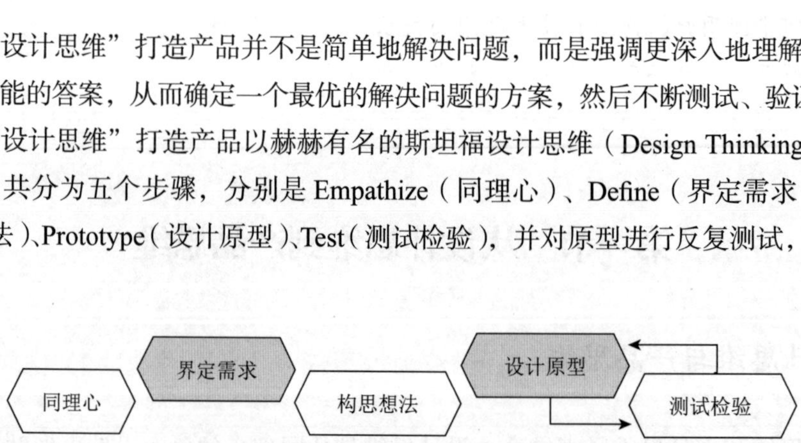

图 1-2　斯坦福设计思维五步法

（一）同理心

要打造一款让用户“尖叫”的产品，就要放下原有的设计经验和评判标准，真正地去站在用户的角度，去感知他们的需求、聆听他们的心声、了解他们的想法、体会他们的感受。只有这样，才能够站在用户的角度去打造满足用户真正需求的产品。

在设计中通常有三种方法可以快速启动同理心。

1. 构建用户画像

当产品目标用户群体明确后，利用用户画像构造一个介于虚拟和真实之间的“用户”，把我们考虑问题的视角聚焦到这个“用户”身上，试图达到换位思考的目的。如图 1–3 所示构建的用户画像，以“西安博物院藏品移动端数字化展示”项目为例，我们虚拟了一个叫易同学的 20 岁大学生用户，描述了这个用户对该类智能终端的使用习惯和她的观展动机、行为习惯、需求特征、情感态度等。在这种情境下，我们很容易融入这个用户角色中。

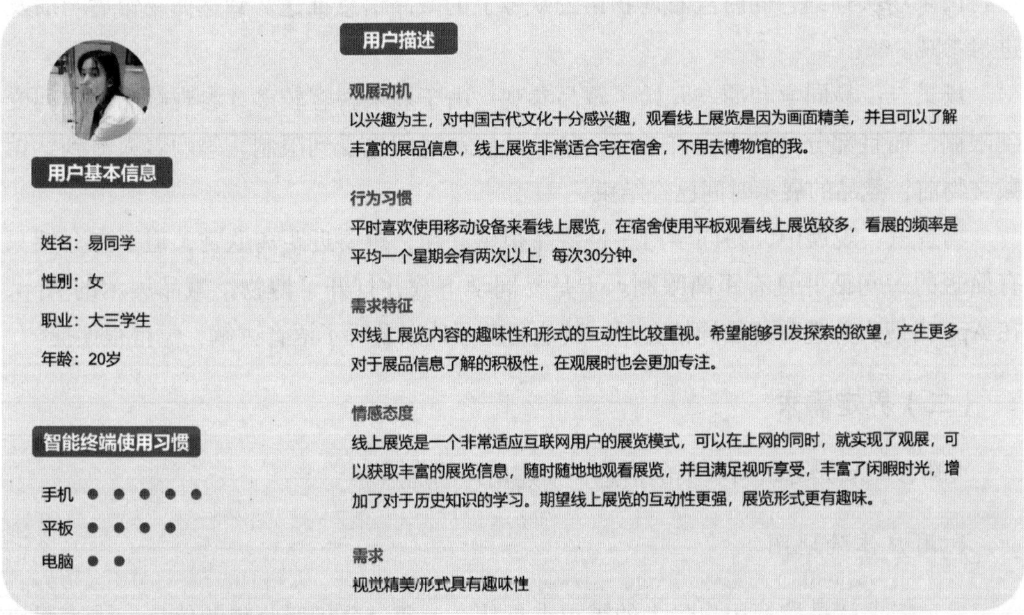

图 1–3　构建用户画像

2. 走出自我

跳出“我”的主观视角，站在一个中立的、客观的视角来看待问题。充分调动每一个人的思维，增设有趣的且能增进团队互动的游戏，或者创设产品使用情境，让大脑得到激活，从而由自我跨越到用户角色。

3. 进入角色

创设故事板场景，可以先设计出来（同样的项目如图 1-4 所示），然后根据故事板进行表演，通过在空间内的互动“被带入”自己所扮演的角色中，从而真正理解用户所处的场景，迅速启动同理心。

图 1-4　从左到右三个场景的故事板

场景一：易同学周末和朋友去博物馆参观历史藏品。出发前，易同学使用公众号进行门票场次预约，同时查看博物馆公众号上的藏品信息推送。到达博物馆后与朋友进行参观。

场景二：易同学和朋友开始了藏品参观，由于周末游客较多，参观藏品的空间受到限制，而且部分藏品不允许拍照，藏品的展示时间也受到限制，等顺着人流到达馆藏文物前，藏品的展示时间已经结束。

场景三：观展中，易同学对一件藏品很感兴趣，想要近距离欣赏，但下方介绍只有简短的一句话并且有距离限制。于是易同学下载并打开了博物馆藏品展示的 App，在 App 内搜索并查看藏品详情介绍、其他角度照片以及听了语音讲解，觉得很便捷。

（二）界定需求

此阶段主要是分析所收集的信息，描述用户的痛点。

1. 用户体验地图

界定需求就是挖掘用户最大的需求点是什么，通过分析所收集的信息，描述用户痛点。很多时候，我们以为的客户需求，不一定是客户真实的需求，只有真正地用同理心去感知我们的客户，去理解我们的客户，才能够洞察出客户的真实需求。这时，可以绘制用户体验地图，通过“故事化 + 图形化”的方式，直观地展示用户在产品使用过程中的情绪曲线，从全局视角审视产品，分析出用户痛点，从而找到我们要设计的产品的机会点。图 1-5 是某产品的用户体验地图，从目标、行为、接触点、用户此时的想法、情绪曲线，分析出用户目前存在的五大类痛点，通过对痛点的分析，得出产品的设计机会。

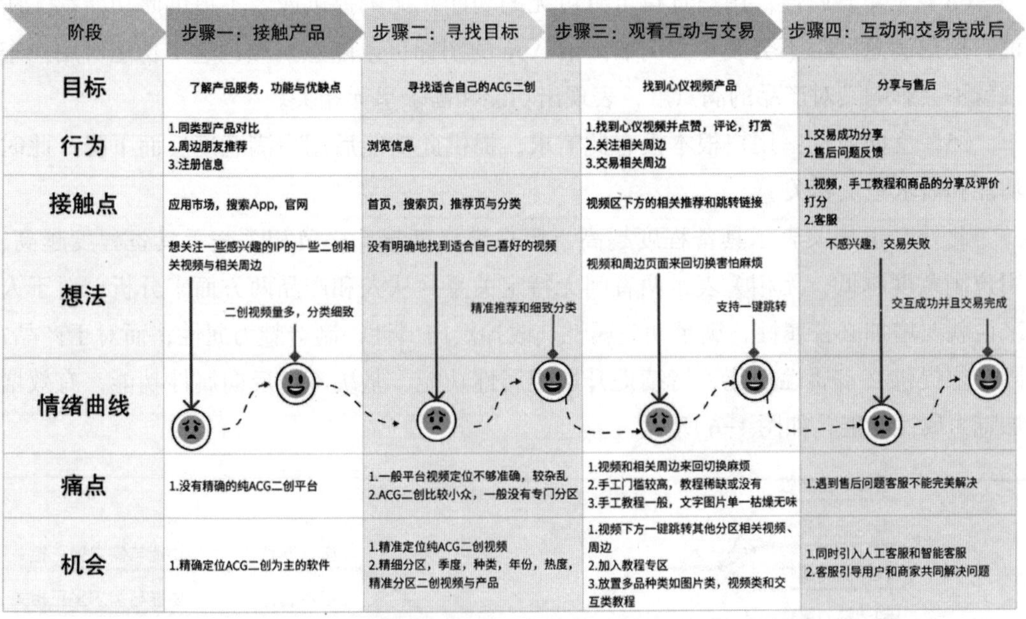

图 1–5　某产品的用户体验地图

2. KANO 分析模型

KANO 分析模型是东京理工大学教授狩野纪昭（Noriaki Kano）建立的，是对需求进行分类和分级排序，从而指导产品的开发工作。通过分析用户对产品功能的满意程度，来对产品的功能进行升级，从而确定产品实现过程中的优先级。

用户的需求有很多，但不是所有的需求都要去满足，还要考虑经济成本和时间成本，先满足重要的。在 KANO 模型中，将产品和服务的质量特性分为五种类型，即必备属性、期望属性、魅力属性、无差异属性、反向属性。

（1）必备属性：必须满足的需求，当不提供此需求时，用户满意度会大幅降低，但优化此需求，用户满意度不会得到显著性的提升。例如微信的即时通信功能，就是该产品的必备属性，是产品的核心功能，功能和需求呈正相关。

（2）期望属性：提供此需求，用户满意度会提升。反之，不提供此需求，用户满意度会降低。例如微信的语音转文字功能，就是该产品的期望属性。用户的需求进一步提升，此时功能和需求依旧呈正相关。

（3）魅力属性：用户意想不到的，需要挖掘或洞察。若不提供此需求，用户满意度不会降低；但若提供此需求，用户满意度会有很大的提升。例如微信的动态表情，当用户发出“生日快乐”信息时，会相应出现蛋糕飘落的动效，这让发送信息和接收信息的用户都会感觉很欣喜。此时功能和需求也是呈正相关。

（4）无差异属性：用户觉得可有可无的功能，无论提供或者不提供此功能都无所谓，用户满意度都不会改变。例如微信 App 的图标可以随意换颜色这个功能对用户来说就不会影响其对产品的满意度，表现出功能和需求呈无相关。

（5）反向属性：用户根本没有此需求，提供此功能后用户满意度反而下降，此时功能和需求呈负相关。

此处，正相关表示具备程度越高，用户满意度越高；负相关表示具备程度越高，用户满意度越低；无相关表示两者间无特定关系。从人和产品两方面来分析，对于人来说就要增加必备属性、满足期望属性、改掉反向属性，制造魅力属性；而对于产品，则必须提供必备属性功能，持续提升期望属性功能，坚决不做反向属性功能，有效增加魅力属性功能，如图 1-6 所示。

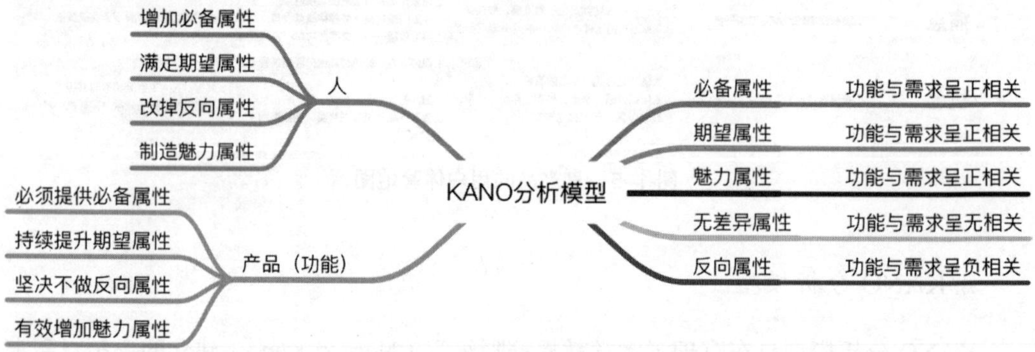

图 1-6　KANO 分析模型核心要点

值得注意的是，需求总在持续变化，会因人而异或因时间而异，所以 KANO 模型要不断关注用户最新需求的变化。

（三）构思想法

基于用户的真实需求，用头脑风暴法，集体讨论问题，参与者畅所欲言和联想发散，同时鼓励成员提出最坏的想法从而激发创意。根据头脑风暴想法的普遍程度、创新程度以及实施起来的难易程度进行划分，总结出有意义的产品模式，确定解决用户需求的最佳方案。

（四）设计原型

根据用户需求的最佳解决方案，将想法发展成考虑周全的具体实施过程。一般原型设计包括三个阶段，即原型草图阶段、中保真原型阶段和高保真原型阶段，后面章节会详细讲到。

（五）测试检验

在该阶段，用户对产品功能的期望更多转变成对更宽泛的令人满意的体验期望，所以产品和服务界限模糊了，产品变成服务，服务变成更深刻的体验。这一步要求我们快速去验证市场，验证我们之前的假设是否正确。同时，不要害怕失败的结果反馈，越早、越多的失败意味着离成功也越来越近。

值得注意的是，这一阶段依然是“实施”，是验证优化解决方案的最后一步，也是关键一步，它不仅是一个阶段的结束，也是下一个迭代的开始。

三、从0到1读懂互联网产品

（一）互联网产品概念的三个阶段

第一阶段：从传统产品出发，将互联网产品看作一种“商品”，是为了满足用户的某种需求，是一种看不见摸不着的“无形载体”。

第二阶段：比第一阶段的“商品”更加本质化，认为互联网产品是为了满足用户需求而集成的功能和服务，强调了产品的功能与服务属性，深层细化了满足用户需求的“载体”。

第三阶段：该阶段的互联网产品可以使用户得到更多的重视，让用户体验达到极致，同时也可以为用户产生一部分经济效益，是实实在在帮助用户解决问题，满足用户需求，实现用户价值与产品商业价值。

（二）用户价值与商业价值

对于互联网产品来说，一定是用户价值第一，商业价值第二，真正服务好用户才能为商业价值积累“财富”。商业价值是用户价值的保障，没有商业价值，企业无法存活，何谈用户价值。两者关系是相辅相成，缺一不可。

1. 用户行为具有商业价值

当用户使用互联网产品时，会留下很多例如页面浏览、点击、输入等的行为数据。通过对用户行为数据的分析，我们可以了解到与用户相关的信息，包括用户的有效来源、用户对于产品的认知程度、用户对于产品的喜好方向等，这能够帮助我们对用户有更多的认识。同时，这些用户行为也蕴含着极高的商业价值，识别其中蕴含的成交可能性，将用户行为数据直接转化成为线索，利用线索中蕴含的用户意向数据、用户基本信息数据，可以分析出用户的意向、用户的职业等关键信息。此时，产品就要及时抓住用户心理，对用户进行进一步的营销，采用销售跟进或开展免费试用等营销活动，促使用户成交，达成提升营收的目的，从而实现商业价值。

2. 商业价值的来源

商业价值，是用来维持企业生存的价值，可能是直接的金钱价值，也可能是间接的品牌价值和产品认知价值等。

（三）商业模式

互联网产品商业模式就是指以互联网为媒介，整合传统商业类型，连接各种商业渠道，具有高创新、高价值、高盈利、高风险的全新商业运作和组织构架模式。常见的类型如图 1-7 所示，包括电商型、社交型、咨询型、社区型、资源型、工具型、游戏型、垂直型、平台型、机构型十大类。

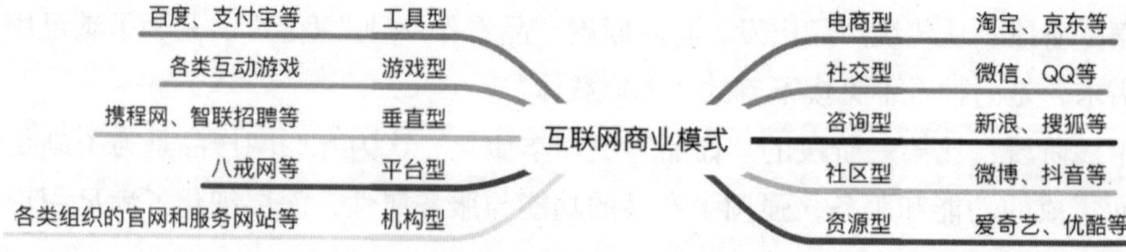

图 1-7　互联网常见十大类商业模式

根据产品盈利来源，可以分为来自客户（from Client）、来自企业（from Business）、来自平台（from Platform）三类，如图 1-8 所示。

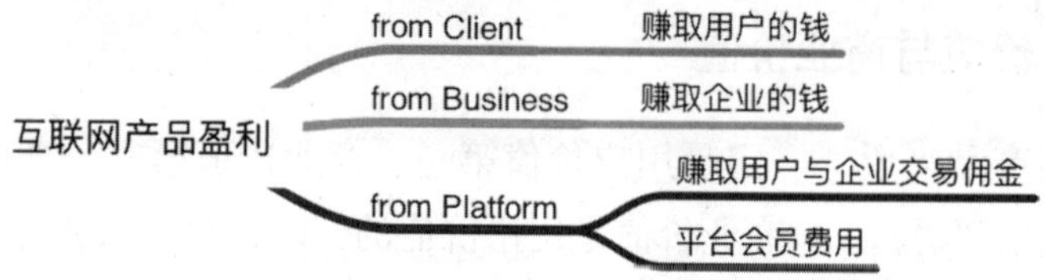

图 1-8　互联网产品盈利方式

（1）来自客户（from Client）：赚取用户的钱，典型案例如腾讯，约 70% 的收入来源于腾讯游戏、会员、增值服务。

（2）来自企业（from Business）：赚取企业的钱，典型案例如百度，约 90% 的收入来源于企业投放广告、竞价排名。

（3）来自平台（from Platform）：赚取用户与企业交易佣金或平台会员费用，典型案例如淘宝、支付宝。

四、互联网产品核心思维体系

互联网产品思维是指在移动互联网、大数据、云计算等科技不断发展的背景下，对市场、用户、产品、企业价值乃至整个商业生态进行重新审视的思考方式。互联网产品九大思维体系分别为用户思维、简约思维、极致思维、迭代思维、流量思维、社会化思维、大数据思维、平台思维和跨界思维，以下介绍四大核心思维体系。

（一）用户思维

用户思维是以用户为导向，而不是以产品为导向，要去考虑用户是谁，他们的真实需求是什么，同时深度理解用户，增强用户黏性，积极让用户参与设计与反馈。美国营销专家劳特朋教授在1990年提出的4C理论就是以用户为中心，包括顾客（Customer）、成本（Cost）、方便（Convenience）、沟通（Communication）四个方面，这一理论可以让我们更好地理解用户思维，具体内容如图1–9所示。

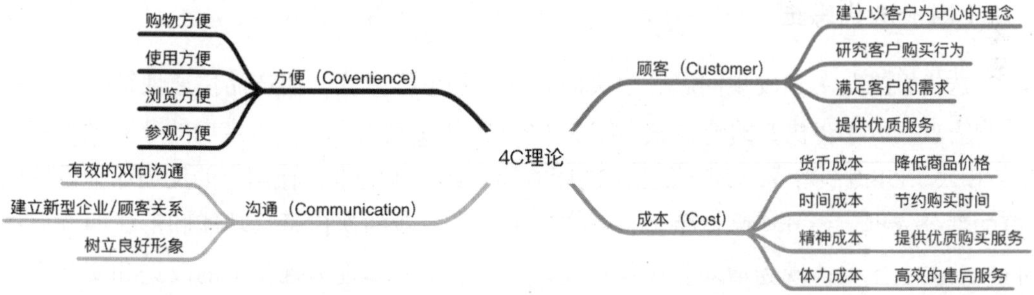

图1–9　美国营销专家劳特朋教授1990年提出的4C理论

（二）简约思维

互联网产品简约思维的核心是在产品规划和产品定位上，力求专注、简单，在产品设计上，力求简洁、简约。通常不追求大而全，而是抓住用户某个痛点，针对性地做出用户群体相对明确、定位准确的产品。在功能上、视觉上和操作上尽量“突出重点，一目了然”，让用户减少思考的时间，在体验上尽量做到简单易上手。简约思维遵循的原则如图1–10所示。

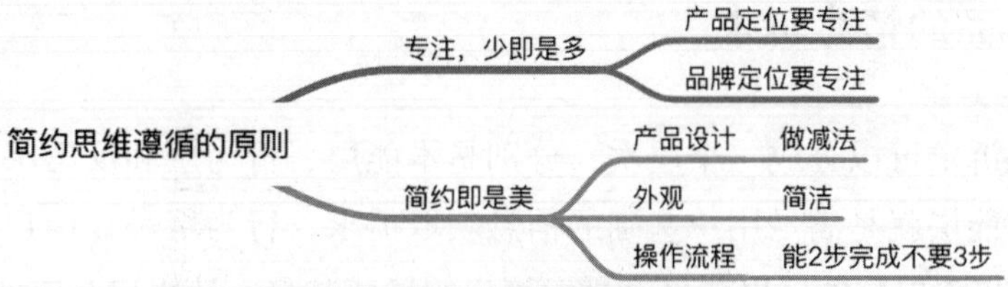

图1–10　简约思维遵循的原则

（三）极致思维

极致思维是关于产品和服务体验的一种思维方式，是要求产品经理能够把产品和服务做到极致，把用户体验做到极致，甚至超越用户的预期。在互联网时代，只有第一没有第二，只有把产品做到了极致，超出了用户的预期，才有核心的竞争力。同时极致思维遵循一定的法则，如图 1-11 所示。

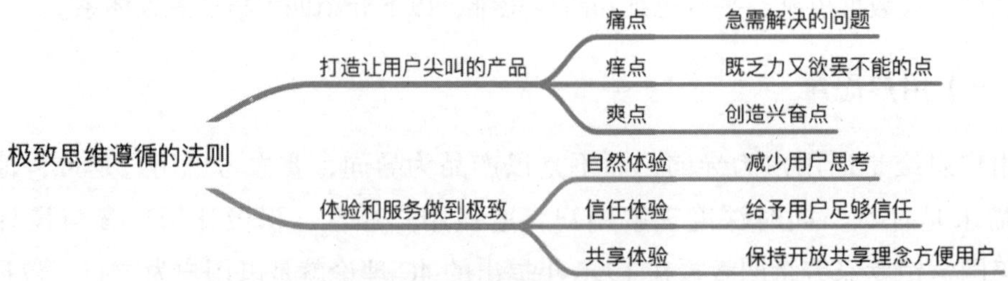

图 1-11　极致思维遵循的法则

（四）迭代思维

迭代思维是关于发现问题、解决问题的一种思维方式，使产品快速地结合市场和用户需求，以小步快跑的节奏做小需求（功能、bug 优化等），以定期的节奏做大需求（新模块、UI 改版等），不断推出新的版本满足或引领需求，让用户的反馈作为设计决策的部分依据，提升产品竞争力，营造新鲜感。一般的迭代是从功能和形式两方面进行，功能上主要体现为增加和优化功能，形式上主要体现为视觉上的改进和交互方式的创新或提升。迭代思维的核心如图 1-12 所示。

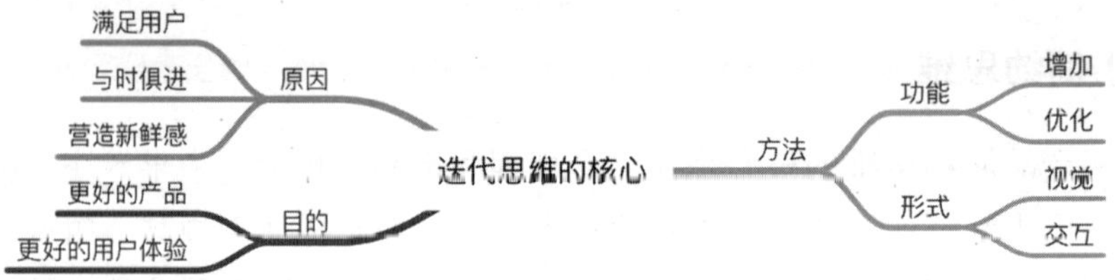

图 1-12　迭代思维的核心

五、理解产品的情感诉求

人的情感诉求可以分成三个层次，分别是本能层、行为层和反思层。对于互联网产品而言，本能层就是满足用户基础的信息获取需求，行为层是让用户在使用产品时舒服流畅，而更深层次的反思层可以激发用户的情感共鸣，让用户有成就感。

虽然设计有着通常意义上的审美内涵和使用便捷性，但如果设计变为产品，就不能再将设计理解为某种特定的样式，而是以“创新”为导向，让产品和服务能和人产生情感上的连接。一个产品的设计过程和思维方式不仅关乎参与产品开发或品牌运营的人，还关乎所有创造产品和提供服务的人。

以人为中心的产品开发，核心是情感投入，解决人的情感诉求，将产品人格化，不仅仅是理解人，还需要真正地和他人建立共情。Jon Kolko 在他著的《好产品拼的是共情力》一书中指出，在产品设计过程中，解决产品情感诉求最重要的是人的关键洞察力，以及将这些洞察力转化成有意义的产品。书中提出了生成关键洞察力的四个要素，分别如下：

第一，通过搜索用户社群，来确定产品与市场的匹配度；

第二，通过开展人群研究，来深入了解人的行为；

第三，通过将复杂的研究数据提炼成简单的洞察，来初拟产品战略；

第四，通过视觉表现简化复杂概念，打磨产品细节。

综上，通过多种方式可以让我们更好地理解产品的情感诉求，从而设计出情感化的产品。

第二节　移动设计的特点

一、了解用户并给用户最想要的

（一）用大数据思维分析移动用户的重要性

移动用户无论在网络上完成什么样的操作或进行什么样的网络活动，总会留下很多的数据，例如购买商品后，我们会很容易从用户的浏览或购买数据中发现用户对于某一品牌的偏爱，同时还可以分析出用户购买的产品之间的关联性。我们一般会把用户产生的网络数据划分为三个层面，即信息、行为、关系。挖掘这些数据，有助于企业进行商业决策和发展预测。数据分类如图 1–13 所示。

大数据的价值不在于大，而在于我们对它的挖掘和据它做出的预测。我们可以运用数据挖掘技术，挖掘数据之间的相关性，并对相关数据进行聚类分析，从而准确地对产品进行人性化分类，满足用户的需求。大数据思维的核心是理解数据的价值，通过数据分析结果创造更高的商业价值。也就是说，数据资产已经成为核心竞争力，小企业同样需要大数据的支持，这样才能发展下去。例如淘宝，淘宝一直致力于对用户的日志进行统计，每个用户在淘宝上的浏览、购买、支付等行为都会被日志系统记录下来。基于用户的浏览和购买信息，阿里巴巴得到了精确的用户偏好信息，更深入地了解和理解了用户，进而做出了强大的、精确的广告系统。细心的用户不难发现，我们每次打开淘宝，总能看到自己的浏览痕迹，同时系统还会推荐很多相似的产品供我们浏览和购买。

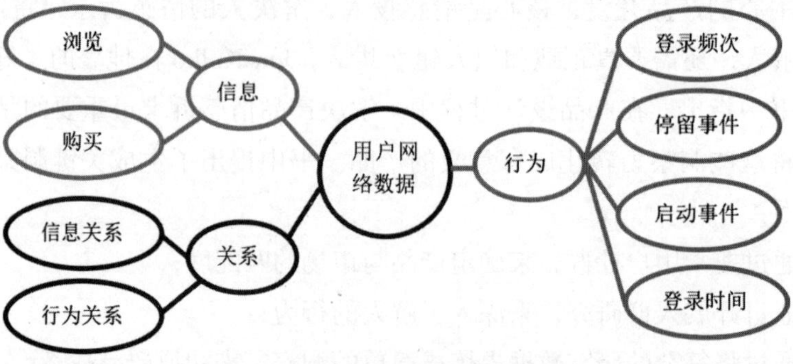

图 1-13　用户产生的网络数据

（二）产品与用户的关系

随着社会的进步和各种技术的发展，尤其是互联网技术的发展，人们对于设计的理解和认识已经发生了很大的变化，越来越多的设计者更加注重产品使用的主体即用户在产品设计中的作用，更加注重用户的使用需求和使用体验。产品的设计者和开发者，也把“给用户最想要的”作为设计的终极目标，给用户最大限度的使用满足感和现实感。图 1-14 很好地体现了产品与用户的关系。

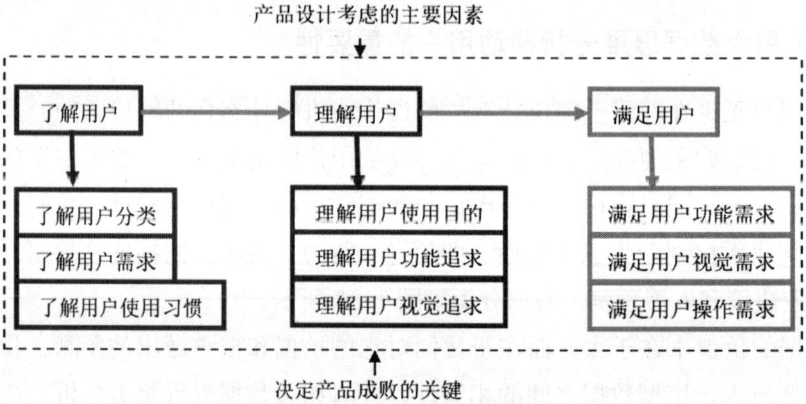

图 1-14　产品与用户的关系

（三）用户分类

要了解用户、理解用户和满足用户，给用户使用性最好的产品，最重要的任务就是先对用户进行大的分类，了解每一类用户的特点和需求，这样才能更好地为用户服务，设计出用户想要的产品。根据用户的需求和用户的使用经验，我们对网络用户进行了分类，如图 1-15 所示。

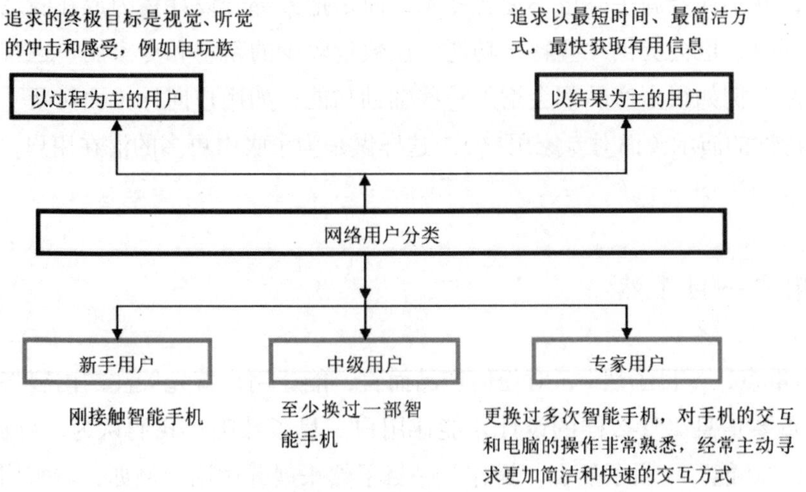

图 1-15　用户分类

大多数用户既非新手，又非专家用户，而是中级用户。一般情况下，中级用户和专家用户在长期使用某部分交互时遇到的问题更具有代表性，而新手用户提出的问题则更利于设计人员了解用户与智能手机交互时的认知过程。设计人员只有充分了解产品所面对的客户群体，才能设计出符合用户使用习惯的成功的移动产品。如果我们根据使用移动终端设备的用户的不同熟练程度画一个人数曲线，必定近似于经典的正态分布统计曲线。Alan Cooper，Robert Reimann 和 David Cronin 在他们著的《About Face 3 交互设计精髓》中阐述了此正态曲线的分布方式，如图 1-16 所示。

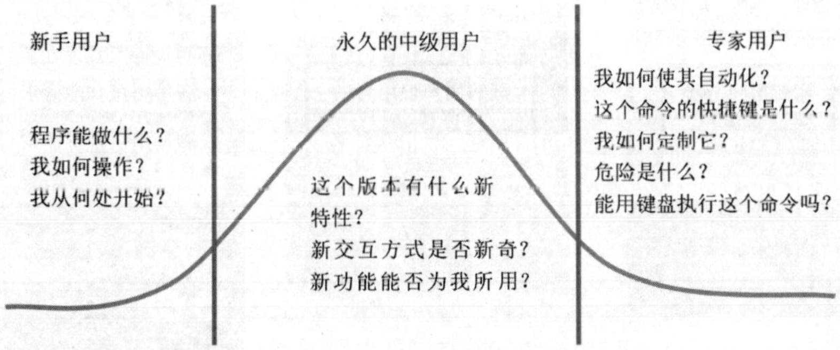

图 1-16　用户正态曲线分布

没有人愿意永远停留在新手级别，也就是说，随着使用软件的熟练程度不断提高，一段时间后用户群体会发生变化，但中级用户相对比较稳定，因为成长为专家用户比较困难，而且对大部分用户来说，没有必要成为专家用户，方便使用对他们来说才是第一位的。

了解了用户分类对于 UI 交互设计是非常有用的。设计人员一般会在几类用户中间进行平衡，既不迎合新手，也不迎合专家，而是把大部分设计精力放在满足中级用户上。与此同时，也会提供一些特殊功能，让数量较少的新手和专家用户也可以方便地使用该产品，例如很多产品都会增加一些辅助功能，如用户向导（面对新手用户）和对产品新特性的演示（面对专家用户），这样做是为了吸引更多的潜在用户，给用户最想要的。

二、让用户一目了然

“突出重点，一目了然”，对任何产品而言，能让用户首先关注的内容将是设计中要表达的重要信息。什么样的设计才能让用户一目了然呢？我们认为，可从“视觉”一目了然、“功能”一目了然和“操作”一目了然来展开讨论。例如，本来用文字展示的产品换成用广告图片来展示，因为图片更能让客户一目了然，充分调动客户的感官，从而达到宣传的目的，所以很多设计用图形来吸引用户的视觉中心，如图 1–17 到图 1–19 所示。

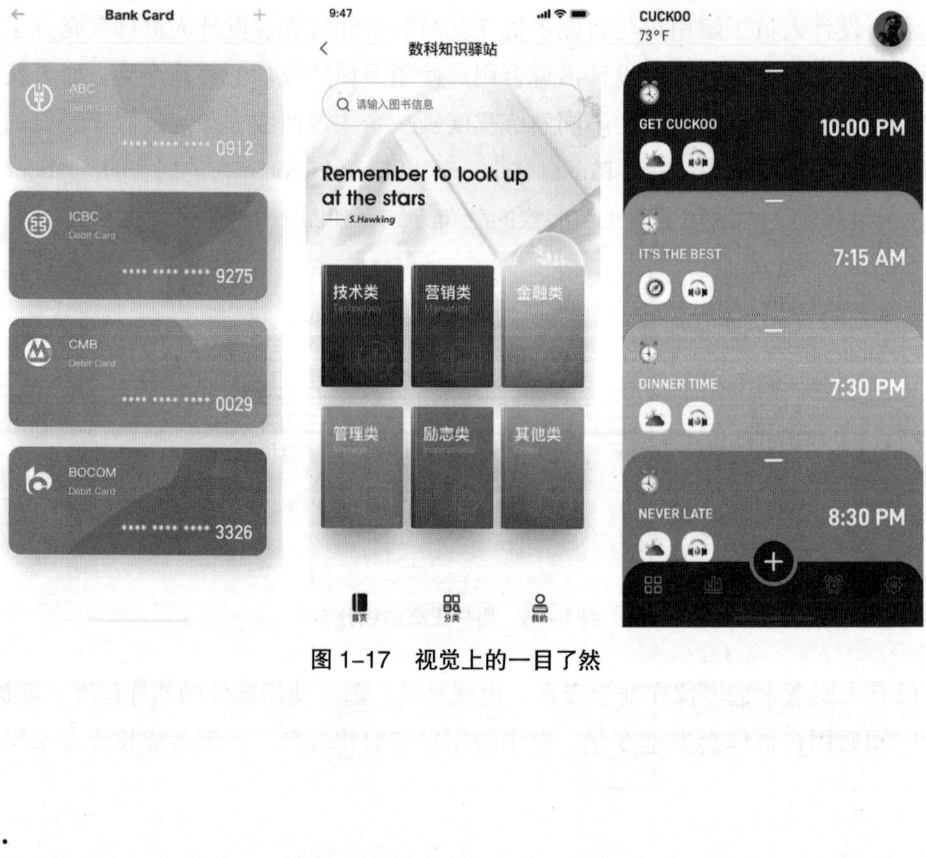

图 1–17　视觉上的一目了然

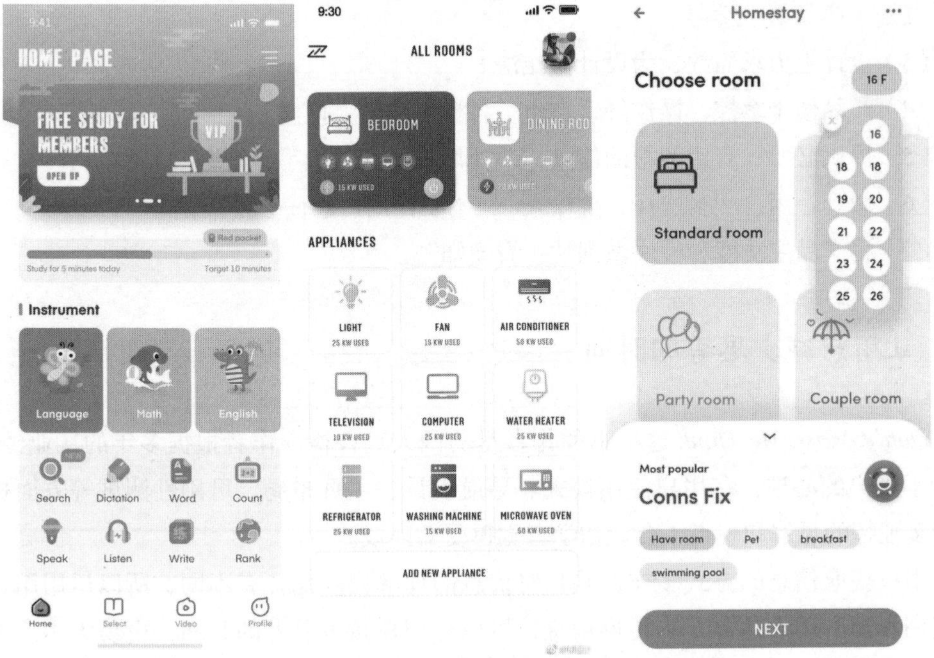

图 1–18　功能上的一目了然

图 1–19　操作上的一目了然

要想做到设计上的一目了然，让用户快速喜欢上产品，并且爱不释手，须做到以下几点：

（1）使自己成为产品的一个用户，从用户的角度去感受产品的功能和视觉设计。

（2）视觉设计要做到“所见即所得”，让用户在最短的时间内了解产品，即界面对新手友好，产品易于学习。

（3）设计上力求简约，为设计做减法。

（4）产品便于掌控，操作舒适自由，各模块跳转方便。

（5）提供必要、有用的帮助信息，不让用户感到“束手无策”。

（6）做到让用户“多选择、少输入”，不要让用户的任务复杂化。

（7）将产品主功能和模块做到“一看便知”。

三、让用户减少思考的时间

Don' t Make Me Think 这本书的作者是美国人克鲁格。作者根据多年的从业经验，剖析了用户的心理，在用户使用模式、导航设计、主页布局、可用性测试等方面提出了很多独特的见解和观点，会让初学者觉得受益匪浅。

用户获取信息的方式多样，并且对信息的理解程度也各有不同，所以运用用户平时使用和理解的表达方式去传递信息，可以让用户减少思考的时间，更易为用户所接受。这里所讲的让用户减少思考主要从以下几方面展开。

（一）交互方式符合用户的操作习惯

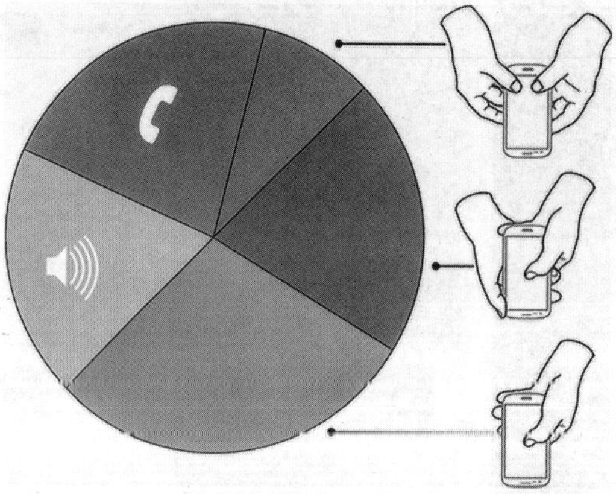

图 1-20　用户与移动设备的交互方式

2013 年，著名用户体验专家 Steven Hoober 在美国各地的巴士休息站、机场等公共场所对 1 333 名用户的手机使用习惯进行了观察和分析统计。结果发现：

（1）单手握持用户占 49%。

（2）“抱握”的用户（双手握持手机的同时，只用一只手触摸屏幕或键盘，其中 72% 的人用大拇指来操控，使用其他手指的人仅占 28%）占 36%。

（3）双手握持用户占 15%。

以上数据足以说明，在手机的使用场景中，单手操作或者用拇指操作是较为自然的使用方式，特别是对移动场景来说，单手操作最为常见和合理。随着大屏手机的普及，对手机应用而言，针对大屏手机的操作体验优化应用势必会提升用户对于应用本身的满意度。因此，对大屏单手交互方式的优化显得尤为重要。

例如在按钮点击区域，合适的按钮尺寸会让大部分用户在操作时感觉非常舒适。一般情况下，标准屏幕中的按钮，大小在 44px 到 57px 之间，视网膜屏中的按钮，大小在 88px 到 114px 之间。

目前我们总结的用户常用的操作习惯大致有：

（1）通过食指点击，执行“选择”的最基本的操作。

（2）用食指拖动移动对象，目标对象随着手指移动，直到指尖离开屏幕表面。

（3）用大拇指和食指放大屏幕或调至全屏。

（4）食指长按为复制、粘贴或删除。

（5）食指连续两次轻按，将图片或内容放大至原始尺寸并居中，再次操作则恢复到预设尺寸。

（6）拇指和食指配合，双指“张开”，将图片或内容等比放大；反之，“捏合”则为将图片或内容等比缩小。

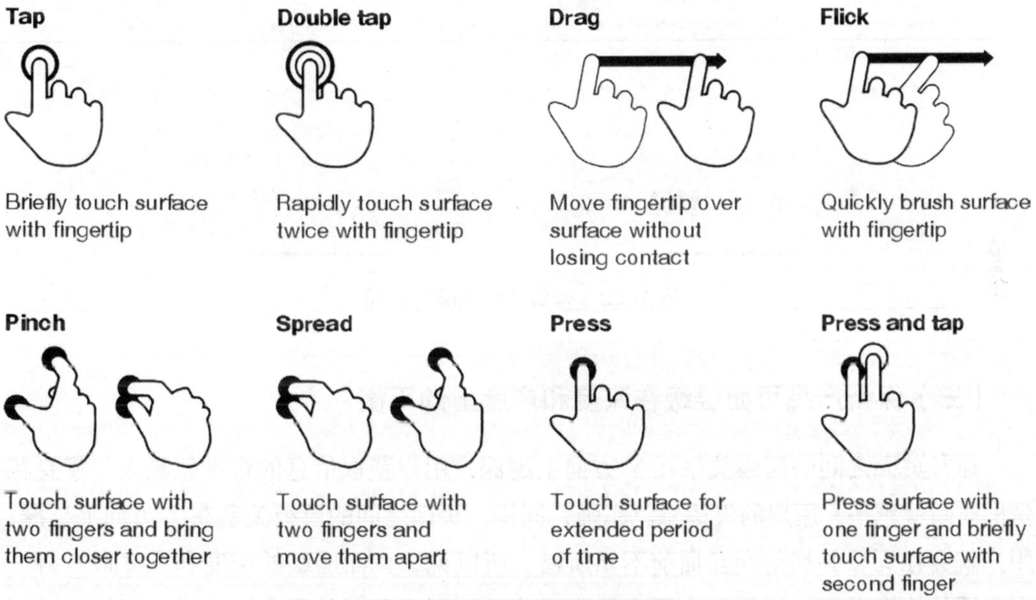

图 1–21　用户常用手势展示①

① 图片来自智能操控手势集。

（二）在页面布局上尊重用户的视觉和使用习惯

在界面中，信息的布局会直接影响用户获取信息的效率。所以，界面的布局一般会因功能不同而不同，并且会让用户有一种“区块感”，图标应排列得有序整齐，不要过紧或者过松，以方便用户快速浏览信息。微信“区块感”布局如图 1-22 所示。

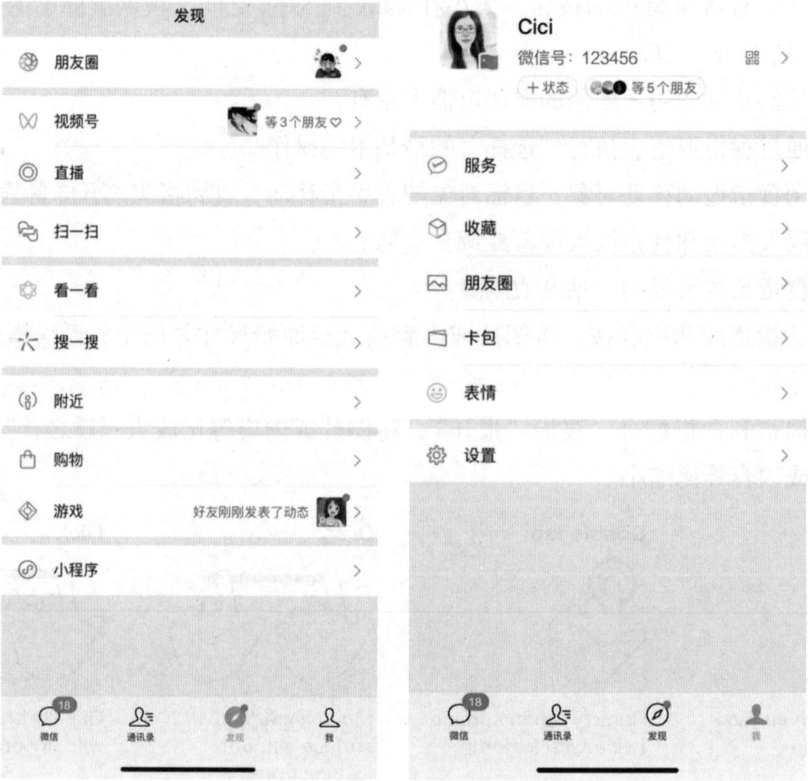

图 1-22　微信“区块感”布局

（三）保持产品页面层级在深度和广度上的平衡

通常页面之间的层级关系在 Y 方向上越深，用户获取信息的难度就越大，需要花费的时间就越多，用户的失望感就越强；同样，页面之间的层级关系在 X 方向上越深，用户就会在无数并列的交互面前不知所措。所以说，页面层级的深度和广度最好有一个合适的均衡关系，以便减少用户的焦虑感和使用产品时的不良视觉反应。例如，当用户面临太多的菜单选项，且他们选了一个选项，却没有看到什么内容时，就会产生不良的观感，从而影响产品的用户体验效果。页面层级关系如图 1-23 所示。

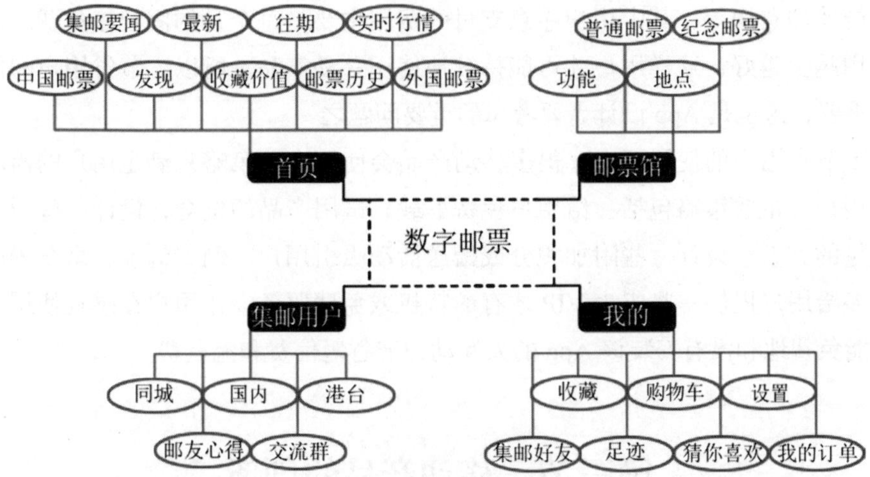

图 1-23　作品“情邮独钟”页面层级关系

（四）让用户变得无须思考——减少点击的次数

让用户减少点击次数，即使每次点击都无须思考，也能做到准确无误。一条实用、关键的准则值得我们深思：1 次需要思考的点击 = 3 次无须思考且准确无误的点击。总之，点击次数越少越好。

四、让用户有设计和优化产品的参与感

用户思维是互联网思维的核心，用户参与产品的设计与优化，有利于集思广益，并使用户获得参与产品设计的荣誉感。任何产品都有大量的粉丝，粉丝来源于用户，但是用户远没有粉丝那么忠诚，所以要让粉丝参与产品的用户体验和品牌传播，让粉丝对产品的建设性意见和建议进行投票，因为粉丝决定了产品的最终形态，他们自然也会为这些产品买单。

小米成功后，粉丝经济、互联网思维似乎成了小米公司的代名词，而小米社区是一个典型的产品型社群：吸引用户参与到产品讨论与创造中来，使用户有亲手制造产品的参与感；不断与其互动，增加粉丝活跃度。“为发烧而生”，小米社区让每个“米粉”有了归属感。同时小米也经常在微博上与粉丝互动，制造话题，其创始人雷军目前的粉丝数大约是 1 230 万，小米手机的粉丝数大约是 1 019 万。

五、节省用户的使用开支

对用户来说，使用移动设备的主要开支包括流量费用、会员费用、App 下载费用、

高级功能使用费用等，其中用户愿意支付的费用主要是每个月的固定流量费。其他类型的费用越少越好，这样用户才可能持续地使用移动产品。所以，节省用户的使用开支非常重要，这也是 App 设计者要考虑的重要问题之一。

为了节省用户的使用开支，很多移动产品会使用多种策略来满足用户的需求，以便留住用户。主要策略包括：给用户免费下载、试用产品的机会；设计一些帮助用户节省流量的方案；设计一些附加积分或赠送活动吸引用户，例如淘宝、京东等的满赠功能；多给用户提供一些成为 VIP 才有的特权或免费服务；让用户在感觉使用方便的情况下能免费地和没有安装该 App 的人互动，节省短信费和流量费。

第三节　移动产品的创新

互联网不仅仅是一种技术，不仅仅是一种产业，更是一种思想，是一种价值观。互联网将是创造明天的外在动力。创造明天最重要的是改变思想，通过改变思想创造明天。

——阿里巴巴董事局原主席马云

互联网其实不是技术，互联网其实是一种观念，互联网是一种方法论，我把它总结成七个字，“专注、极致、口碑、快”。

——小米公司董事长雷军

一、服务设计创新驱动

创新一般分为两类，一类是颠覆式创新，一类是微创新。但无论哪种创新，其背后的创新驱动力都是技术变革、产品体验和商业模式。这三种不同的创新路径，背后有一个共同动因，就是用户，所以服务设计创新的核心驱动力就是用户需求。其关系如图 1–24 所示。

图 1–24　创新核心驱动力——用户需求

从图 1-24 中可以看出，用户需求驱动了相应的技术变革、新的产品体验和新的商业模式，从而促进了产品的创新。例如，微信不断迭代通信软件的使用体验，就是因为用户希望能够更便捷、更友好地使用该通信方式，与亲人、朋友等进行线上互动交流和学习，这促进了微信的不断创新，让用户有新奇的感觉。

二、以用户为中心的产品创新

（一）以先导型用户作为突破口

用户思维是互联网产品九大思维体系的核心，其他思维都是围绕用户思维在不同层面展开的。用户思维，是指在设计的各个环节中都要“以用户为中心”去考虑问题。移动应用设计的主体是所设计的产品针对的潜在用户，要想创新并获得交互设计和体验的灵感，就必须将用户作为首要创新突破口。那么，什么样的用户才是我们选择的突破口呢？根据前面讲的对用户的分类，我们可以把初级用户作为创新研究的突破口，但这类用户往往不太清楚自己的需求，对他们进行大量的调研和访谈将不会得到有创新价值的结论。但是有这样一类用户，他们是某类产品的发烧友，喜欢体验新鲜事物，我们把这类用户称为先导型用户，他们能够提出明确的需求，有些需求可能代表着未来的普遍需求，值得参考。通过对这些需求进行研究，我们可以挖掘出潜在的有用信息供设计者参考。先导型用户的特点如图 1-25 所示。

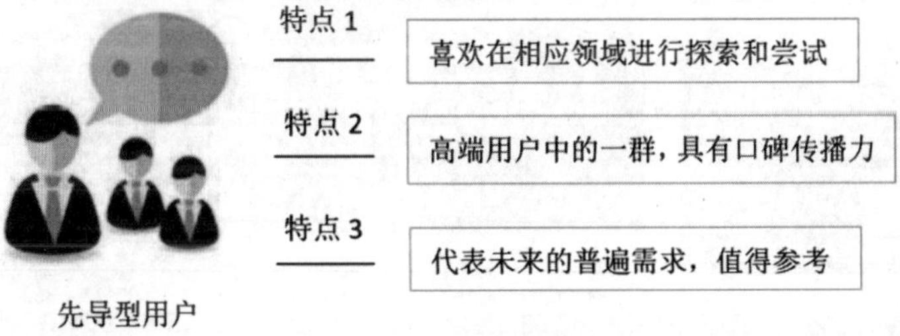

图 1-25　先导型用户的特点

“设计邦”针对先导型用户的研究方法值得我们借鉴。他们认为，研究先导型用户的常用方法和通常的用户研究方法相同，包括观察法、访谈法、草图法和头脑风暴法。如果我们让先导型用户画出他心目中的产品形态草图，这些草图有的可能和我们的创意想法不谋而合，成为创新佐证。同样，先导型用户也可能会提出我们没有想到的创新点。因此，先导型用户的想法值得借鉴和推敲。

（二）从技术价值的视角看创新

技术是产品创新的第一驱动力。产品创新就是在找技术与场景之间的最佳匹配点，找到这个匹配点，就能让技术的价值充分释放。例如，当我们刷短视频的时候，可能会被推荐一部影视剧，这时用户会打开视频 App 进行搜索，可能会因为搜索的是片断信息而不能准确定位具体的影视剧，这就意味着必须引入新技术去适应用户的需求。于是传统搜索引擎技术得到创新，引入了语义理解技术，用于识别用户的真实意图。

（三）从业务价值的视角看创新

产品有价值不等于用户能感知产品价值，创新就是挖掘让产品价值被用户感知到的爆发点。业务是产品创新赖以生存的一个拓展，任何创新不能脱离业务去空谈，而是必须找到它所适用的业务场景，让用户真正感知到平台的价值。

以爱奇艺优化创新为例，图 1-26 为早期的一个版本，将推出的一系列视频之外的内容产品“文字”“漫画”“游戏中心”等放到了二级金刚区，权重高于三级区域的视频内容，这显然与用户的心理期望模型有差距。后来，爱奇艺很快迭代了如图 1-27 所示的另一个版本，将中间大面积的金刚区缩减成为一个只有文字的内容入口，同时提高了搜索栏控件功能权重，加大了钻石展位广告区域权重。在如图 1-28 所示的最新版本中，直接将文字的内容入口也去掉了，使内容瀑布流区域更大，体现了内容优先的特点，符合用户对产品的预期。

图 1-26 爱奇艺旧版

图 1-27 爱奇艺迭代版

图 1-28 爱奇艺最新版

（四）从用户价值的视角看创新

用户是产品创新的“根源与中心”。技术是日新月异的，业务是千变万化的，但用户是相对稳定的。简化产品设计，减少用户思考就是最优先的创新方式。让用户所关注到的决策信息比原来更少，可以降低用户的决策成本，简言之，“少即是多”。

综上，产品创新最重要的是找到用户最关注的点，把这个点进行强化和放大，简化用户的操作，进而降低用户的思考成本。

三、如何做创新设计？

《IDEO，设计改变一切》一书中提到衡量想法是否可行有三个标准，分别如下：

可行性：在考虑技术的可行性和实现成本的前提下，在可预见的未来，提出的创新想法有实现的可能性；

延续性：符合业务的战略诉求，有可能成为可持续商业模式中的一部分，设计具有一定的引领性和创新性；

需求性：能解决用户的问题，有现实的意义。

综合以上三个标准，要做到产品创新设计，可从以下三方面考虑。

（一）产品微创新

所谓的微创新，并不像颠覆性创新那样以焕然一新的方式满足人们的关键需求，而是从现有产品的细节着手，提供更加新颖而灵活的功能，让用户使用产品更加方便、简单。例如，2019 年微信的个性化红包封面是一次小小的产品微创新，它只是将线下个性化的红包封面样式搬到了线上。2020 年微信开放视频号可定制红包封面，2021 年开放品牌方可定制红包封面，2022 年只要满足条件的个人亦可定制专属红包封面，红包封面定制权限越来越开放和包容。

虽然每个微创新对于提升产品价值的效果并不明显，但是当这些微创新积累到一定程度时，它们也能够明显地提升产品的竞争优势。

（二）制造“稀缺性”，刺激用户参与

所谓制造“稀缺性”，是在产品的功能服务上施加“限制”，让用户有参与的优越感和期待感。例如，2022 年微信红包在制造“稀缺性”上主要做了三点微创新，即“限时 + 限量 + 隐藏款”。

（三）加减法创新

加减法创新可以提升产品核心竞争力，加法创新是给产品加功能、加亮点，不仅是解决用户痛点，而且是增加用户爽点，打造一条合理的用户成长曲线，这样才能打造更好的产品。同时，要学会适当做减法，否则产品功能会越来越臃肿，不利于产品的长远发展。

第四节　移动设计中的人机交互设计

一、人机交互设计概念

交互设计涉及多个学科，包括计算机学科、人机工程学、心理学、社会学、人类学和美学。交互设计（Interaction Design）作为一门关注交互体验的新学科在20世纪80年代就产生了，由作为IDEO的三位创始人之一比尔·莫格里奇在1984年的一次设计会议上提出，同时他也是率先将交互设计发展为独立学科的人之一。

人机交互是一种让产品易用、有效且让人愉悦的技术，它致力于了解目标用户和他们的期望，了解用户在同产品交互时的行为，了解人本身的心理和行为特点，同时，还包括了解各种有效的交互方式，并对它们进行增强和扩充。通俗地讲，人机交互就是用户通过某种方式发出指令，且系统对此做出了相应的反应。人机交互系统设计的目标可以从“可用性”和“用户体验”层面上进行分析，关注以人为本的用户需求。

交互设计的应用领域很广，大致可以归结为六大类，涉及计算机应用、多媒体设计、产品设计、软件设计、平面设计和装置艺术，如图1-29所示。

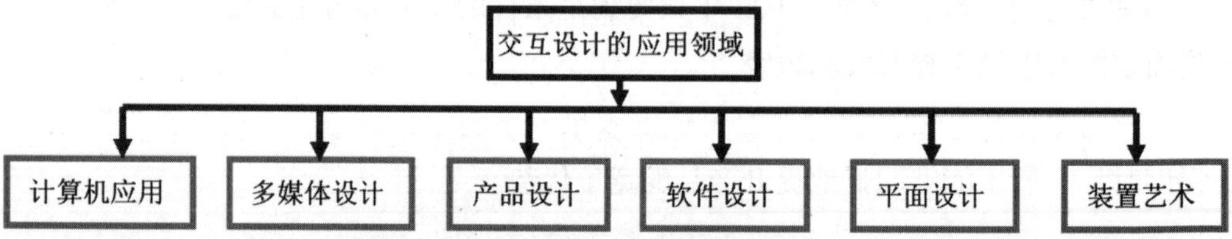

图1-29　交互设计的应用领域

二、人机交互设计内容

设计可以引领积极生活的价值观，在数字媒体快速发展的今天，“以人为中心的设计”是最理想的设计。作为设计师，我们最主要的事情就是做一个伟大的观察者。

（一）人机交互与交互设计的关系

人机交互（Human-Computer Interaction，HCI），顾名思义，就是人和移动设备之间的物理互动，在这个过程中，人通过和移动设备界面的互动，从而获得有用的信息。

（1）HCI 是关于计算机的：没有计算机图形学、没有算法、没有输入输出，就不会有人机交互。

（2）HCI 是关于人的：是对广义上人的行为的研究与分析。

（3）HCI 是关于设计的：就这一点来说，和交互设计关系最紧密。

所以说,HCI是关于计算机的、关于人的和关于设计的，是这三者之间的交互关系。

交互设计（ID）绝对不是做 UI 那么简单，它涵盖了计算机科学、人机工程学、设计学等多个交叉学科。交互设计可以理解为是人机交互的一种实现模式，更多是关于人的，关于设计的。这里举一个例子，让读者更容易理解人机交互与交互设计的关系，如图 1-30 所示，人机交互岗位和交互设计岗位对应聘者的要求还是有所侧重的。

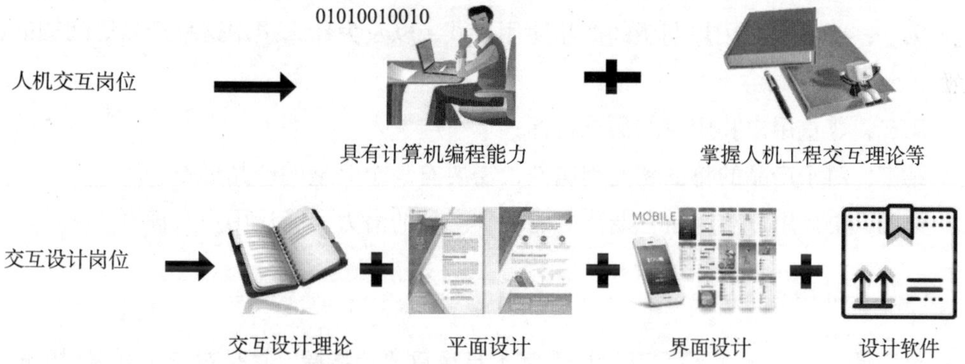

图 1-30　不同岗位对应聘者的要求对比

（二）人机交互设计的内容

通过前面的讲述，不难将人机交互理解为人、设备和服务器三者之间的关系。它的内容涉及用户对需求的输入、人机交互界面设计和系统信息处理输出。

用户对需求的输入：用户通过人机交互界面表达某种需求，或获取某些信息。

人机交互界面设计：作为输入和输出过程的主体，人机交互界面是用户与计算机之间交流的桥梁，所有的交互都通过界面来实现。

系统信息处理输出：人机交互界面通过一定的后台处理方式将用户的需求进行转化，以命令的方式传输给核心处理部件，核心处理部件根据命令进行数据处理，将用户所需要的信息快速且准确地在人机交互界面上显示出来。

以终端用户设备手机为例，用户以点击或滑动等交互方式通过手机 App 界面，向手机发出操作指令，手机 App 上的人机交互界面通过一定的后台处理方式，将用户的需求进行转化，并以命令的方式向云端服务器发出获取数据的请求，云端服务器根据命令进行信息处理，同时把获取的数据回发给手机，手机获得数据后，将数据快速而准确地在人机交互界面上显示出来，这样一次有效的人机交互就完成了，如图 1-31 所示。

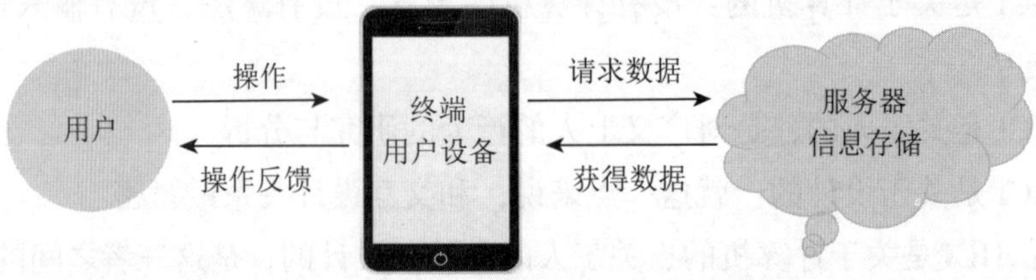

图 1-31　一次有效的人机交互示意图

（三）从“目标导向”角度解决产品设计

交互设计从“目标导向”角度解决产品设计，一般要做到以下几点。

第一，要形成对用户期望的产品使用方式，以及为什么想用这种产品等问题的创新见解；

第二，尊重用户和用户的需求目标；

第三，对于产品的特征和使用属性，需要有一个完整的产品形态；

第四，要让用户对产品有期待，能看到产品的潜力，能让用户有惊喜。

（四）可用性

可用性（usability）是交互设计最基本且最重要的指标，它是对产品可用程度的总体评价，也是从用户角度衡量产品是否有效、易学、安全、高效、好记、少错的重要指标。

所有的产品在上线之前都要进行可用性测试，这样可以保证产品可用、易用和实用，基本功能完备，用户体验良好，符合用户期望，解决用户痛点。

三、人机交互设计历史发展与现状

1959 年，B. Shackel 发表了第一篇关于人机界面的文章——《关于计算机控制台设计的人机工程学》。

1960 年，Liklider JCR 首次提出“人机紧密共栖的概念”，被视为人机界面的启蒙观点。

1969 年，召开了第一次人机系统国际大会。

1969 年，第一份专业杂志《国际人机研究（IJMMS）》创刊。

1970 年到 1973 年，四本与计算机相关的人机工程学专著出版。

1970 年成立了两个相关的研究中心：英国拉夫堡大学的 HUSAT 研究中心和美国 Xerox 的 PaloAlto 研究中心。

从 20 世纪 80 年代开始，人机交互设计从人机工程学中独立出来，更加强调认知心理学以及行为学和社会学等学科的理论指导；在实践方面，从人机界面拓展开来，强调计算机对人的反馈和交互作用，"人机界面"逐渐被"人机交互"所取代。

1984 年 IDEO 创始人比尔·莫格里奇明确提出了"Interaction Design"这一用语和概念。

20 世纪 90 年代中期以后，人机交互的研究重点放到了智能化交互、多模态（多通道）—多媒体交互、虚拟交互以及人机协同交互等方面，也就是"以人为中心"的人机交互技术方面。

21 世纪以来，关于互联网的交互设计成为交互设计中一个重要的设计领域，随着物联网、云计算、云存储、SNS、服务设计、移动互联网等新技术和新概念的出现，交互设计一直处在发展和变革中。

第五节　平衡用户、商业和技术之间的关系

一、用户、商业和技术之间的影响

设计本身的价值在于帮助产品更好地服务于它的用户。所以，任何产品在设计之初必须思考如何让产品在满足用户需求的前提下，保证技术可实现，并且可以有一个健康的商业模式并带来利益。对于一个成熟的产品来说，用户的需求、可实现的技术和成熟的商业模式三者缺一不可，如图 1-32 所示。

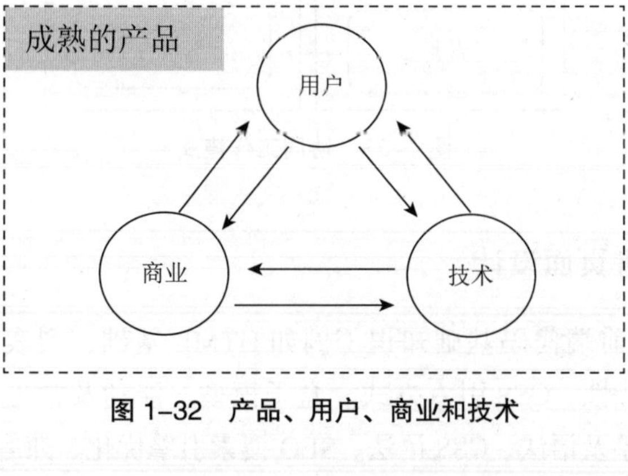

图 1-32　产品、用户、商业和技术

一般来说，用户、商业和技术会对产品产生相应的影响，这个影响在一定程度上可能会让产品失去市场竞争力，所以作为设计师必须要了解三者的影响。一般来说，表现为以下三种影响。

（1）产品缺乏成熟的可用技术。

（2）产品缺乏商业模式设计。

（3）产品用户需求场景不明确。

二、设计师为什么要了解开发技术

（一）提升团队协作能力

对团队而言，当每个成员都互相清楚对方在做什么时，才能更加理解自身工作的目的与价值。也许设计师离开发工作的后端、数据库或者底层逻辑还很遥远，但与前端开发有着紧密的联系（如图 1–33 所示）。设计师和开发者的关系就是规划者与执行者，如果 UI 设计师了解前端代码，在发挥自身优势、做好本职工作时，还可以考虑到前端岗位是否可以实现预设的效果。这样 UI 设计师不仅提高了工作配合默契度，还能有效地提高团队协作能力。

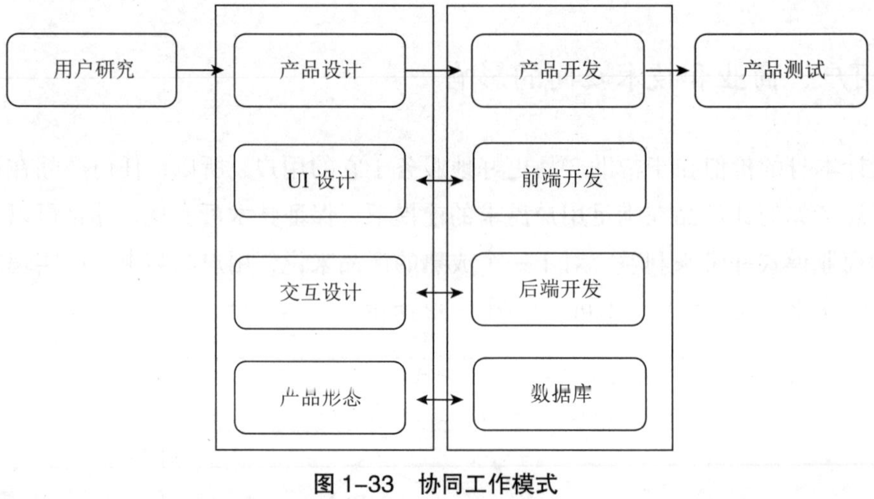

图 1–33　协同工作模式

（二）有效促进页面设计

UI 设计师学习前端代码基础知识（例如 HTML 基础、列表及表单、CSS 基础、CSS 选择器、CSS 特性、CSS 引入方式、盒子模型、浮动及常见布局、定位等）后，可以掌握 HTML 标签及语法、CSS 语法、SEO 搜索引擎优化、兼容性调试等核心技能，从而设计出满足搜索引擎的页面，不会出现超出前端能力的设计。

（三）保障呈现更好的设计效果

一般情况下，前端并不具备 UI 设计领域的基本技能，对审美也没有良好判断，有时候会因为某些无法实现的交互效果而改动页面设计形式，导致页面呈现的效果和设计稿存在很大差异，这是让很多 UI 设计师头痛的问题。但是，如果 UI 设计师懂前端代码，就可以保障设计稿和最终呈现效果的统一，在工作中也更有话语权。

第六节　互联网产品新发展

一、风向

党的二十大报告在说明我国经济社会发展所取得的非凡成就时指出：互联网上网人数达十亿三千万人。这不仅表明我国网络技术进步和人民群众获得感提升，同时也体现了互联网经济快速的发展。以电商网购、直播经济为代表的互联网经济，推动了中国上网人数的不断增加。另外，中国已经积累的巨大的网络用户群体，成为中国发展数字经济的一个重要基础。互联网是数字经济的重要载体，围绕互联网实现的生产和生活需求必然进一步增加。因此，未来围绕互联网发展的相关数字经济活动，具有巨大的发展潜力。

2021 年，是中国共产党成立 100 周年，也是国家“十四五”规划的开局之年。传媒行业的政策规划逐渐完善，媒介技术应用朝着数字化、智能化持续深化，面对百年变局和世纪疫情交织的新形势，中国媒体的国际传播能力、应急传播体系、网络治理模式等面临着新的挑战，同时也迎来了新的契机。2022 年第 2 期《求是》杂志发表习近平总书记重要文章《不断做强做优做大我国数字经济》。文章指出，发展数字经济意义重大，是把握新一轮科技革命和产业变革新机遇的战略选择。2022 年 8 月 16 日，中国社会科学院新闻与传播研究所及社会科学文献出版社共同发布了《新媒体蓝皮书：中国新媒体发展报告 No.13（2022）》。互联网产品的发展一定与新媒体发展高度相关，报告公布了新媒体发展的十大未来展望。

（一）数字化持续赋能“双碳”战略

实现碳达峰、碳中和已成为全球共识，我国从国家战略高度提出了实现“双碳”的具体目标。数字化转型与“双碳”战略具有内在发展一致性，均强调通过技术进步推进生产方式转型，促进经济社会变革。数字化成为实现“双碳”目标的重要手段和现实路径。“双碳”带来互联网行业人才结构优化、产业升级，催生的气候经济将成为数字经济的重要组成部分。

（二）短视频与直播平台更趋日常化、专业化、垂直化

短视频和直播赛道仍是促进网络发展的中坚力量。电商拓展了视频平台的业务类型，成为提升平台经营收入的重要来源。但是，内容建设才是视频平台的核心。短视频平台凭借不断开拓专业化和垂直化内容延长用户停留时间。生活记录类、知识讲解类、行业分析类、治愈解压类等视角更新、互动性更强、参与感更好的内容比例提升。修牛蹄、清藤壶、洗地毯、开榴梿、开蚌取珍珠等题材内容引流效果显著。

（三）互联网资本回归理性

互联网资本为产业转型与经济提速提供了资金保障与技术创新支持，是平台经济发展的核心驱动力。但是，资本的无序扩张会引发互联网垄断，破坏网络秩序与网络安全，影响行业发展。2021 年以来，我国互联网开展反垄断专项治理，规范企业行为。资本要与“专精特新”企业等结合，发挥好创新先导与资源整合功能，助力开创经济发展新格局。

（四）疫情持续加速数字化进程

新冠疫情深刻影响了人们的生活方式与习惯，常态化疫情防控使远程办公和线上办公成为主流工作方式。2021 年 5 月，谷歌推行混合办公举措，办公室工作和远程办公并行，通过灵活办公实现了工作方式的“去中心化”。疫情的深刻影响加快了各行各业数字化转型的步伐，需求端的快速增长倒逼供给端基础设施、供应链快速革新。社区团购等本地生活服务赛道模式不断更新。

（五）坚持网络发展和安全并重，以可持续发展促进可持续安全

2022 年，我国面临的云安全威胁、深度伪造、勒索软件攻击、加密货币威胁等网络安全问题依然严峻。2022 年 4 月，习近平主席在博鳌亚洲论坛 2022 年年会开幕式上发表主旨演讲，提出全球安全倡议。在网络安全领域，我国将坚持发展与安全并举，充分发挥政府、企业与用户力量，奋力推进网络强国建设。

（六）互联网新型人才培育亟待加强

2021 年以来，芯片供应紧张成为智能汽车、手机制造等诸多行业发展的掣肘。数字经济发展需要加强培养高端技术人才和复合应用型人才。产业互联网的发展使电子通信、机械制造等行业对网络人才需求激增。我国要加强校企联合，集中优势资源培

养符合市场需求的专业技术人才。

（七）群体经济与垂直经济成为数字经济发展新兴力量

数字经济发展迈向全面扩展期，其应用不断深化、表现形式越来越多样。以群体特征为发展对象的数字经济，如“银发经济”“单身经济”“Z 世代经济”等将成为行业发展风口，蕴含着巨大的市场。而“耳朵经济”“非接触经济”“助眠经济”“颜值经济”等基于市场与新媒体发展规律，也呈现出较大发展潜力。

（八）内容创作者经济与网络营销服务机构发展迅猛

内容创作者经济是指内容创作者自主发布网络内容并通过发布的内容获得盈利的经济方式。当前，全球社交媒体创作者市场拥有超千万的用户数量，市场规模更是庞大。与意见领袖不同，创作者经济的主体也可以是网络达人或者普通用户。元宇宙的发展促使数字资产的理念深入人心。用户生产的视频内容正成为创作者上传的热门内容类型。随着数字营销的矩阵化和跨屏化，连接商家和平台的中介服务将越来越多元。

（九）虚拟社会研究与实践不断升级

新传播技术的发展与疫情的深刻影响，培养起人们在线办公、学习、生活等数字行为习惯与能力，为虚拟社会的构建打下了坚实基础。虚拟社会探索实践已经展开，例如数字美妆便已引入虚拟妆容促进线上化妆品销售。技术使用户在虚拟世界的体验越来越逼真，而虚拟产品和虚拟世界的入口也是互联网公司发力的下一个方向。

（十）数字文明成果由世界各国人民共享

2021 年 9 月，习近平主席向 2021 年世界互联网大会乌镇峰会致贺信。他强调，让数字文明造福各国人民，推动构建人类命运共同体。数字文明新时代是数字化与智能化的新时代，需要全球协同与互动。国际社会需要在数字技术、数据安全与跨境流动、信息保护等方面加强沟通与合作。我国将在提升数字社会的开放度和包容性上不断努力，推动构建人类命运共同体。

二、发展新趋势

（一）娱乐

短视频发展仍然如日中天，VR/AR 带来对新的娱乐形式的探索。同时，因为社交媒体的新变化，叠加上疫情的影响，传统营销受到了很大的冲击，预计营销和渠道

（电商）的整合也会加速。

（二）社交

随着现有社交产品的僵化，新形态的社交也会像打地鼠游戏一样不断地冒出来，不同场景的泛社交和陌生人社交也都有一些发展空间。

（三）电商方面

国内电商、个性化电商、针对产业链上游的优化、跨境电商等，不论是进口还是出口，都是新的增长点，但市场的规模应该还是在培育阶段。

（四）服务方面

美团、携程、贝壳、滴滴等在一些主要行业上起了不错的开头，但各个细分服务行业的深化，仍然是星辰大海。

（五）娱乐+电商的深度整合

直播带货仍不失为一个不错的行业，明星和品牌同质化在不断加速。明星需要有相应的标签，品牌也是，两者之间的关联会越来越深。

（六）视觉设计趋势

（1）虚拟现实：虚拟现实的流行将带来更多的视觉设计，其中包括3D设计、空间设计以及模拟设计。

（2）动态设计：运动图形在互联网产品的视觉设计中发挥着越来越重要的作用，它可以丰富产品的界面，提升用户体验。

（3）移动优先：随着移动技术的发展，设计师开始将更多的精力投入移动产品设计之中，比如响应式网页设计、触控优化等。

（4）便捷式设计：像微信小程序这样简单易用的设计正在成为越来越多人青睐的产品，它们能够满足用户的个性化需求，为用户提供更加方便的体验。

（5）神经图形：神经图形是一种由算法分析产生的视觉图像，它可以帮助产品设计师更加准确地捕捉客户的意图，从而为产品设计提供有价值的参考。

（七）ChatGPT带来的时代变革

ChatGPT的到来，让许多行业人人自危，当ChatGPT编程时代到来时，产品经理和产品设计工具如何给出“正确的指令”成为顺应时代变革的关键。

1. 产品经理如何面对 ChatGPT 带来的时代变革

面对 ChatGPT 带来的时代变革，产品经理首先要做的是深入了解 ChatGPT 的功能，把握它的优点和不足，并了解它在时代变革中的作用及其对企业的影响。其次是了解客户的需求，分析 ChatGPT 在客户需求场景中的实际应用价值，以此为基础进行产品定位，实现目标市场的有效切入。

（1）成为“正确指令”的设计者

产品经理作为需求方与程序员沟通的桥梁，在未来 ChatGPT 编程时代依然需要产品经理这个角色给予 ChatGPT“正确的指令”，而正确的指令需要产品经理深刻理解需求方的需求，做出“正确的指令”，让“正确的指令”成为 ChatGPT 编程的核心命令，确保设计的指令集能够正确地使 ChatGPT 实现用户预期的功能。所以“正确的指令”对产品经理的要求极高，只有做全能型人才才能成为时代变革的适应者。

（2）成为“ChatGPT+ 产品”模式的引领者

ChatGPT 需要“正确的指令”，这就要求产品经理成为具备战略战术能力的决策者，会创意、懂市场、懂营销和熟悉客户体验的运营人，控成本、抓进度的高级管理者。面对 ChatGPT 编程带来的时代变革，产品经理为了能够给出“正确的指令”必须成为具备综合素养的全能型人才（如图 1-34 所示），成为“ChatGPT+ 产品”模式的引领者。

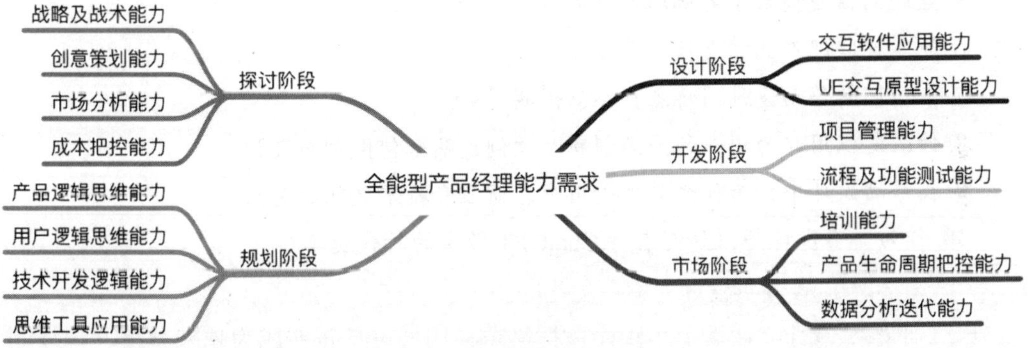

图 1-34　全能型产品经理能力需求

2. 产品设计工具如何面对 ChatGPT 带来的时代变革

当 ChatGPT 编程时代到来之后，需要考虑的不仅仅是让产品经理如何通过工具设计好一个产品原型，而是这个产品原型如何让 ChatGPT“读懂”，并以最快速度生成完整的程序。

产品经理设计的“正确的指令”通常包括产品设计原型和需求的流程，产品设计工具架起产品经理和ChatGPT的桥梁，它将产品设计原型和需求的流程进行编译形成ChatGPT能“读懂”的“正确的指令”，ChatGPT接受指令后就可以快速进行相关的操作，完成“ChatGPT+产品”的新型系统开发模式，如图1–35所示。

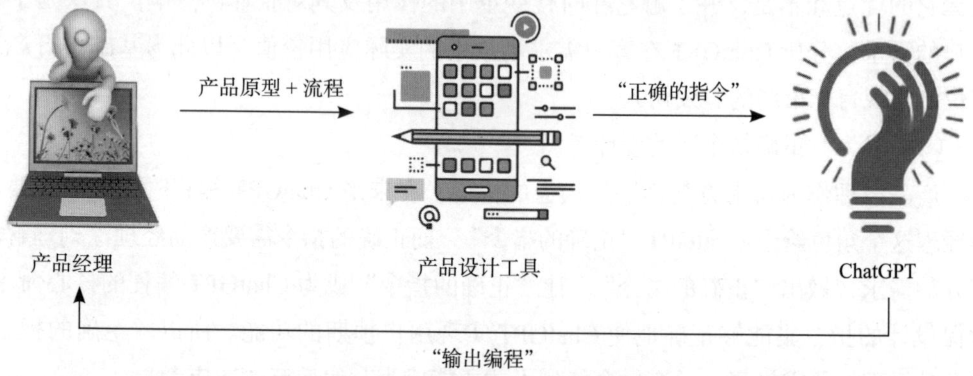

图1–35 “ChatGPT+产品”编程模式

思考题

1. 如何理解设计思维与产品思维？
2. 如何用设计思维打造产品？
3. 什么是用户体验地图？如何应用？
4. 如何理解用户价值与商业价值的关系？
5. 互联网商业模式都有哪些？举例说明。
6. 简述互联网产品四大核心思维体系。
7. 如何理解移动设计的特点？举例说明。
8. 什么是以用户为中心的产品创新？举例说明如何做创新设计。
9. 在移动设计中，为什么要平衡用户、商业和技术之间的关系？
10. 作为一名设计师，如何看待ChatGPT带来的时代变革？

第二章 用户体验与UI交互设计概述

本章内容思维导图

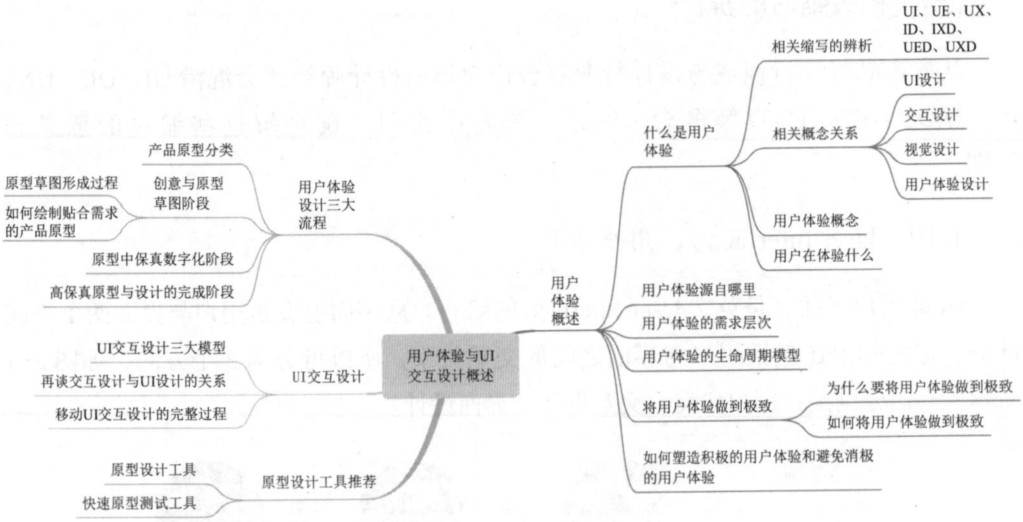

本章要点

1. 重点理解什么是用户体验，厘清相关专业术语的辨析
2. 理解用户体验的生命周期模型
3. 如何将用户体验做到极致
4. 掌握用户体验设计的三大流程
5. 理解UI交互设计的三大模型，重点厘清交互设计与UI设计的关系
6. 了解相关的原型设计和测试工具

扫码查看
第二章彩图

在互联网媒体的演变中，媒体不仅要“告知”用户有用的信息，还要友好地“展示”信息，给用户以良好的视觉引导，从而使其快速获得有用的信息。那么在这个交互获取信息的过程中，用户体验的意义到底是什么？什么是用户体验？打个简单的比方：你可以把你设计的App当成社会中的个体，用户通过某种方式接触这个个体以后，肯定会留下一些或深刻或模糊的印象。用户也会通过接触中的一些事情对这个个体作

出一个评价。这个评价就是我们所说的“用户体验”。如果“用户体验”效果好，用户肯定还会继续关注这个 App，反之，二者只有“一面之缘”，不会再有交集。

第一节　用户体验概述

一、什么是用户体验

（一）相关缩写的辨析

从事产品设计行业或与设计行业有合作交集的设计师经常会混淆 UI、UE、UX、ID、IXD、UED、UXD 等概念。所以，首先让我们正确理解这些缩写的意义和区别。

1. UI（User Interface），用户界面

UI 即用户界面，是英文 User Interface 的缩写。从字面上看是用户与界面两个组成部分，但实际上还包括用户与界面之间的交互关系，所以可分为 3 个方向，如图 2-1 所示，它们分别是：用户研究、交互设计、界面设计。

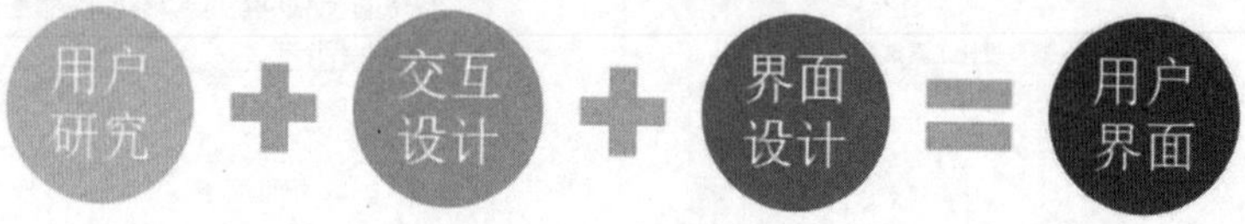

图 2-1　UI 包括的方向

2. UE/UX（User Experience），用户体验

用户体验是指用户使用产品前、使用过程中和使用后的整体感受，包括行为、操作、情感、成就等各个方面。用户体验是整体感受，所以不仅仅来自用户界面。UE/UX 设计师研究和评估一个产品的用户体验，关注产品的易用性、价值体现、实用性、高效性等。

3. ID（Industrial Design），工业设计

工业设计又被称为工业产品设计学，是指以工学、美学、经济学为基础对工业产品进行设计。它涉及心理学、社会学、美学、人机工程学、色彩学等，是各种学科、技术和审美观念的交叉产物。

4. IXD（Interaction Design），交互设计

交互设计通过了解人的心理、目标和期望，使用有效的交互方式来让产品可用、易用，主要对象是人机界面。交互设计师需要关注心理、文化和人体工程等多方面的内容。交互设计是让软件更易用、易学、易理解，让界面更具可用性，真正在用户和界面之间架起了一座桥梁，如图 2-2 所示。

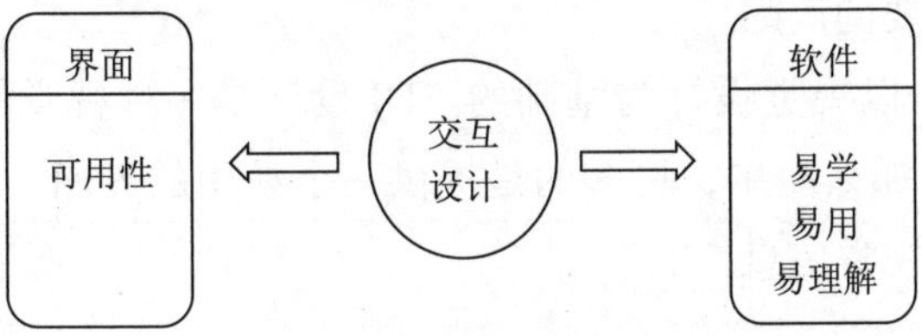

图 2-2　交互设计的重要性

5. UED/UXD（User Experience Design），用户体验设计

用户体验的核心是 UCD（User Centered Design），直译过来就是“以用户为中心”的设计。是指在产品设计和开发的过程中，充分理解和挖掘用户的需求，创造良好而舒适的用户体验。它是以用户需求为目标而进行的设计。它的设计目的是对用户体验有正确的预估、认识用户的真实期望和目的、保证功能和人机界面之间的协调工作。在互联网产品中，一般将视觉界面设计、交互设计和前端设计都归为用户体验设计，但在实际设计中，用户体验设计贯穿于整个产品设计中，需要用户体验设计师对界面、交互和实现技术都要有深入的理解。

（二）UI 设计、交互设计、视觉设计、用户体验设计之间的关系

如图 2-3 所示，我们可以很好地看出它们之间的关系。

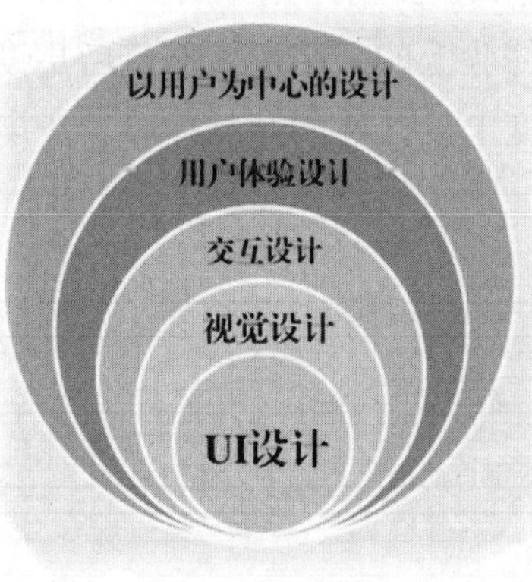

图 2-3　各种设计之间的关系

第一，不论是 UI 设计、视觉设计、交互设计还是用户体验设计，都是以 UCD 为理论基础，所有设计都离不开 UCD。

第二，交互设计、UI 设计和视觉设计是以用户体验设计为基础的，以符合用户使用习惯为出发点。

第三，UI 设计和视觉设计是以交互设计为基础的，先有交互设计再有 UI 设计，交互行为会影响到 UI 设计，好的 UI 设计会充分考虑到交互设计的方式，以更好地为用户服务，设计用户需要的产品。

第四，UI 设计是以视觉设计为基础的。UI 设计是一种视觉体验，UI 设计师不是单一地设计一个界面那么简单，更多的是提供一个易用的界面，而视觉设计则倾向于表现视觉艺术，传达视觉信息。

（三）用户体验概念

用户体验（User Experience，简称 UX 或者 UE）是一种用户在使用产品过程中建立起来的纯主观全新感受。IXDC2015 大会对用户体验重新进行了定义，指出用户需要的不再是单一的体验，而是趋于沉浸式即有高度参与感的生态体验，产品除了满足用户对基本功能的需求外，应更多地考虑为用户提供服务与体验。为此，企业不能只推出新颖的产品，还要实现更吸引用户的体验创新模式和商业模式的完美结合，构建用户体验生态圈。

好的用户体验应该从细节开始，并贯穿于每一个细节；能够让用户有所感知，并且这种感知要超出用户期望，给用户带来惊喜，这种惊喜应贯穿品牌与消费者沟通的整个链条，让消费者一直保持愉悦或兴奋。

（四）用户在体验什么

用户体验是以用户为基础，深入挖掘用户想要的是什么，什么对他们来说是有价值的，他们的痛点和需求是什么。弄清楚用户及其价值之后，需要从不同的角度出发，深入分析不同的用户价值在体验上的不同形式。最后是设计阶段，需要基于用户价值及其体验形式，在具体的维度上设计好的产品体验，让用户更好地感知产品价值，如图 2-4 所示。

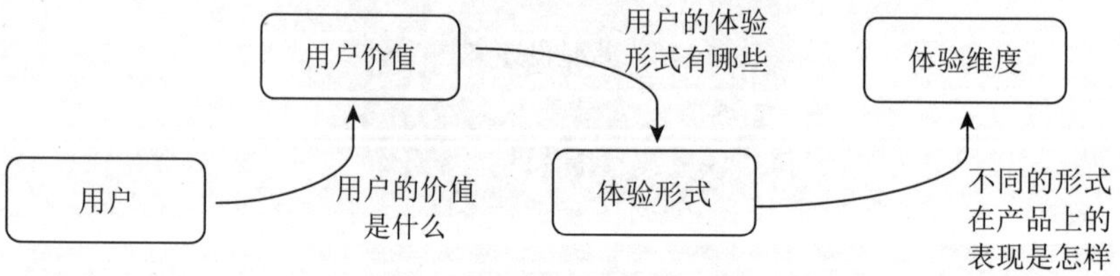

图 2-4　用户在体验什么

体验形式，一般分为功能上的和情感上的。功能上的主要是指能够解决用户的痛点需求，能够闭环解决问题。情感上的主要是指能够满足用户情感上的需求，使得用户的情感值是正向的。

二、用户体验源自哪里

判断一个产品或系统的优劣，在很大程度上依赖于使用产品或系统的用户对它的使用评价。因此，在系统开发的最初阶段尤其要关注和重视产品或系统人机交互部分的用户需求，对用户进行分类，并对不同类的用户需求进行划分，寻求最合理的满足需求的方案，尽可能地对潜在用户或直接用户进行广泛的调查分析，同时也要注重人机交互涉及的软硬件环境，以增强交互的可行性和易行性。

用户体验到底源自哪里？了解用户体验的发展史后，这个问题便会迎刃而解。用户体验这一术语最早出现在20世纪90年代初，美国认知心理学家、计算机工程师、工业设计家唐纳德·A.诺曼首次在自己的设计工作中引入了这一概念。当时他在IBM的职位是“用户体验架构师”，即“User Experience Architect”，这应该算是第一个用户体验的岗位。他在自己编写的《设计心理学》一书中讽刺了那些在产品设计或制作过程中没有考虑或毫不在乎用户需要的设计者，及其设计出的所谓的“设计品”或产品，同时唐纳德·A.诺曼在书中明确提出“以用户为中心的设计是避免犯错误的一个根本途径”，从而指出了用户体验在成功设计中的地位。用户体验的发展史如图2-5所示。

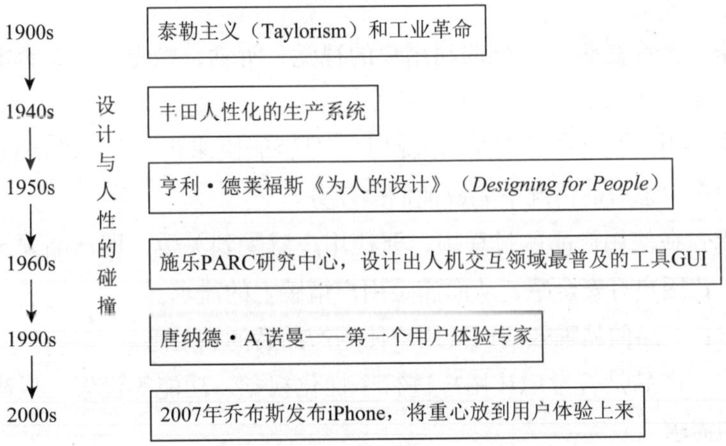

图2-5　用户体验的发展史

三、用户体验的需求层次

就产品与用户的交互层面而言，用户通过体验产品，获得有用的信息，从而花费更多的时间和精力去研究和使用产品。从用户体验的过程来讲，我们更希望用户对产品的体验感受是一个长期的循环的过程，而不是直线的、一次性的。罗仕鉴和朱上上在他们的《用户体验与产品创新设计》一书中，在马斯洛关于人的五个需求层次的基础上，提出了用户体验的五个需求层次，如图 2–6 所示。

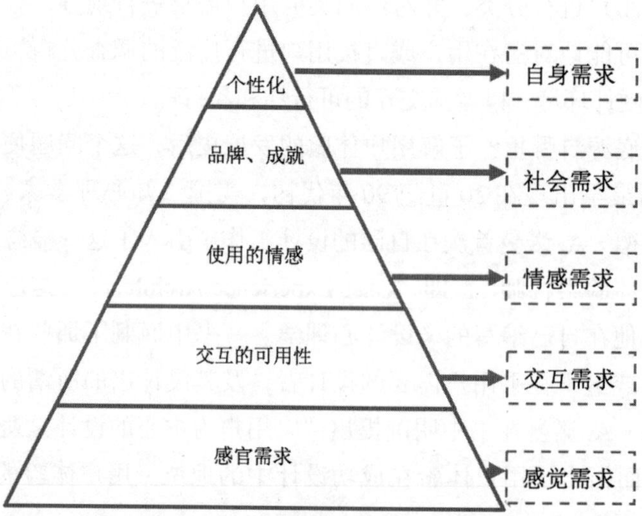

图 2–6　用户体验的五个需求层次

感觉需求：产品是否能充分调动用户的视觉、听觉、触觉等，是否能给用户留下深刻的感官印象。

交互需求：用户在与产品交互的过程中，是否能快速获取有用的信息，也就是说，是否能让用户在少思考的情况下完成他们的任务。

情感需求：在使用产品的过程中，要让用户感受到关爱，即产品要充分关注用户的使用习惯，让用户有安全感，从而满足用户情感上的需求。

社会需求：产品的品牌效应以及用户使用产品后的满足感。

自身需求：产品是否考虑让用户进行个性化视觉、功能等设置，以满足用户多样化、个性化的需求。

四、用户体验的生命周期模型

每一款产品在投入市场后，大体都会经历萌芽期、成长期、成熟期和衰退期这四个阶段，如图 2-7 所示。

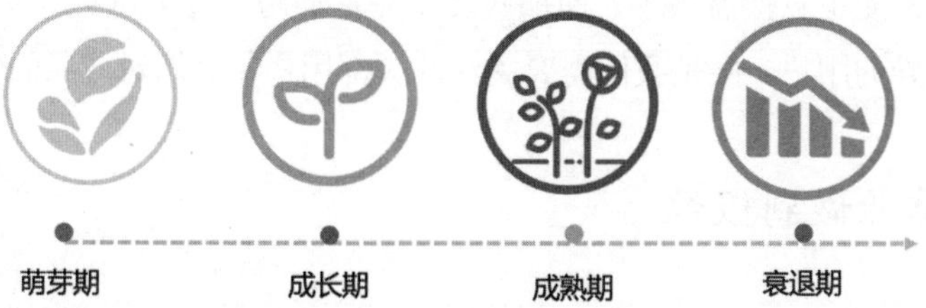

图 2-7　产品生命周期的四个阶段

萌芽期：通过前期的市场分析、竞品分析、用户分析等发掘到了用户的痛点，萌生出一个可执行的、有价值的解决方案。

成长期：经过前期的构思、设计、产品测试，最终正式推出自己的产品，将它发布到 App 商店中，供用户选择。根据用户使用后的反馈情况对产品相关功能进行增加和删除，并不断地考虑如何运营推广以快速提升产品的知名度，增加产品的用户数量。

成熟期：随着产品的用户数量增长到一定阶段，很难再有突破性的增长，产品已经趋于稳定。这时候主要是不断地完善用户体验，留存老用户，同时保持有一些新用户的加入，并进行商业化的探索，从而实现盈利。

衰退期：移动应用产品的市场已接近饱和，更好的竞品也已经出现，产品自身用户在不断流失，产品也迎来了它的衰退期。在衰退期的过程中，产品的生命可能会就此结束，也可能继续延续。如果积极创新，运营得当，也可能令产品得到转机。

用户体验生命周期循环模型如图 2-8 所示，这个过程会随着产品的不断创新和更新循环下去，从而让产品发展的路越走越宽，让产品越来越成功。

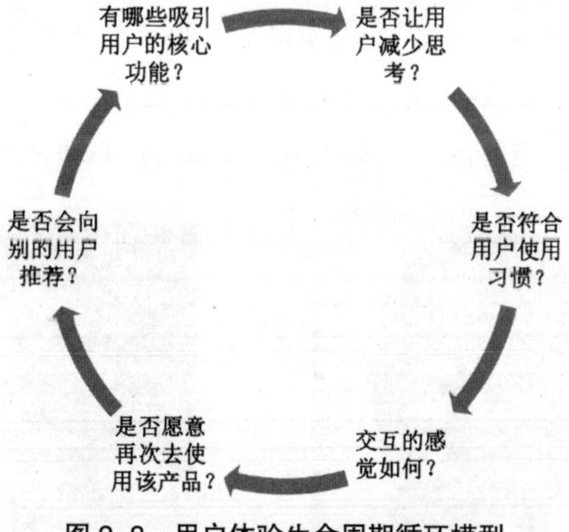

图 2-8　用户体验生命周期循环模型

总体上来讲，用户会经历新增、留存、活跃、沉默、流失这几个过程，只是这几个过程并不一定连贯，可以交叉穿越。比如从新增直接到流失，这是“薅羊毛”的用户，比较常见于理财类的产品；比如从留存直接到流失，其中有一部分是在不同竞品间进行比较，当比较完成之后，便也直接流失了。而那些真正完整经历了每个过程，并在每个过程的核心功能里表现优异的用户，便是我们需要关注的头部用户，他们对产品的价值最大。

五、将用户体验做到极致

（一）为什么要将用户体验做到极致

当我们提到用户体验时，你想到了什么？是产品交互的流畅自然，精美的界面设计，便捷的操作体验还是贴心的小功能？我们越来越把用户体验放在第一位。

例如，“滴滴出行”是一款人见人爱的打车产品，它解决了用户出行打车难的“痛点”。对滴滴而言，App 使用流畅度、叫车的等待时长、派单司机的距离、司机的服务态度、行驶的舒适度、路程的通畅程度、同行拼车乘客的素质、是否享受优惠等每一步，都关系着用户体验，都可能是平台的加分项，也可能是减分项。

如果整个过程用户体验良好，我们会把这个加分项给滴滴，这样良性循环下去，产品的生命周期会更持续。反之，假设一个乘客遭遇了不好的体验，他的内心可能会这样抱怨：“滴滴的司机怎么这样？我怎么遇上素质这么差的司机？滴滴怎么什么司机都要？”也许，当他碰见朋友时，他可能还会抱怨：滴滴现在不怎么样，司机素质很差等一些不好的感受。这样产品的口碑就受到了损害，会给滴滴的品牌带来不好的影响。

有“多普达之父”之称的上海自然道公司首席执行官杨兴平（如图 2–9 右所示）曾经通过腾讯微博缅怀乔布斯（如图 2–9 左所示），他写道：“我们最需要记住他的是：他如何从内心深处感动消费者，从而实现他最伟大的创新。最重要的是学习他是如何创新的原理：将用户体验做到极致。”苹果的界面设计，从本质上改变了技术导向的方式。iPhone 的成功，就是因为在用户体验上做到了极致。苹果对整个行业的影响是革命性的，之所以这么说，也是因为苹果在用户体验消费心理学方面做到了极致。

图 2–9　乔布斯、杨兴平

（二）如何将用户体验做到极致

1. 用户感知度

互联网产品设计常常追求一个“2秒定律”，即一个App在用户打开它2秒钟内就让用户知道它是什么，它能做什么。这就是用户感知度，它是衡量一个产品是否将用户体验做到极致的首要指标。它以视觉、触觉、感觉、逻辑和黏度五个维度作为主要判别指标，用户感知度越高，产品体验越好。

视觉：用户看到的产品的形态。

触觉：产品人机交互的过程。

感觉：对产品的满意程度，所使用的服务是否让用户感觉到极致的快感。

逻辑：逻辑上是否符合用户的习惯，是不是下个页面是用户能预测到的。

黏度：用户使用第一次后，是否还会回来继续使用这个产品，或者是否会进行口碑传播。

2. 产品设计的“5W1H”问题

要使产品的用户体验做到极致，在设计产品的时候就要学会多问自己“5W1H”问题，并且要始终将这些问题贯穿到整个产品设计中。

Who：哪些用户在使用我们的产品？

What：用户最想要看到的内容是什么？

Why：用户为什么想看到这些内容？

When：用户什么时候会使用我们的产品？

Where：用户会在什么场景下使用我们的产品？

How：用户怎么使用我们的产品？

3. 体验形式

极致的用户体验是每一家公司、每一款产品、每一个产品经理和设计师都追求的，如何把用户体验做到极致，以下从自然体验、信任体验、共享体验三种体验形式进行分析。

（1）自然体验

当我们解锁屏幕或接听电话时，会很自然地进行屏幕操作，中间不需要任何文字和语言的解释，用户不需要思考就知道如何去操作，因为触摸是人的本性。我们在设计产品功能和交互的时候，建议每个界面尽可能有且仅有一个突出的按钮，让用户不用思考就会点击进入下一个页面，不制造多余的干扰项，让用户更快、更流畅地完成整个流程动作。这样的自然交互会让用户获得很好的体验效果。

（2）信任体验

一个好的用户体验，不是单方的给予，而是双方的信任。例如，有这样一位超级厉害的创业者，他叫谢家华，想必大家都不陌生，是一位美籍华裔，他创办了一个买鞋的网站，即 2009 年被亚马逊以 12 亿美元收购的美捷步（Zappos）。

美捷步的销售策略是“买 1 双鞋，你可以选 3 双鞋，试穿以后，留下最舒服的 1 双，退回其他 2 双”。我们平时在网上买东西，都是先付款再发货，或者货到付款，一手交钱一手收货，但在美捷步，可以延期 90 天付款，同时做到 365 天无条件包邮退换货。美捷步被称作“极致用户体验”的代表，被三次写进了哈佛商学院的教案。给予用户充分的空间和足够的信任，这就是信任体验。

（3）共享体验

对用户来讲，使用的移动应用 App 只是众多应用中的一个或几个。从用户的心理来说，如果每个应用都要求用户注册，用户肯定会非常反感，因为根本记不住那么多用户名和密码。于是现在几乎所有的应用都有使用第三方账号（例如 QQ、微信、微博账号等）登录的功能。在支付方面，几乎所有 App 都可以借助支付宝、微信等平台进行在线支付，看似独立的 App，实际上是多个应用在共同工作。因此，在开发和设计应用产品时，要保持开放共享的理念，才能让产品更丰富、更有活力，才能让用户获得更满意的共享体验。

六、如何塑造积极的用户体验和避免消极的用户体验

图 2-10 很好地阐释了塑造积极用户体验和避免消极用户体验的常用方法，相信必将为读者以后的设计提供有力的帮助。

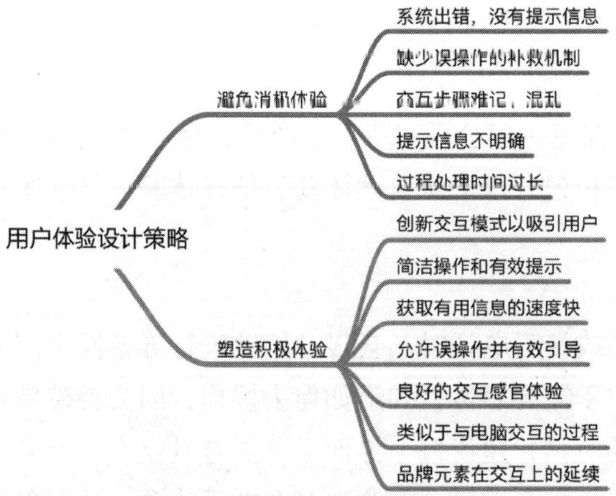

图 2-10　用户体验设计策略

以上用户体验设计策略带给用户的体验效果如下：

1. 塑造积极的用户体验

（1）创新交互模式以吸引用户——新奇感受，即有趣。
（2）简洁操作和有效提示——信任感。
（3）获取有用信息的速度快——操纵感和成就感。
（4）允许误操作并有效引导——安全感。
（5）良好的交互感官体验——视觉和听觉上的满足感。
（6）类似于与电脑交互的过程（有电脑使用经验的用户）——熟悉感和成就感。
（7）品牌元素在交互上的延续性——熟悉感和优越感。

2. 避免消极的用户体验

（1）系统出错，没有提示信息——压力、紧张和茫然，甚至放弃。
（2）缺少误操作的补救——挫败感和压力，甚至放弃。
（3）交互步骤难记、混乱——挫败感。
（4）提示信息不明确或者太过专业化——茫然，不知所措。
（5）过程处理时间过长——焦虑、不耐烦，甚至对产品失去信心。

第二节　用户体验设计三大流程

一、产品原型分类

按原型与产品真实效果的相似度将产品原型分为三类，即原型草图、中保真原型和高保真原型。有的公司也叫线框图、低保真原型和高保真原型。产品原型可以通过较短的时间和较低的人力成本，以更加生动形象的方式呈现产品需求解决方案，帮助产品经理与研发团队、客户等人员高效协同，对产品最终效果达成一致的理解。用户体验设计三大流程如图 2-11 所示。

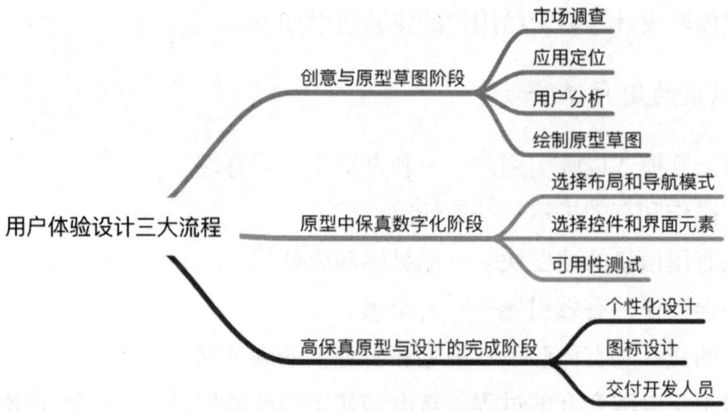

图 2-11　用户体验设计三大流程

二、创意与原型草图阶段

（一）原型草图形成过程

低保真阶段以设计原型草图为目的，主要是对设计进行前期铺垫，对概念、功能和交互方式进行规划和设想；主要工作是进行市场调查、应用定位和用户分析，并对分析结果进行再次讨论和初步设计，从而形成原型草图。原型草图可以手绘，也可以在电脑上实现（推荐使用的软件将在本章第四节重点介绍）。原型草图的形成过程如图 2-12 所示，经历四个阶段，即头脑风暴、产品选题论证、将想法和思路绘成草图、检验和分享思考结果。

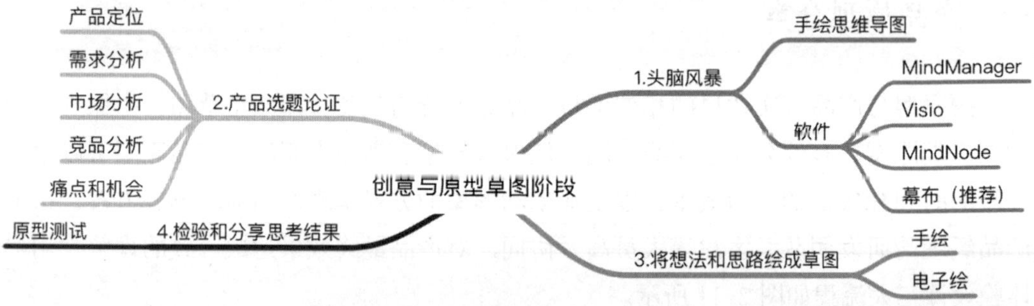

图 2-12　创意与原型草图阶段流程

在这里，建议读者在原型草图阶段使用手绘原型。比起在软件上进行原型设计，手绘草图的效率无疑更高，并且在不同岗位之间的沟通过程中，手绘风格更能展现人性化的思路，有助于人与人之间的沟通。草图有以下三大优势：其一，草图是思维的表达方式，用来解决问题；其二，使用草图是一种可视化的、更加清晰有效的沟通方式；其三，草图的表现力也会直接影响产品设计流程中的信息沟通。该阶段的内容将在第三章详细介绍。

（二）如何绘制贴合需求的产品原型

产品原型绘制是产品经理必备的基本技能，是将产品需求转换成具象的图形化系统页面的过程。通过线框和文字等简单的形式，表示产品所需的基本功能。

1. 绘制产品原型图的准备工作

（1）了解产品基本信息

在绘制原型图之前，需要充分了解产品的基本信息，包括产品的功能、操作流程、关联关系等，这些信息是绘制原型图的基础。

（2）确定产品布局

根据产品的特点和内容选择合适的布局，同时确定页面各部分内容的权重，从而决定主页可以实现哪些功能，是否需要金刚区等。

（3）制定产品原型图的结构

确定原型图的结构，包括总体架构、栏目顺序、控件等。

2. 如何绘制原型草图

（1）明确各模块需要哪些页面，各页面由哪些元件组成。

对于各功能模块，一般涉及三大类页面：主页、二级页面和详情页。

主页：展示产品的各功能模块，一般包括状态栏、导航栏、内容区域和标签栏，内容区域可以包括金刚区、数据列表等。

二级页面：功能模块的新建、编辑数据的页面。

详情页：内容详细信息等。

（2）明确各页面的基本交互与逻辑。

页面的跳转逻辑：功能模块各个页面如何能够跳转切换，例如如何从列表页进入详情页，如何进入数据编辑页等。

按钮的功能逻辑：点击按钮后需要实现什么效果，例如点击按钮后跳转页面、点击按钮后更新数据等。

页面排版：页面涉及的各种元素如何布局才能够达到较好的交互效果、特殊的逻辑控制，例如返回键放到左上角，重要的字段置于上方，引导用户优先填写等。

三、原型中保真数字化阶段

在该阶段中，设计者要将原型草图在电脑上数字化，并进行交互设计。此时要利用相应软件进行可用性测试，以更规范的形式将 App 雏形呈现出来，让 App 的功能和交互更真实，但不需要过多的细节修饰，以便于在电脑上不断改进和补充。

原型的中保真数字化阶段比原型草图阶段更接近真实产品，会进行布局和标准化，主要包括三个任务：

其一，选择布局和导航方式：合理的布局和导航方式会直接影响到页面跳转的清晰程度、流畅性和合理性，导航方式的设置要让用户有熟悉感，符合用户的使用习惯。

其二，设置控件和界面元素：不能简单地堆积和拼凑控件和界面元素，要对界面上的细节元素进行细致的设计、排版和调整，还要对留白等进行处理。在进行中保真设计阶段，标签大小、导航栏高度和宽度、不同层级文字的色彩和字号等，要符合设计标准。

其三，进行可用性测试：这是用户体验中非常重要的步骤，既可以在手机端，也可以在电脑端进行测试，或者通过网络分享的方式让更多的团队外的人进行测试性操作，这样做有助于发现问题并及时解决问题。

四、高保真原型与设计的完成阶段

中保真设计结束后，我们虽然得到了一个比较完整的移动产品设计结果，但它并不美观，视觉效果不吸引人，因此就要进入高保真原型阶段，进行进一步的视觉设计。

视觉设计包括简洁的图标设计、界面的个性化设计、标签栏等的设计和运用，以及对产品的整体色调的设定。设计师的个人审美水平和设计水准直接决定了视觉设计的成功与否。

此阶段主要包括三个任务：

其一，根据产品定位确定整体色调，包括主色、辅色和点缀色，遵循 6∶3∶1 的原则来达到色彩平衡。60% 的主色可以运用到导航栏、按钮、图标等关键元素中；30% 的辅助色平衡过多的主色造成的视觉疲劳；10% 的点缀色，可以用在一些不太重要但又需要区分的元素上。

其二，确定中性色板使用方案，常见的中性色板包括 13 种颜色。在实际设计应用中是按照改变透明度来实现的，如图 2-13 所示。

其三，图标、背景、引导页等的设计。

颜色类型	浅色背景下	深色背景下
Title	@Black 85%	@White 85%
Primary text	@Black 65%	@White 65%
Secondary text	@Black 45%	@White 45%
Disable	@Black 25%	@White 30%
Border	@Black 15%	@White 20%
Dividers	@Black 6%	@White 12%
Background	@Black 4%	@White 8%
Table header	@Black 2%	@White 4%

图 2-13　中性色应用技巧

第三节　UI 交互设计

一、UI 交互设计三大模型

Alan Cooper，Robert Reimann 和 David Cronin 在他们著的《About Face 3 交互设计精髓》中定义了交互设计的三大模型，分别为实现模型、表现模型和心理模型，如图 2-14 所示。

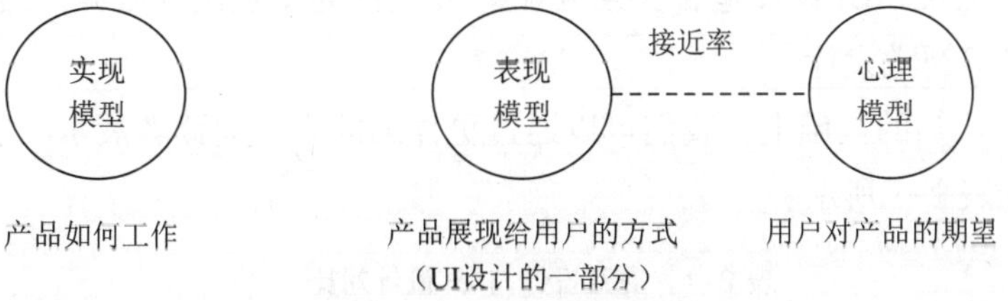

图 2-14　UI 文互设计二大模型

实现模型：是产品的内部结构和工作原理，它存在于设计人员的头脑中，反映软件如何工作。

表现模型：是指产品的最终外观，以及产品呈现给用户后，用户通过观看或使用后形成的关于产品如何工作和使用的想法。

心理模型：产生于用户头脑中的关于一个产品应该具有的概念和行为的知识。这种知识可能源自对产品的概念和行为的一种期望。

人们的心理模型往往比较简单，因此，如果表现模型比实现模型更为简单，那么产品更容易被用户理解和接受。如果接近用户认为的操作方式，这样的产品就能够减少用户的学习和记忆负担，用户会感觉它是一个易用、好用的产品。反之，用户就会感觉它是一个不好的产品。综上分析，UI 设计应该基于用户的心理模型，而不能基于实现模型，也就是说，设计的目标之一就是使表现模型和心理模型尽可能地接近。

二、再谈交互设计与 UI 设计的关系

随着移动终端平台的普及，出现了更多的互联网产品，而与之相关的 UI 设计师、交互设计师的高薪酬、可观的发展前景也成为吸引我们的因素。先有交互设计还是先有 UI 设计？要理解交互设计与 UI 设计的关系，首先要明确回答这一问题。通过前面对用户体验三大流程的学习和分析，我们知道交互设计在先，UI 设计在后。UI 设计以交互设计为基础，交互行为会影响到 UI 设计，好的 UI 设计会充分考虑交互设计的方式，以更好地为用户服务，设计出用户需要的产品。交互设计与 UI 设计的关系如下：

（1）从概念上说，交互设计更加注重产品和使用者行为上的交互以及交互的过程，而界面是一个名词，在做界面设计时，我们关心的是界面本身、界面布局、组件、导航和风格，并要求设计出来的界面能有力支撑有效的交互。

（2）从功能上说，当我们定义一个产品的交互行为后，对 UI 设计的要求也就更加清楚了。界面上的组件是为交互行为服务的，我们是以交互行为作为依据进行 UI 设计的，不能为了界面的美观和艺术化而破坏设计好的交互行为，因为交互设计是设计的最终目标。

（3）从广义上说，UI 设计包含交互设计，UI 设计为交互设计服务，当然 UI 设计也包括平面设计等视觉设计。

在上面三点认知的基础上，我们可以通过更详细的表格向读者展示在实际工作中二者的对比，如表 2-1 所示。

表 2-1　交互设计与 UI 设计对比

工作内容对比	交互设计	UI 设计
关注点	心理层面的用户体验	视觉层面的用户界面
关键词	用户、解决问题、情感、心理学、成就、目标、便捷、情绪、效率、访谈、数据	导航、菜单、列表、弹窗、文本、图标、颜色、渐变、按钮、不透明度、投影
产出	流程图、信息架构、跳转逻辑	界面设计稿、设计规范等
界面	界面上的内容、跳转逻辑	界面的样式、跳转效果
所需技能	沟通、分析、逻辑思维等	配色、排版、设计规范等

三、移动 UI 交互设计的完整过程

要想彻底了解手机 UI 设计的完整过程，我们需要了解 UI 交互设计的流程，了解流程中的每一个任务和细节。

首先，收集用户体验的相关信息，了解用户，确定目标用户群体，确定信息收集的方法和途径。

其次，根据用户的需求对用户进行合理的分类，并为每一类用户进行定义，分析每一类用户的特点等。

再次，设定交互设计原则，分别从硬件交互设计、信息交互设计、软件交互设计和体验交互设计四个方面进行。

硬件交互设计：根据人机工程学原理设计按键大小等硬件交互要素，提供多种输入方式，并设计新奇的交互模式，例如苹果设备的触电导航键（旋转和点击）。

信息交互设计：主要体现在布局、字体、色彩、图标等方面。

软件交互设计：主要体现在导航方式的设计上，让用户随时知道自己在哪里、如何返回，并且可以立即退出。

体验交互设计：让用户很方便地控制交互过程，同时让用户有安全感，例如苹果设备的指纹识别模式。当然现在很多产品也都支持指纹识别模式了，尤其是在购物 App 中。

最后，进行 UI 交互设计测试和完善。

以上的每一步都是至关重要的，直接关乎产品的成败。

了解了 UI 交互设计的流程以后，我们可以用图 2-15 来描述移动端 App 的总体交互逻辑。

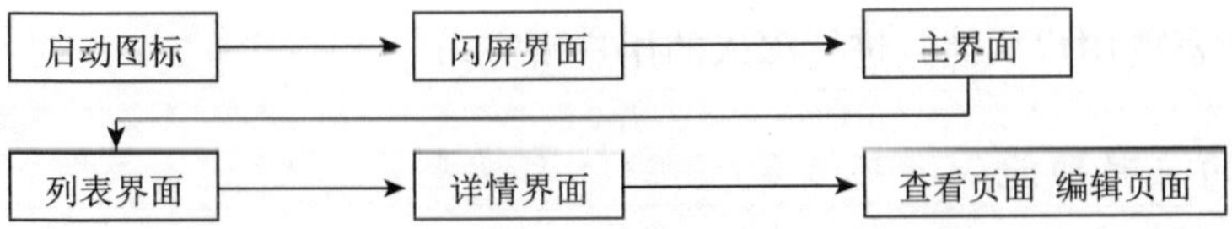

图 2-15　总体交互逻辑

第四节　原型设计工具推荐

产品原型设计是一个系统化、结构化、快速迭代的设计过程，它是利用技术工具模拟、分析、设计、测试产品原型的过程，并运用用户体验、视觉设计和工程设计原

则来进行产品雏形的快速设计，完成初期的产品原型设计，从而有效地推动产品的发展和改进。

一、原型设计工具

原型设计工具是一种极具弹性的设计软件，在它的帮助下，设计师可以高效地创建出自己想要的原型，而不是把时间浪费在复杂的编程和样式上。原型设计工具具有易用性，可以让我们以极快的速度创建原型，并且有许多实用的功能，让我们可以像专业设计师一样创建专业的原型。常见的原型设计工具有 Axure RP、Adobe XD、Balsamiq、Mockplus、Proto.io 、Justinmind、Marvel 、InVision、UXPin、Framer、Flinto、Origami Studio 等。以下简要介绍 Axure RP、Mockplus、Adobe XD。

（一）交互设计与产品经理必备利器—— Axure RP

1. 产品面向的用户人群

（1）交互设计师：利用 Axure RP 创建交互原型，搭建一套完整的交互流程，用以证明设计想法。

（2）前端开发者：利用 Axure RP 实现设计和开发的一体化，减少重复工作，节省开发时间。

（3）UI/UE 设计师：利用 Axure RP 快速创建流程原型，对网站页面实现快速拼接，方便快捷地设计网站页面。

（4）产品经理：使用 Axure RP 利用交互原型快速评估设计方案，有效提升产品迭代速度。

（5）用户研究者：利用 Axure RP 快速创建的交互原型，让用户参与实时的交互测试，收集更丰富的用户反馈，进行深入的用户研究。

2. 产品的主要功能

（1）交互原型设计：可以帮助用户创建高保真度的原型，并让用户轻松添加交互元素，以模拟真实交互体验。它还提供了一系列的专业尺寸，使用户可以更轻松地创建一致的设计。

（2）网页设计：可以帮助用户在网页上创建静态或动态的元素，可以让用户轻松设计出高保真度的网页原型。

（3）移动应用设计：可以帮助用户创建专业的移动应用原型，并提供各种移动设备模板，可以让用户轻松设计出与移动设备完美兼容的原型。

（4）团队协作功能：可以帮助用户与其他团队成员实时协作，并借助便捷的社交功能，轻松地进行设计沟通。

3. 产品的优势

（1）功能强大：可以帮助用户快速创建原型，不需要编写任何代码，而且可以和UI设计工具相结合，有效地实现产品原型的创建。

（2）可拓展：可以支持用户添加插件，可以根据实际需求添加更多功能。

（3）高效：可以让用户快速创建原型，可以缩短产品开发时间、提高效率。

（4）易于使用：Axure RP的操作界面清晰易懂，用户可以通过简单的操作实现功能，节省时间和精力。

（二）高效原型设计工具—— Mockplus

1. 产品面向的用户人群

Mockplus的适用人群是比较广的，只要是有产品（范围很广，包括网站、特定功能、策划案、广告模型、创意等）模型展示需要的人都可以使用。其中，主要使用者包括产品经理、项目经理、用户体验设计师、平面设计师、互联网创业者、运营经理、广告公司等。

2. 产品的主要功能

（1）拖拽式原型设计：提供了超过3000个可用icon以及一系列图片和组件，可以满足多种需求，使用拖拽操作，让用户轻松快速地设计出高保真原型。

（2）快捷组件：支持自定义组件，可以将常用组件保存成快捷组件，快速拖拽，极大提高设计效率。

（3）连接/粘贴：支持连接设计，拖拽出的图形可以连接起来，也可以拖拽粘贴在一起，节约设计时间。

（4）原型分享：支持实时、在线分享原型，可以分享给任何人，方便团队内外协作。

（5）测试：支持在手机上测试原型，可以随时检查原型效果，确保原型设计完善。

3. 产品的优势

（1）拖拽操作简单快速：界面组件使用拖拽操作，节省了大量时间，能够让设计师轻松设计一个完整的产品原型。

（2）可视化编辑操作方便：使用可视化编辑，可以快速修改、重构页面，使设计师可以更快地完成设计工作。

（3）预设样式更加高效：可以使用 Mockplus 的预设样式，节省设计时间，快速生成产品原型。

（4）共享功能方便：可以轻松分享和实时协作，让设计师可以更加方便地与客户或团队成员进行交流互动。

（三）高效原型设计工具—— Adobe XD

1. 产品面向的用户人群

Adobe XD 面向的主要是 UI 设计师、交互设计师、产品设计师、UX 研究者、Web 设计师等。

2. 产品的主要功能

（1）界面设计：提供了各种图形和文本工具，可以让用户创建完整的用户界面。

（2）交互设计：可以提供用户友好的交互设计，如触摸、动画、悬停效果等，使用户更加方便地操作页面。

（3）原型设计：可以使用一系列工具，结合用户界面和交互设计，创建原型，让用户可以更好地理解和体验产品。

（4）设计协作：可以让设计师们协调完成用户界面设计、交互设计和原型设计等任务，有效地提高团队的工作效率。

3. 产品的优势

（1）拥有强大的设计工具：Adobe XD 用户界面极其易用，它拥有强大的设计工具，允许设计师直接用矢量绘制图形，而无须依靠复杂的代码来实现。此外，它还有许多有用的预置元素和插件，可以使设计师的工作更加容易和高效。

（2）缩短设计迭代时间：在一个简单的界面中，Adobe XD 可以节省设计师的大量时间，使他们能够迅速实现想法，而不是花费大量时间了解代码。

（3）具有全面的团队协作功能：Adobe XD 具有完善的团队协作功能，允许多个团队成员同时在同一个文件中进行设计和开发工作。

此外，它还可以追踪修改历史，并允许团队成员进行实时聊天，以获得有关设计进展的及时更新。

（四）Axure RP、Mockplus、Adobe XD 三种工具对比分析

三种工具对比如表 2-2 所示。

表 2-2　三种工具对比

工具 / 对比	Axure RP	Mockplus	Adobe XD
产品 Logo			
定位	原型设计工具	快速原型设计工具	UI 设计和原型设计
可视化组件	强大、完整	可满足基本需求	可满足基本需求
交互设计	强大、多样	容易上手、快速	较强、多样
编辑功能	灵活多样	可满足基本需求	可满足基本需求
导出功能	可以导出 HTML、PDF 等格式	可以导出 HTML、PDF 等格式	可以导出 HTML、PDF 等格式
场景功能	支持	不支持	支持
付费情况	付费版本收费	免费版本免费	付费版本收费

二、快速原型测试工具

（一）快速原型测试工具—— POP（Prototyping on Paper）

这里介绍一款移动平台快速原型测试工具 POP——Prototyping on Paper。借助 POP，开发者或设计师只需要将绘制好的原型草图拍下来导入 POP 里，利用链接点连接好各张原型图的逻辑关系，就可以轻松创建一个动态原型。

图 2-16　POP 原型测试 App 的 Logo

1. 产品面向的用户人群

POP 原型测试 App 面向的用户群体主要有：产品经理、设计师、开发人员、用户体验设计师等。这些用户群体追求手绘风格及快速原型生成，他们可以在手机或平板电脑上使用 POP 原型测试 App 来快速验证和修改设计概念，从而更好地开发出最终的产品。

2. 产品的主要功能

（1）提供了多种可选机型的手机壳外形元件。

（2）可以直接拍摄原型，也可以导入已拍好的原型。

（3）可以随意添加跳转链接热区，并进行链接跳转设置，轻松让原型动起来。

（4）有内嵌的交互动作，如侧滑、展开、消失等，满足基本的动态演示需要。

3. 产品的优点与缺点

优点：简单易用，几乎没有学习成本就可以快速生成可以交互的原型且可以分享，方便测试。

缺点：只支持低保真原型测试，交互效果复杂时不能很好地表达设计。但通常用于快速测试原型还是值得推荐的。

（二）快速原型测试工具—— Mockup-UI&UX

图 2-17　Mockup-UI&UX App 的 Logo

Mockup-UI&UX 手机原型测试软件是一款专业的移动应用原型测试软件，可以帮助用户快速构建出真实有效的应用原型。它拥有自动化的界面构建功能，可以极大地减少搭建原型的时间和精力，让用户可以尽快完成原型的编辑和测试工作。此外，它还提供了测试回放功能，可以方便用户分析测试结果，找出应用原型中存在的问题，并及时调整应用原型，从而提升应用的可用性和用户体验。

1. 产品面向的用户人群

（1）产品经理：产品经理在开发手机应用程序前，需要使用它来进行初步的原型试验，以便检查设计是否符合用户的需求。

（2）用户体验设计师：它可以帮助用户体验设计师在设计手机界面时，快速验证设计概念。

（3）软件测试工程师：它可以帮助软件测试工程师检查界面的可用性，以及解决潜在的设计问题。

（4）移动开发人员：它可以帮助移动开发人员制作出真实的界面，以便进行系统性的测试和调试。

（5）设计师：它提供专业的设计流程，可以帮助设计师制作出更为精美的手机界面。

2. 产品的主要功能

（1）手机原型设计：用户可以使用它来设计完整的手机原型，并可以通过多种样式和布局来定义手机页面的布局和外观。

（2）手机原型测试：用户可以使用它来测试原型，模拟真实的用户体验，以检测原型的可用性和易用性，确保最终原型的质量。

（3）原型分享：用户可以通过它分享原型，并可以让别人评论和反馈，以便更好地完善原型。

（4）兼容性测试：它可以检测原型的兼容性，确保手机原型可以在多个不同的设备上正常运行。

3. 产品的优点与缺点

优点：它能够让设计师以及开发者快速地创建出原型，并且支持所有类型的设备，为测试提供便利；该软件拥有完善的用户体验，方便用户使用，为开发团队提供了快速的原型创建服务；它的操作界面拥有清晰的结构，可以让设计师以及开发者快速定位到想要的功能模块，减少测试时间；该软件具有可定制的界面，可以让设计师定制更加符合需求的界面，提高用户体验。

缺点：它可能面临着功能上的限制，设计师和开发者可能在使用时会遇到一些无法实现的功能；尽管它支持所有类型的设备，但是针对某一特定设备的优化可能还不够，可能会出现一些显示问题。

思考题

1. 如何理解交互设计的重要性？
2. 如何正确理解UI设计、交互设计、视觉设计、用户体验设计之间的关系？
3. 什么是用户体验设计？它的重要性体现在哪里？
4. 用户体验的五大需求层次是什么？
5. 如何理解用户体验的生命周期？
6. 如何将用户体验做到极致？举例说明。
7. 用户体验设计的三大流程是什么？
8. 如何理解UI交互设计的三大模型？
9. 如何正确理解交互设计与UI设计的关系？举例说明。
10. 常见原型设计工具有哪些？选一款你熟悉或喜欢的软件进行简单介绍。

第三章　移动产品的创意和原型草图设计

本章内容思维导图

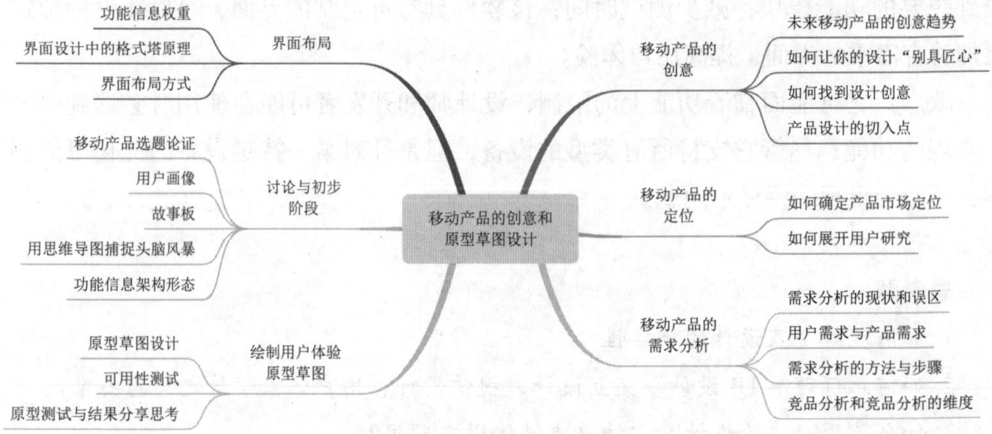

本章要点

1. 如何找到移动产品的创意
2. 如何开展用户研究
3. 掌握需求分析的方法和步骤
4. 学会进行竞品分析
5. 重点掌握界面设计中的功能信息权重和格式塔原理
6. 掌握如何进行移动产品选题论证
7. 掌握绘制原型草图的方法和技巧

扫码查看
第三章彩图

移动产品创意的核心概念是以用户为中心，以简单易用、人性化、安全可靠、多样化为要求，把实现复杂技术和充分理解用户需求结合起来，让用户体验有价值、有趣、有活力的产品。同时要求移动产品的功能要紧跟技术发展的步伐，不断地针对不同的用户需求做出回应，不断改进功能，不断推陈出新，确保用户体验达到最佳。

第一节　移动产品的创意

以色列科学家 Noam Tractinsky 对这样一个问题感到困惑：人们为什么更喜欢美观的物品而不是丑陋的物品？为什么美观的物品更好用呢？后来 Tractinsky 做了很多的实验，得出了一个结论：物品的实用性和美观性是相关的。所以，移动产品的设计更趋于实用美观。同时，要想设计出有创意的移动产品，就要做出情感化的产品设计，但是情感会影响人的创造性思维，从而影响解决问题的思路和结果，人的情感和创造性思维之间的关系如图 3-1 所示。

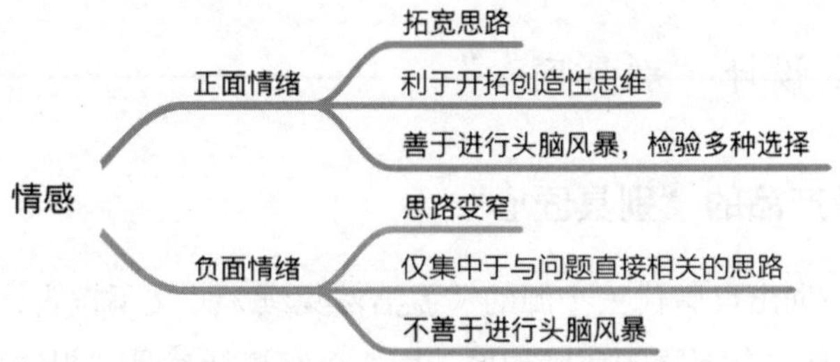

图 3-1　人的情感和创造性思维之间的关系

情绪帮助人们进行决策，正面情绪和负面情绪同样重要，情感化的设计有利于帮助我们拓宽思路，开拓创造性思维，从而让人变得更具创造力、想象力，设计出符合用户需求的创意产品。

一、未来移动产品的创意趋势

（一）2023 年移动产品的创意趋势

2023 年移动产品的创意趋势是智能、自动化和连接性。

（1）智能：AI、机器学习和自然语言处理技术被用于移动设备，使移动应用更加智能和更具创新性。

（2）自动化：人工智能逐渐帮助移动应用处理复杂的任务，使用户可以更轻松地完成任务。

（3）连接性：移动产品可以更加便捷地连接其他设备，从而实现更好的交互体验。例如，手机可以连接到家庭智能装置、汽车、玩具等，为用户提供更便捷的服务，让智能服务普及。

（二）未来三年移动产品的创意趋势

（1）5G加速：随着5G的推出，传统的移动产品的传输速度得到大幅提升，因此，5G技术将成为未来三年移动产品创意趋势的重要驱动力。

（2）无界体验：随着IoT技术的发展，移动产品不仅仅是一种移动设备，而是一个网络，一个虚拟空间，用户可以在其中无界体验。

（3）人工智能：AI技术在移动产品中的应用越来越广泛，将可以为用户提供更加智能化和个性化的体验。

（4）虚拟现实：虚拟现实技术可以让用户更身临其境地体验移动产品的特性，这也将成为未来三年移动产品创意趋势的一大亮点。

二、如何让你的设计“别具匠心”

（一）什么是产品的“别具匠心”

“别具匠心”一词出自唐代王士源的《孟浩然集续》：“文不按古，匠心独妙”，指在技巧和艺术方面具有与众不同的巧妙构思，用八个字概括就是“想法独特、与众不同”。但是怎样才能让我们的设计“别具匠心”呢？App是一种连接品牌与消费者的工具，是品牌与用户之间形成消费关系的重要渠道，也是实现O2O的纯天然纽带，所以独特的设计理念就显得非常重要。只有这样，设计才有可能深入用户的生活和内心，最大限度地引发用户共鸣，用户才有可能为我们的设计买单，成为我们应用的忠实粉丝。

众所周知，App的创意源于生活而又高于生活，并且可以服务于生活。所以，要做到“别具匠心”，首先要做到以下两点：其一，要满足用户的日常生活需求，让用户从细微之处感受到更多的生活乐趣和便捷性；其二，要改变用户的传统生活方式，让人们在越来越多的碎片时间中得到更多的实惠，让生活更加移动化和智能化。如果用户能明显感觉到这款App的体贴入微，那么这款产品自然也就具备了独当一面的竞争实力，能在市场上立于不败之地。滴滴出行就是一款很有代表性的产品，它服务于人们的日常生活，让出行变得更加舒心和高效。

（二）怎样做到产品的“别具匠心”

一款设计精美的移动产品会令人惊叹，但是怎样才能让这款产品“别具匠心”，以下是推荐的移动设计“四步法”。

第一步，首先要让设计贴合用户的需求。在设计过程中，要力求产品服务用户，让用户能够很容易地操作和使用。这样就能根据用户的需求做出更加完善的产品。

第二步，拥有独特的设计。要突出产品的独特之处，使它与其他产品相比有显而易见的差异，让用户能够轻松地识别出来。

第三步，追求高品质。除了外观设计，对于产品的功能也要有很高的要求，做到高效可靠，使用户能够获得更好的体验。

第四步，注重细节。对于细节处理要特别认真，这会给用户带来一种贴心的感受，让他们体会到产品的用心与匠心。

所以，在进行互联网产品设计的时候一定要让自己的产品“别具匠心”、与众不同，这样才可以提升用户体验，提升产品的竞争力。

（三）“别具匠心”的移动产品举例分析

1. 微信

落到“别具匠心”，就不得不说说时下最受欢迎、拥有不同类型用户的社交媒体 App 微信，它的成功绝不是一个偶然，而是一种必然的结果。下面说说它的“别具匠心”。

（1）使用手机网络流量或 Wi-Fi 网络传输的方式取代了短信传输、彩信传输等，为用户节省了很大的开销，同时，对于 24 小时在线的用户来说也不会产生太大的流量支出。

（2）简洁的界面设计满足了各个年龄段的需求，可视化强、操作简单、易学。

（3）“按住说话”的微语音功能，不仅满足了不会打字的用户和有视力障碍的用户的需求，同时让用户在出行的过程中可以体验像打电话一样的实时对讲，方便沟通，且节省了电话费。

（4）最“别具匠心”的功能当属“附近的人”和“摇一摇”，用户可以通过这些功能了解和认识附近同样使用微信的用户，增加了交流和交友的随机性和多元化。

（5）微信小程序可以让移动应用快速嵌入微信，无须下载额外的 App 即可使用，实现“低门槛、低成本、快速响应”的应用模式，更方便地获取与传统移动应用一样的服务和体验。

（6）微信商城是第三方开发者基于微信开发的一个电子商务平台，可以实现便捷购物，支持线上支付，支持多种支付方式，提升消费体验。

（7）微信聊天机器人是一款智能服务产品，通过自然语言处理技术，能够自动识别、智能回复用户来自微信的消息，可以让微信用户获得便捷的客服回复，提升用户体验。

同样是移动交流方式，成功的案例还有 Google+、Facebook（现已改名为 Meta）和 Twitter（现已改名为 X），这些应用都有自己“别具匠心”之处，让用户获得了不同的个性化体验。因此，我们应该把更多的精力放在设计更加科学的界面布局、挖掘更多的个性化体验和创造更具发展潜力的体验模式上，真正让自己的产品“别具匠心”，设计出与众不同的移动应用。

2. 墨迹天气

截至2023年，最新的墨迹天气App的市场数据显示，其全球市场占有率为17.2%，在中国的市场占有率达到了31.9%。全球月活跃用户达到了4.4亿，其中中国市场月活跃用户为2.2亿。在中国市场，iOS平台的市场份额为34.9%，Android平台的市场份额为65.1%。墨迹天气App的收入主要来源于广告，墨迹天气App的广告收入份额占比约为85%，其他收入占比约为15%。

（1）界面设计：墨迹天气App采用简约风格，主要色调为深蓝色，色彩灰暗，满足了用户在追求时尚的基础上兼顾高效的使用体验。

（2）交互设计：墨迹天气用户界面的布局流畅，可以通过一系列的交互动画让用户更加容易理解，并且支持双击、拖拽等操作，让操作更加自然顺畅。

（3）内容设计：墨迹天气的历史天气数据采用可视化图表的形式，运用折线图、饼图等形式让用户可以直观地读取天气数据，让用户快速把握当前天气状况。

（4）数据后台：墨迹天气App的数据后台采用大数据技术，为用户提供全球范围内最新最准确的天气数据，且具有良好的延迟性能，让用户无须担心数据及时性问题。

墨迹天气App的特色功能如图3-2所示。

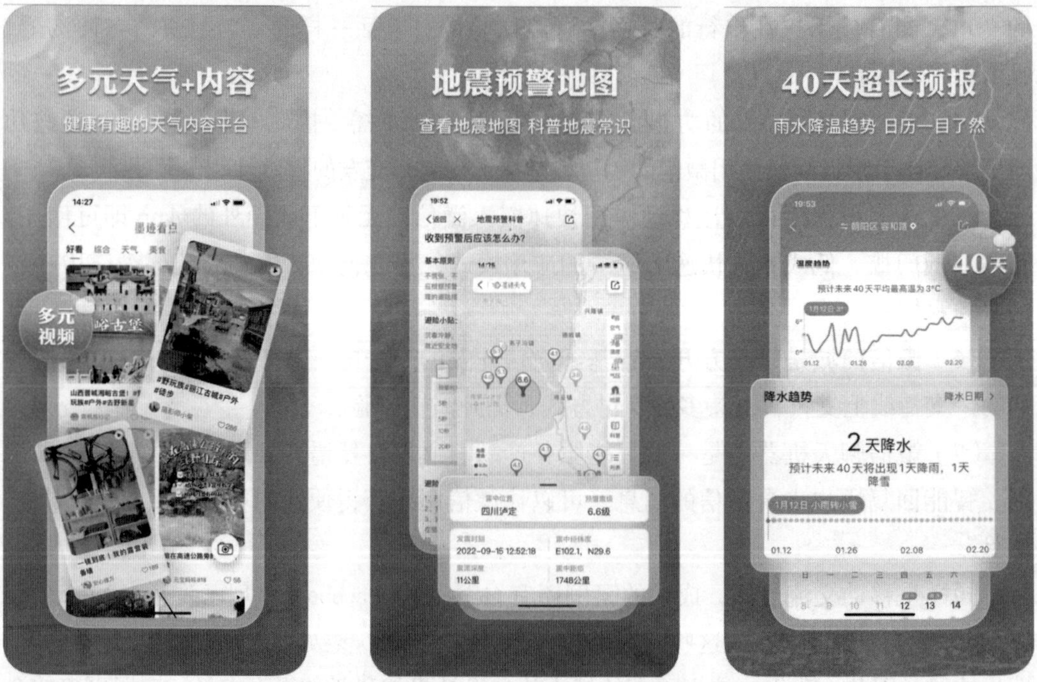

图3-2 墨迹天气App的特色功能

三、如何找到设计创意

创意是一种创造性的表现，是创新性思维的体现，它可以帮助人们获得新的观点和灵感，从而实现更大的创造力。灵感是一种精神上、情感上或创造性思维的产物，它是一个瞬间的创造性想法，它可以帮助人们解决复杂的问题，获得新的观点，并找到创造性的解决方案。

（1）从研究设计趋势开始：仔细观察最新的产品设计趋势，积累相关的灵感和创意，不断更新自己的设计知识储备。

（2）从创新的角度出发：捕捉客户的需求，并且着重深入思考客户的具体需求。这样有助于设计师更好地理解客户的需求，并且可以从中获取更好的灵感。

（3）多元化参考：不仅从产品设计中获得灵感，还可以从其他领域中寻求灵感，包括艺术、歌曲、史诗、科技等。

（4）自觉搜集素材：随时搜集创意和素材，把有价值的灵感和创意记录下来。

（5）多学习，多看，多思考：多学习有助于设计师对新的技术和市场发展有更深入的了解，多看有助于设计师从他人的成功设计中获得灵感，而多思考有助于设计师获得新的创意和灵感。

（6）善于总结：鼓励设计师总结自己的灵感，及时将新颖、创新的想法记录下来，这样可以避免灵感随时间而消失。

总之，寻找创意和灵感对于成功的产品设计至关重要，设计师应该从多维度出发，多学习、多看、多思考，及时将新颖的创意和灵感记录下来，以期获得更好的设计灵感。

四、产品设计的切入点

产品设计需要有一个强力的切入点，可以帮助设计师把握重点，做出有效、有力的设计决策，以便在有限的时间内有效实现产品目标。一个强力的切入点可以把设计师从大量无关内容中解放出来，快速定位到有效的设计方案，不断创新，完成既定的任务，提升产品品质，满足用户的需求。

（1）关注用户需求：仔细研究用户需求，根据用户需求提出设计点，从而找到最佳切入点。

（2）通过市场调研分析：了解市场上的相关产品，收集相关信息，以便进行深入分析，从中学习其优势，找到最佳切入点。

（3）通过专业技术分析：分析产品在技术上的可行性及其优势，对现有技术做出改进，从而找到最佳切入点。

（4）通过数据可视化分析：分析大量数据，通过图表、摘要、报表等可视化工具，找到互联网产品设计的最佳切入点。

（5）通过竞品分析：通过对竞品的分析，可以发现竞争对手的优势和劣势，从而找到最佳切入点。

综上，产品设计应从客户的需求出发，结合企业的战略定位，了解客户需求，探究未来消费者市场的趋势，把握行业发展趋势，结合企业的自身资源，突破技术及工艺的瓶颈，设计出满足客户需求的产品。

第二节　移动产品的定位

一、如何确定产品市场定位

（一）产品市场定位的一般方法

首先，定位必须以准确的数据收集能力为基础，根据自身需求和设计所需，对线下各种客户信息、消费行为进行系统性收集。其次，分析数据，利用线上系统分析出某种形式的结果，并利用分析结果进行决策。最后，运用结果为客户服务。

“请用一句话准确地描述你的产品”，这个问题的回答可以这样组织：“主要面向……用户，提供……功能，具有……特色。”如果我们很难这样描述自己的产品，那么显然这个产品的定位比较模糊，方向也不明确，如果开发该产品就会面临很大的投资和开发风险。

微信：社交通信平台
用户：熟人圈
目标：平台化，移动互联网最大入口

陌陌：基于地理位置的交友工具
用户：陌生人，单身男女
目标：交友平台

图 3-3　微信和陌陌的产品定位对比

（二）产品市场定位的一般原则

怎样才能设计出让用户第一眼就心动的产品呢？我们在确定执行项目的时候，需要冷静分析我们对产品的设想和预期，理性地定位产品的市场目标和用户，了解我们所面对的粉丝群和潜在用户群，针对他们的需求，做有价值的、能触动人心的产品，这是产品有可能成功的第一步。

1. 不要将用户的眼光吸引到产品华丽的外表上

华丽的产品外表虽然可以带给用户一种视觉享受或视觉冲击，但是容易弱化产品的主体功能，让用户无所适从，结果可能是用户在浏览了几个页面之后便觉得没意思而删掉该产品。不仅如此，外表华丽的产品（这里主要指移动终端应用的界面，尤其是手机应用的界面）会为用户、开发者和投资者带来不小的时间和金钱开销。

对用户来说，过多的装饰会使屏幕变得拥挤，增加使用难度，同时安装该应用会占据更多的存储空间，影响下载和打开的速度，花费更多的流量。

对开发者来说，这样做会增加开发难度及开发工作量，延长开发周期。

对投资者来说，这样做会增加投资成本，花费更多的人力和物力，而且还可能带来投资失败的风险，得不偿失。

当然，我们不能陷入一个误区，外表不华丽不代表应用不美观、不时尚、没创意。我们必须搭建一个合理的、人性化的框架，明确产品应该突出什么、弱化什么，以提升用户体验。

图 3-4 是三个闹钟应用的案例展示。从视觉上来说，左边两个会让人有眼前一亮的感觉，但当我们真正使用的时候，会为烦琐的界面所困扰，尤其是第一个界面。用户需要的是更简洁的界面和操作，甚至是“一键式”的操作，估计大多数的用户会毫不犹豫地删掉左边两个，而继续使用 iPhone 手机自带的闹钟应用，因为一般设置闹钟的时候都是睡觉前，此时已经很困了，不会再花更多时间去设置闹钟。

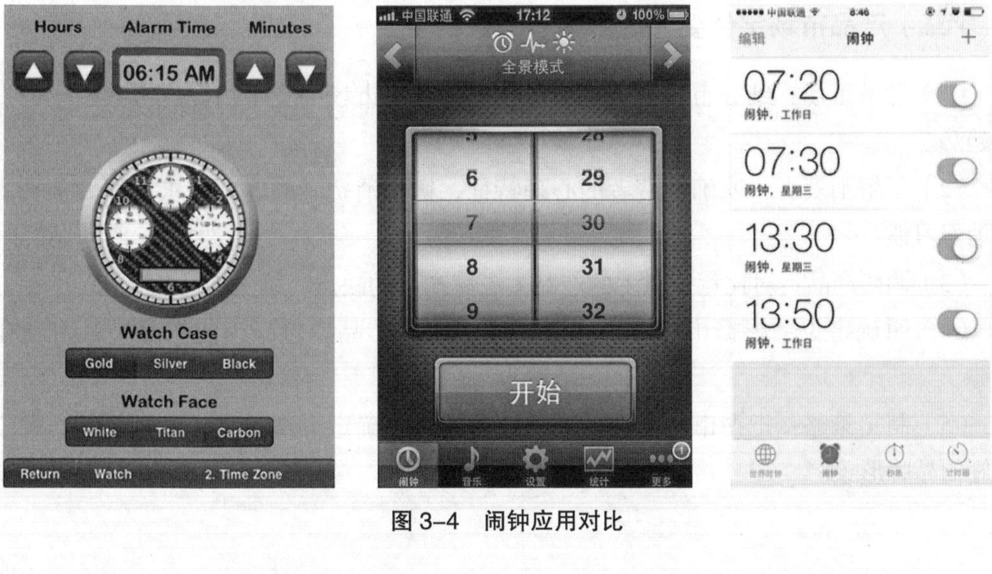

图 3-4　闹钟应用对比

2. 明确自己在产品市场中的角色

要认识到我们的应用只是成千上万个应用中的一个，与其他应用共享移动平台、资源和空间。例如现在很多 App 已经不会再下功夫去开发自己的支付平台了，而是借助支付宝、微信等平台进行在线支付，从而实现双赢。看似独立的 App，实际上在与多个应用共同工作。又如，每一个应用都想让用户成为自己的忠实粉丝，会让用户登录或注册会员，但是从用户的心理来说，如果每个应用都要求他注册，他肯定会非常反感，因为他根本记不住那么多用户名和密码，于是现在几乎所有的应用都有使用第三方登录（QQ、微信、微博等）的功能。因此，在开发和设计应用产品时，保持开放的理念，才能让产品更丰富、更有活力。

3. 有明确的市场定位

对于一个即将开发的新应用来说，必须有准确的市场定位，而且必须明确以下几个问题：

（1）吸引用户选择我们的应用产品的亮点在哪里。

（2）市场上是否有相似的产品，我们的优势在哪里。

（3）我们的粉丝群有何特点，如何验证。

（4）市场前景如何，能否可持续发展。

（5）应用的核心功能能否满足用户的需求，能否吸引用户持续使用。

（6）是否有合理的市场推广方案。

综上，移动产品市场定位的目标就是准确建立品牌和用户沟通的桥梁，让用户成为应用的超级粉丝，并逐步扩大粉丝群的影响力。

（三）产品市场定位要考虑的内容

（1）理解市场：细分市场，了解市场状况，分析市场的竞争情况，考察市场的发展趋势。

（2）了解消费者：明确消费者的心理特征，衡量消费者的客观需求，研究消费者的消费习惯。

（3）调研产品：对比竞争对手的产品，了解产品的缺点，确定产品的优势。

（4）明确定位：根据市场和消费者需求，明确产品定位，确定产品特性和竞争优势。

（5）制定策略：把握市场机会，明确定价策略，确定渠道策略、营销策略，建立良好的品牌形象。

二、如何展开用户研究

要谈用户研究，就要谈用户需求，这两者是密不可分的。也就是说，我们以“用户需求为驱动”，先明确用户需求是什么，而后找到对这个需求最为敏感的群体，再进行分析。

（一）用户研究方法

定性研究法（了解）：这是从小规模的样本中发现新事物的方法，它的主要目的是确定“选项”和挖掘深度。比如要了解用户使用某产品的场景时，我们需要解决的问题就是：用户都在哪些场景中使用该产品，用户为什么在这些场景下使用该产品，在每个场景中用户的需求是什么。定性研究主要通过访谈、可用性测试等形式进行，思考用户表述背后的原因，挖掘深层次的需求，这也是创新概念产生的源泉。如果有其他人和你一起进行访谈等工作，每次访谈结束后，一定要总结一遍访谈内容和结果，确定没有误解和遗漏。

定量研究法（验证）：用大量的样本来测试和证明某些事情的方法，如调查问卷和网站流量统计等。通过统计学发现全部用户的真实情况，帮助验证通过定性研究发现的假说。

如果进行市场调查之类的定量研究，深究收集来的成堆数据是无法获得解决问题的根本方法的，只有定性的研究方法才能发掘深层的信息。

简单地说，“定性”与“定量”的区别就是小样本和大样本的区别，但这种区别带来的结果却是大不相同的，与定量研究相比，定性研究似乎更有用。

我们可以借用《About face 3 交互设计精髓》中的例子来简单说明定性研究的优越性。例子是这样的：“客户要求我们对一款入门级别的视频编辑软件进行用户研究，该软件面向使用 Windows 的消费者。身为视频创建与编辑软件的成熟开发商，我们使用传统的市场研究技术后发现：为同时拥有数码摄像机和计算机但尚未把二者连接起来的人群开发一款产品具有巨大的商机。”面对该问题，采用定性研究法，结果如下：

受访人数：12 人。

受访方式：现场访谈。

访谈结果：第 1 个发现是为人父母的用户拍摄的视频最多，并且最期望将编辑好的视频与他人分享，这个发现也在我们的预料之中。然而第 2 个发现令人吃惊，在受访的 12 名用户中，只有一人成功地将摄像机与电脑连接起来，而且是在一位 IT 人士的帮助下。

结果分析：视频编辑软件要想获得成功，前提之一就是人们能够正确地把视频素材传输到计算机上进行编辑，但在当时，让视频采集卡在英特尔个人计算机上正常运作是极其困难的，而且专业人士也少，连接操作极其困难。所以，软件也就不可能得到广泛使用，但这并不代表这款产品以后没有市场，这受到计算机硬件技术发展的制约，只是迟早的问题。经过4天的用户研究，研究组帮助要开发产品的客户作出了重大决策，即延迟开发这一产品。他们很可能因此节省了大量投资。

这个例子让我们深刻地认识到了定性分析的优越性，分析结果对产品的决策会起到关键性的作用。

（二）如何寻求粉丝用户

对“粉丝”这个概念我们都不陌生，那么我们可以把“粉丝用户”概括为对产品最有需求，并且使用产品频率最高的用户。找到粉丝用户，就可以验证需求是否真实可靠，这也对新产品上线后的使用、传播和反馈有着很重要的影响。

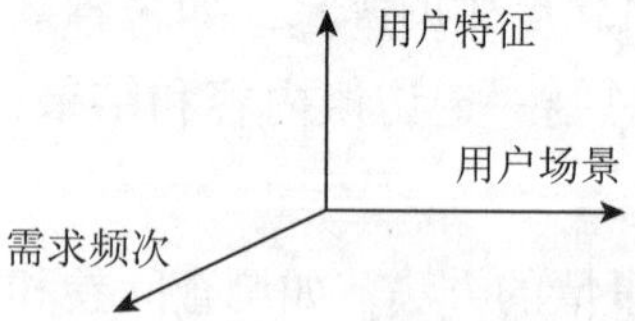

图3-5　三个维度的用户描述

寻找粉丝用户的过程，实际上就是描述用户的过程。可以从三个维度去描述粉丝用户，如图3-5所示。

用户特征：包括年龄、性别、爱好、习惯、消费能力和对移动产品的痴迷程度等。

用户场景：设想用户产生需求的时间、地点和使用场景。

需求频次：即用户的使用频率。

从这三个维度描述用户，我们可以对用户进行分类，并将其分为普通用户、目标用户和粉丝用户，而粉丝用户的需求就是我们最后确定的产品的核心需求。实际上，粉丝用户和目标用户是不同的，粉丝用户除了和目标用户有共同的频繁使用产品的特点外，还具有一定的传播产品的能力。

（三）如何培养粉丝用户

（1）制定一套完善的粉丝体系：在定义粉丝体系时，要考虑到功能、用户级别、权益内容、积分系统等，根据粉丝用户的存量和增量，设计一个分层次、多元化的粉丝体系，以满足多元细分用户需求。

（2）全方位沟通：及时回应用户反馈，收集意见，促进产品的改善；及时通知用户相关活动、新功能上线等，增强用户黏性；与用户深度交流，搭建交流平台，提高品牌知名度；建立用户社群，分享产品用户体验；利用社交媒体进行传播，实现病毒式传播效果。

（3）发布优质内容：可以通过微博、微信等社交媒体渠道发布优质内容，如技术文章、行业新闻、产品更新信息等，制造热度，以此吸引粉丝用户。

（4）提升用户体验：可以通过提供优质服务营造良好的用户体验，以此来吸引用户，拉近与用户的距离，提升用户满意度，增加产品的粉丝用户。

（四）痛点分析与痛点挖掘

1. 痛点分析

“痛点”是现在做产品的人必须深究的一个词。“痛点”一词的字面意思为感觉比较痛的某个地方；从产品设计上说，用户为了更好地生活，碰到的问题都是痛点，这个痛点有多深刻，就看这个问题有多严重了。那么，对移动用户来说，什么是痛点呢？例如，一天到晚地接到各种推销广告电话，恨不得卸载手机的通话功能，直到遇上“搜狗号码通”；缴纳水电费、网费、汇款或存款居然要在银行排队几个小时，这不仅浪费时间，还会让人产生不必要的焦虑，直到遇上“支付宝钱包”；碰到头疼脑热的小病，去医院就得排队，但在家又不敢乱用药，直到遇到“家庭用药”；一个人出差到一个人生地不熟的地方，不知道吃什么好，吃点特色美食又找不到正宗的门店，四周的饭店林立又不敢乱入，直到遇到“大众点评”；上班或下班回家，看到拥挤的公交车时很无奈，于是选择打车，但是高峰期又几乎打不上车，直到遇上“滴滴出行”。以上这几个情景，对用户来说，就是所谓的痛点。

综上，我们可以得出痛点的概念，即原始需求中被大多数人反复提及的一个有待解决的问题、有待实现的愿望。从这个概念中，可以抽取出两个关键点：

（1）痛点存在于原始需求中。

（2）痛点是原始需求中需要产品人员特别关注的一种需求。

痛点代表的往往是一些真问题，其背后一般隐藏着特别有价值的功能需求点。通过提供功能或相应的数据，在帮用户解决这些痛点问题的时候，能让产品的用户体验大大提升。正因如此，我们在用户研究中，特别关注对痛点的挖掘。

所以，用户在生活当中所担心的、纠结的、感到不便的、有关身心健康的问题，就是痛点，它是用户遇到的一些不好解决的问题，但这些问题又必须解决。我们所要做的就是发现这些痛点，再告诉用户“我的产品可以止痛”，如果用户觉得不是很痛，那就创造一个痛点。

那么，分析痛点对移动应用产品设计到底有哪些作用呢？具体如图 3-6 所示。

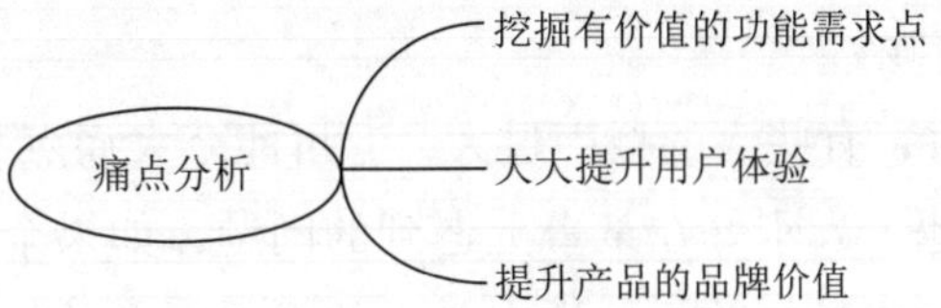

图 3-6 痛点分析的作用

（1）挖掘有价值的功能需求点

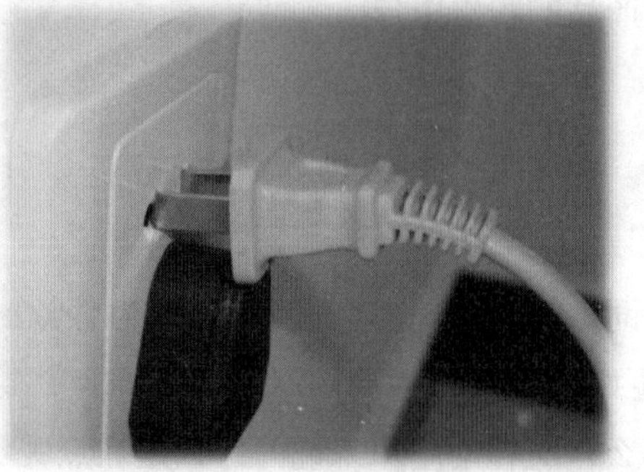

图 3–7　使用插座时的痛点

并不是所有的痛点都是用户的刚性需求。例如，对于图 3-7 中的插座，用户的困惑是为什么电源插座的三孔和二孔要离得那么近。这时会有一些用户抱怨，但他们仍会默默忍受，然后习惯。所以这个痛点就没有严重到能影响用户的使用。

再如使用 Skype 通话的双方可以都通过网络进行联系，也可以一方通过网络拨号直接拨打对方的手机号码，这满足了没有 Skype 的用户的需求，大幅节约了用户的电话费。这样就解决了用户在通信方面的痛点，且这一痛点是用户的刚性需求，是 Skype 吸引用户的核心功能点。

（2）大大提升用户体验

痛点往往代表的是一些用户真正遇到的问题，其背后通常隐藏着特别有价值的功能需求点，通过提供功能或相应的数据，在帮助用户解决问题的同时，可以让产品的用户体验大大提升。例如我们上面举的电源插座的例子，虽然这个痛点没有凸显出来，但是如果将用户需求中的这一痛点解决了，将会大大提升用户体验。

（3）提升产品的品牌价值

抓住了用户的痛点，就抓住了用户，拥有了产品的潜在用户群，也就提高了产品的品牌价值。例如近几年比较流行的“王老吉”。我们吃火锅容易上火，尤其是吃麻辣火锅，天气干燥也怕上火，上火是我们心中的痛，那么如何解决用户的这个痛点呢？这时王老吉出现了，解决了我们的痛点，即“怕上火，喝王老吉”。它之所以能如此成功，是因为其解决了它的潜在用户群体的痛点，从而在竞争白热化的饮料产品市场中脱颖而出，成为用户心中解决上火问题的第一甚至唯一的选择，让品牌价值深入人心。

挖掘痛点时需要注意哪些问题呢？

要抓住问题的点而不是面。在进行用户调研时，当用户向你抱怨或倾诉的时候，他们往往比较激动，可能会啰啰唆唆地抱怨很多（因为痛，所以有负面情绪；因为有负面情绪，所以表达啰唆、混乱）。因此，我们只要抓住他们所说的重点就可以了，其他的都可以暂时忽略，抓住了问题点，就抓住了痛点。

痛点的代表性如何呢？

在进行用户调研时，有些人的喊声过大，有可能夸大痛点，所以说他的痛未必具有代表性，或许只是他个人刚好在某事上遇到的问题，如果个人或者外部力量介入，往往就能解决。举一个浅显的关于生活中基本的保暖问题的例子，原始人衣不遮体，就算那时候出现了羽绒服，也解决不了他们的痛点，因为他们的痛点是如何安全高效地获取食物。

综上，我们在进行用户研究时，要特别关注对用户痛点的挖掘。解决了这些痛点，我们的产品才有可能成功，而且我们可以自信地告诉用户：“如果你有这个问题，就选择我们的产品，我们能帮你解决这个问题。”

2. 如何挖掘用户的真实痛点

可以从以下几方面挖掘用户的痛点，如图 3-8 所示。

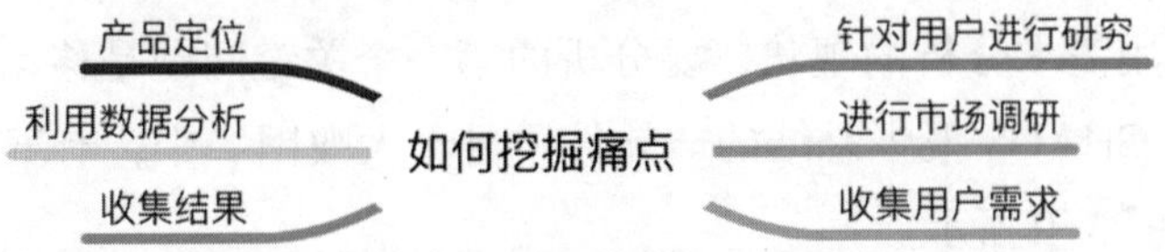

图 3-8　挖掘用户痛点的方法

（1）针对用户进行研究：通过访谈、调查、问卷调查等方式，了解用户的需求，发现用户的真实需求。

（2）进行市场调研：研究市场的趋势，分析竞争对手的产品，发现竞争对手产品的优势和缺陷。同时，了解用户对产品的期望、需求以及反馈，深入挖掘用户的痛点。

（3）收集用户需求：通过各种渠道，收集用户的反馈，分析他们的真实需求。

（4）产品定位：利用市场调研、用户反馈和市场定位，挖掘用户的真实痛点，设计出更适合用户的产品。

（5）利用数据分析：结合用户行为数据和用户反馈，借助数据分析工具分析用户反馈，发现用户的真实需求。

（6）收集结果：收集所有的数据，例如用户的反馈、市场分析结果等，梳理出用户的痛点，做出客观的分析，然后根据分析结果，对产品进行优化和改进。

第三节　移动产品的需求分析

产品就是解决用户的痛点的，痛点在很大程度上也是需求。从以上对用户的分析中我们不难总结出用户需求分析的逻辑，它的流程应该是这样的：

Step 1：发现用户真正的需求。

Step 2：验证粉丝用户的需求是否存在。

Step 3：对用户需求的目的、行为和产生的原因进行分析。

Step 4：过滤掉不合理的和小众、偏门的需求。

Step 5：对筛选后的需求进行优先级排序。

Step 6：对用户进行分级，明确用户的需求层次。

这个流程先对用户进行分类，然后再进行用户分析，对我们进行用户需求分析非常重要，能够帮助我们打破传统的思维方式，给我们更多的启发。

一、需求分析的现状和误区

（一）需求分析的现状

谈到移动应用需求分析的现状，要分析的第一个关键问题是移动应用项目失败的根源在哪里。在 CHAOS 报告总结的“软件项目十大败因”中，有五项是与需求直接相关的，具体如图 3-9 所示。

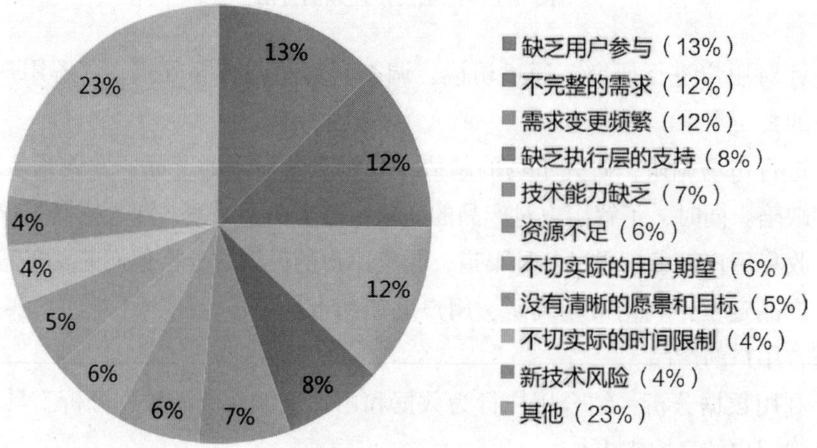

图 3-9　CHAOS 报告总结的“软件项目十大败因”

其中与用户需求相关的因素有：缺乏用户参与、不完整的需求、需求变更频繁、不切实际的用户期望，如图 3-10 所示。

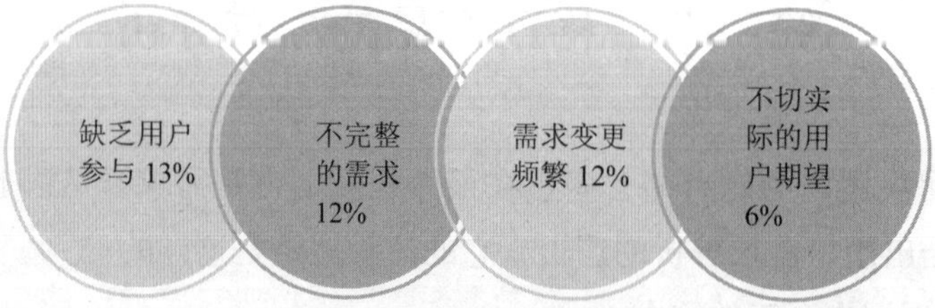

图 3-10　与用户需求相关的因素

1. 缺乏用户参与

在很多项目中，用户都不能有效地参与其中。其实，用户的主动参与意识是与所得利益挂钩的。针对这种情况，我们要充分研究不同用户代表的关注点和利益点。现在很多应用产品都以送积分、送礼包等形式吸引用户积极参与。还有一种情况是，当用户鼓起勇气参与活动时，他们往往会被需求分析人员所用的深奥技术用语吓走，因为用户不愿意介入自己不熟悉的领域，硬着头皮参与只会露怯并丢面子。

2. 不完整的需求

如果问“谁更有可能对需求的完整性进行评价”，我们一定会说用户代表比开发人员更适合对需求的完整性进行评价。可是一般的需求规格说明书并不是用户起草的，而是由需求分析人员起草的，里面必定会有很多技术术语。对用户来说，评价需求的完整性有一定困难，这样的话显然会将对技术术语不熟悉的用户代表排除在有效读者之外。因此，要想让用户代表更好地参与到完整性评价中，就必须采用“业务向导”的组织结构，而不是让用户将一大堆专业的技术术语翻译到自己的业务场景中去。在实际操作中，可以利用树形层次结构将宏观信息与微观信息进行有效剥离，让用户更明白自己的直接需求。

3. 需求变更频繁

首先我们需要明白一个概念，“需求变更”和“提出问题”从根本上说是不一样的。我们如果只是简单地将所有的需求变更看作一个问题，那么就无法有效地找出问题的根源，也无法有针对性地改进需求过程、提高设计弹性。用户需求变更太频繁是致命的，因为并非所有的用户需求变更都是合理的，而且这些变更相对而言比较分散，不能集中体现出真正的变更需求。

4. 不切实际的用户期望

经常会有用户很天真地提出大量的需求，其中有些是技术根本无法实现的，有些则是在紧张的预算与时间内无法实现的。简单来说，就是用户根本不知道满足自己提出的需求需要多大的开发成本。要解决这个问题，业务人员就得帮助用户理解软件的成本和开发的意义，要说明为什么做不到。这样才能真正解决问题，让用户对产品充满正向的期待。

除了以上四个主要因素外，还有一些因素影响对产品的需求分析，如图3-11所示。

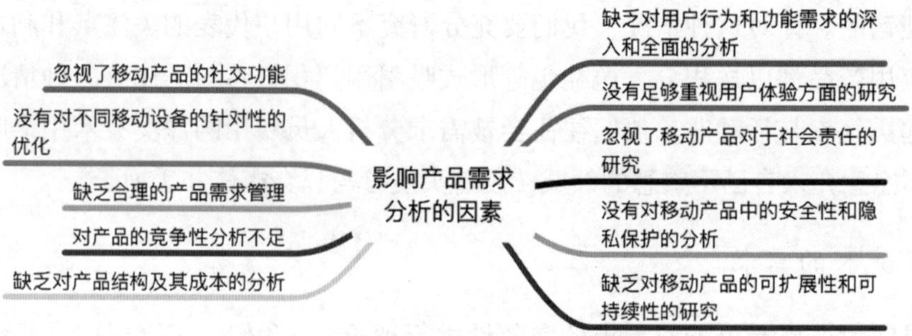

图 3–11　影响产品需求分析的因素

了解移动应用项目失败的根源以后，就不难理解需求分析的现状了。

需求分析的现状就是各个角色之间的沟通失败率高。各个角色之间的沟通如图 3–12 所示。

（1）客户：将需求无限放大，也没有考虑实际情况。

（2）项目经理：对需求进行了控制。

（3）分析人员：根据经验进行了技术加工。

（4）程序员：断章取义。

（5）产品销售：将产品功能无限放大。

（6）最终实际效果：与客户期望值相差很大。

角色之间的无效沟通，导致了产品的失败。所以，一个成功产品的背后必定有一个强大高效的沟通团队，他们之间的沟通必定是真实、有效和切合实际的。

图 3–12　各个角色之间的沟通

（二）需求分析的误区

误区一：我的产品只要足够好，就绝对有人用。

所有的产品都是要解决实际问题的，没有问题，就没有需求，也就不会有产品。比如你看到大街上有很多人超重，于是抓紧时间开了一个非常棒的健身房，并且聘请了最好的健身教练，制订了你自己认为最合理的价格，然后请超重的人去健身，结果他们说：“我们是胖，但是我们自己不觉得这是个问题。”又比如你做了一个可以替代微信的新平台，界面精美、交互流畅，让用户觉得新奇，且安全性翻番、流量消耗少，但是用户不会贸然使用你的产品，因为他们在使用微信时没有遇到什么不能接受的问题，并且已经用习惯了，如果贸然转到你的平台上，也许还会遇到更多问题。

误区二：目前市场很火，用户非常多，我的产品肯定行。

市场火，只能证明这可能是一个比较好的发展方向，但是我们要具体面对市场上的哪些用户？要解决这些用户遇到的什么问题？这些问题反映出来的需求是什么？什么样的功能可以满足这些需求？什么样的产品能提供这样的功能？这些都是环环相扣的，一个环节出了问题，体现在产品上，就是有人用和没人用的区别，并且可能直接导致产品投资的失败。

误区三：满足用户的需求越多越好。

很多人习惯性地认为服务要一条龙，或者说觉得功能越多越能吸引用户去使用。殊不知，从设计者角度看到的大而全，在用户眼中很可能是完全不同的。产品满足的需求多了，反而证明没有哪个需求是很重要的或者说是刚性的。

一个好的产品，总是去掉很多功能，让其能满足的需求减少，但是这并不影响产品的核心功能和价值。例如，微信去掉朋友圈功能照样可以用，用户依然会很开心。

误区四：只要用户有需求，我们就要满足。

如果想满足用户的很难满足的需求，除了要考虑该需求是否合理外，还要综合考虑团队的开发设计能力和现状、投入和产出是否成比例、是否值得。例如，我们花了很高的成本满足了用户的几乎所有需求，但是所有功能的使用频次都很高吗？用户会为我们的付出买单吗？我们要花很长的时间去分析哪些是“伪需求”，哪些是真正的“强需求”。

二、用户需求与产品需求

（一）需求基础

“用户给产品经理提了一个需求，研发评估后说这个需求不能做”，这句话出现了两个“需求”，这两个“需求”是同一个意思吗？显然前者是用户需求，后者是产品需求。从这个简单的例子可以看出，无论是用户、产品经理，还是业务人员，都在谈需求。而需求被赋予了更多的含义时，就需要引入其他更深层次的概念加以区分。如图3-13所示。

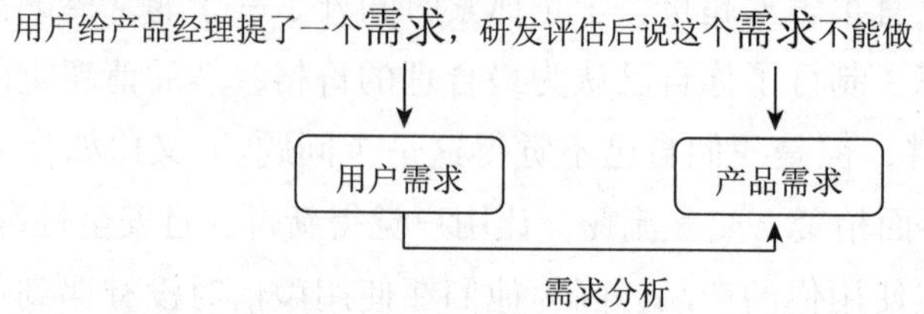

图3-13　需求分析的实质

用户需求是指用户对某种产品或服务的实际要求，是用户为满足某些需要而提出的具体要求，包括功能需求、质量需求和性能需求等。

产品需求是指对产品的具体要求，可以把它看作是用户需求的具体实现形式。主要包括产品结构、外观设计、功能特性、工艺流程、质量标准等。

（二）用户需求向产品需求的转化

用户需求转化成产品需求，需要遵循以下步骤：

（1）收集用户需求：根据市场调研、客户采访、产品竞品分析等方式，收集用户的需求信息，并细化细分，形成可管理的需求数据库。

（2）结构化用户需求：根据用户需求信息，结合产品和技术，对用户需求进行结构化思考，把抽象的需求变成具体的、可实施的形式。

（3）转换成产品需求：结合用户需求和企业的战略及目标，确定最终的产品需求，把用户的需求转换成产品的需求，把可行性、可实施性与所设计的产品目标对接起来。

（4）结合用户关键痛点验证需求：根据需求的属性和用户的关键痛点，对产品需求进行验证，确认其有效性及可行性，以确定产品需求最终的可行性和可实施性。

三、需求分析的方法与步骤

（一）需求分析的方法

需求分析的方法大致有以下六种：用户访谈法、问卷调查法、文档研究法、原型法、观察法和头脑风暴。我们可以把获取用户的需求形象理解为“撒网打鱼”而不是“休闲钓鱼”。

1. 用户访谈法

用户访谈法是一种最基本的需求分析方法，有利于了解用户对产品的需求和感受，我们可以通过询问用户，收集用户对产品更深层次的需求。这种方法直接有效、形式灵活（有文字、有声音、有图像数据），但是会花费很长的时间，且信息相对比较片面。使用用户访谈法时，要做好以下几点：针对不同类型的用户提出不同类型的问题，切勿面面俱到；进行合理的访谈时间安排；做好访谈记录工作；注意沟通技巧，获取更多有用的用户需求信息；一定要做好访谈计划，让访谈的效率和效果达到最大。

成功运用用户访谈法的关键是：尽量提前将访谈内容告知被访谈对象，让被访谈对象有所准备，从而达到事半功倍的效果。

2. 问卷调查法

问卷调查法是一种针对大样本用户、跨地域用户的常用调研方法。通过这种方法可以收集更多的数据信息，但数据的有效性需要进一步研究。在设计调查问卷时要注意问题的篇幅（一般为 1—3 页），一定要简洁明了，从易到难，有一定的逻辑相关性，且尽量减少主观题，否则用户可能会胡乱填写。同时还要注意问题类型的选择，避免出现封闭式的问题。相比而言，问卷调查法能够有效地克服用户访谈法中存在的片面性。

问卷调查法最大的优点是，它能突破时空限制，在广阔范围内，对众多调查对象同时进行调查，节省人力、时间和经费。但是其最大的一个缺点是，它只能获得书面的社会信息，而不能了解到生动、具体的社会情况，回复率和有效率低，对无回答者的研究比较困难。

3. 文档研究法

文档研究法是在进行用户访谈、问卷调查后数据仍不足时使用的一种补充需求分析方法。其优点是能详细、直观地对文档进行了解和分析；缺点是文档量会很大，容易误导研究者。在使用文档研究法的时候，要增强主动性，即化被动收集为主动索取文档，根据流程分析的结果主动收集相关资料，为用户需求分析提供有力的文档支撑。

4. 原型法

当用户对系统没有直观认识的时候，可以用原型法帮助用户进行直观理解。其优点是能对用户界面友好性做早期评审；缺点是花费的时间多，效率相对比较低。以用户使用场景为主的原型可以展示界面的动态性和交互性。也就是说，交互才是原型的本质，不要只关注界面的静态性。

5. 观察法

观察法是在开发者需要更深入地了解复杂流程、关键人物且很多问题用文字表述不清时使用的一种用户需求分析方法。其优点是可以对需求和业务流程建立直接的认识；缺点是消耗时间长，对信息和数据的把握不够准确。现场观察能够使开发团队熟悉业务场景，做到“身临其境”。

使用观察法进行需求分析时，可以将整个过程录制下来，然后重复观察，找出相关主体，最终解决问题。

6. 头脑风暴

头脑风暴是在一个新的项目启动初期，对关键问题域和功能模块进行探讨时使用的一种用户需求分析方法。其优点是有助于相关人员击破“需求盲点”；缺点是时间成本比较高，且不易控制。要想取得比较好的效果，就要做到会前有准备、会中有控制、会后有总结，后面的小节将会具体介绍头脑风暴，此处不做赘述。

（二）需求分析的步骤

四步搞定需求分析，这四步如图 3-14 所示。

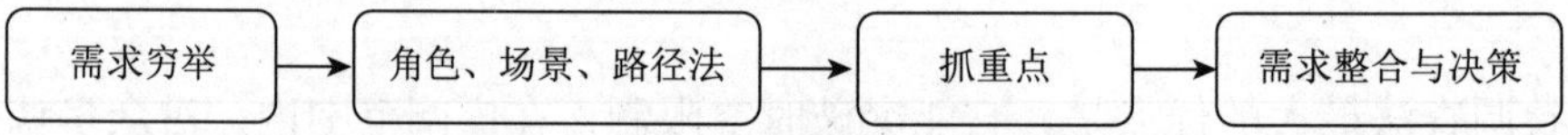

图 3-14　需求分析的四个步骤[①]

1. 需求穷举

将用户可能有的需求全部列出来，即使是一些少数人的需求。

2. 角色、场景、路径法

角色：使用产品的人是谁。

场景：在什么情况下使用。

路径：使用产品做什么，完整的过程是怎样的。

带着这些问题，为用户的所有需求列出相应的角色、场景和路径，然后判断需求是否具有可行性。如果不可行，原因是什么，应该怎样改进。

3. 抓重点

抓重点就是在穷举的需求中寻找我们可以较好地满足的需求，有助于我们重点分

① 这四步参考 @ 牧王丹原创发布于“人人都是产品经理”的原创理论和思想。

析能为产品带来较大的增长的需求。值得一提的是，我们还必须进行竞品分析，找出对手做得不好的地方，或者对手产品中用户需求的痛点，以便我们重点抓的需求更容易满足用户，从而带来比较好的市场效益。

4. 需求整合与决策

重点抓出来后，我们会发现一个问题：面对这么多的需求，我们应该怎么做？一个产品不可能完美地满足所有的需求，也不可能为每一个需求做一个功能，否则产品就会非常庞大，也会让用户茫然。这时候就需要对重点需求进行整合，将其整合为一个通用的功能，让用户更加一目了然。整合需求的一般方法是：首先过滤掉不合理、小众和偏门的需求，然后对需求进行排序，最后对用户进行分级，以明确用户层级和需求强烈程度，这时产品的核心需求就基本明确了。核心需求有了，核心功能就确定了，也就为产品的成功打下了坚实的基础。

值得一提的是，如果某一个产品需求看起来很小众，那么一般情况下就不用考虑去满足这一需求，但是如果这个小众需求是针对粉丝用户的话，就需要慎重考虑一下了，因为满足粉丝用户的需求才是产品的核心竞争力。例如脸萌 App，它的粉丝用户就是追求个性的 90 后，它虽然只是满足了一个小众的需求，却取得了很大的成功。

四、竞品分析和竞品分析的维度

（一）竞品分析

竞品分析可以帮助我们更好地找准自身产品定位，发现自己产品的优劣所在，进而推动产品的优化迭代。深层次地挖掘产品背后的逻辑，不仅有助于产品迭代，同时也能帮助团队人员实现能力提升。通过对竞争对手的洞察，我们可以确定自己产品的优势和劣势，并能制定有效的产品策略或者设计策略。竞品分析对于产品经理、视觉设计师和交互设计师都有很大的帮助，如图 3-15 所示。

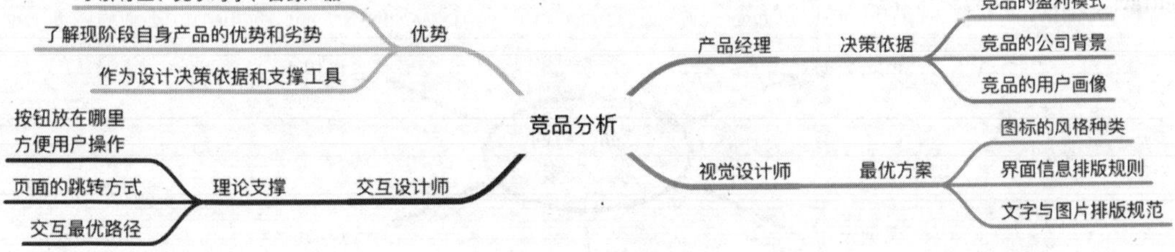

图 3-15　竞品分析

（1）对产品经理

竞品分析对产品经理来说意义重大，是避开之前产品迭代功能坑的试金石。通过竞品分析，产品经理可以熟悉竞品的盈利模式和策略，可以制定出更有效的推广方案，从而确定自己产品的核心竞争力，将其作为发展规划的重要依据，推动产品发展。

（2）对视觉设计师

竞品分析可以帮助公司了解竞争对手的设计理念，以便引入新的设计理念，提升自身的视觉吸引力，更好地进行市场竞争。视觉设计师可以从竞品分析中总结和提炼出高效的设计规范，以便在设计中减少错误，提高效率，从而更好地实现公司的创新目标。同时，竞品分析还可以帮助设计师检查和发现竞争对手可能会使用的设计细节，从而避免出现设计类似的问题，并推动设计师采取更加有效、独特的设计解决方案。

（3）对交互设计师

对交互设计师来说，通过竞品分析可以很好地反思交互体验的问题，避免“闭门造车”的设计。同时，交互设计师通过竞品对比可以激发自己的创意，在了解其他竞品的过程中使自己的设计更加专业化，以此来证明自己产品的交互方案是有理论支撑的。

（二）多维度竞品分析

雅虎用户体验架构师约翰·希普尔提出，竞争性分析不可或缺，它能为你确定你的世界，并让你的生活轻松很多。每个产品在功能性和视觉性上存在的微小差异，常常会影响用户对产品的看法，了解竞品对用户体验设计是非常重要的。

竞争性分析是对两个或两个以上的产品或对象进行研究及多方面比对，寻找之间的不同点和相同点，从而为自己产品的设计提供第一手宝贵的资料和数据，将对手产品的缺点加以分析，并在自己的产品中进行改善，从而增强产品的竞争优势。

竞品分析在产品创新开发过程中非常重要，直接决定了产品能否成功。竞品分析看似简单，但做好却不容易。它是一个持续性的工作，要对对方的产品有充分的了解，尤其要了解对方产品不同版本的演变形态，从而总结出我们做创新差异化设计的突破口和创新点，尽量少走弯路，充分做到“知己知彼，百战不殆”。竞品分析的核心要素如图 3-16 所示。

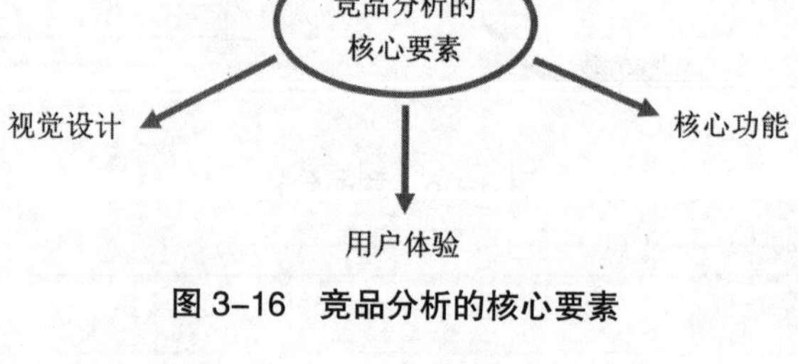

图 3-16　竞品分析的核心要素

市场数据：了解相似产品的市场情况，包括用户数量、市场份额等相关数据，最好能用图表的方式进行全方位对比展示。

目标用户：分析该产品的目标用户群体，并对目标群体进行画像，分析每个用户群体并掌握用户数据，了解用户收入情况、信用状况、社会关系和购买行为数据等。

视觉设计：分析视觉设计的优缺点以及创新点。

核心功能：分析该产品吸引用户的核心功能是什么，为什么会吸引用户。

用户体验：分析该产品的用户体验效果，是否符合用户的使用习惯，是否考虑了用户的感受。

定期输出竞品分析报告是非常必要的，竞品情报收集与竞品分析工作要持续做下去，坚持每天收集行业情报，每月定期输出一份竞品分析和行业情报报告，然后交给项目经理，组织团队进行头脑风暴。差异化功能和特色功能，应该是竞品分析中的重点。我们可以从三个方面来分析，即己品的差异点、竞品的核心功能点和它们共同的基础功能，图 3-17 可以很清晰地表示出己品与竞品的异同。

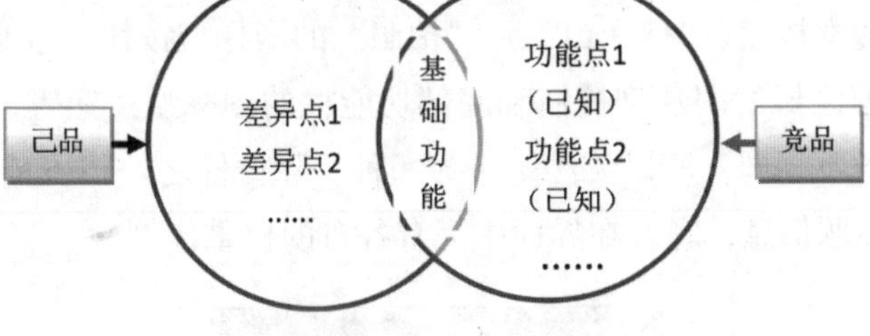

图 3-17 己品与竞品

从图 3-17 中可以看出，在己品和竞品中抽取出共同的基础功能，然后充分了解竞品，对竞品的核心功能点涉及的问题进行分析，找出己品的功能差异点，这样做我们就有了占领市场的基础，才有可能让设计出来的产品成功立足于市场。

第四节 界面布局

一、功能信息权重

（一）F-shaped 模型

F-shaped 模型可以用来改善 UI 界面的内容和结构，它遵循人的从上至下、从左至右的阅读习惯，可以提高用户的体验。UI 界面中的功能信息权重划分可以采用 F-shaped 模型，它也被称作可扫描模型。F-shaped 模型的基本思路是将用户的视觉路径模拟成

“F”的形状，将界面信息按照用户的“F”型扫描模式来分权重。

首先，用户从页面顶部开始，从左到右扫描。

其次，用户会在扫描过程中移动到中央，从上到下扫描。

最后，用户会继续从左到右扫描页面底部。

根据这个 F-shaped 模型，我们可以将页面中的重要功能信息放置在顶部和垂直中央位置，而不重要的功能信息可以放置在底部位置。这样可以有效保证用户在界面上快速找到重要功能，并且能够有效地提升用户体验。

当然 F-shaped 模型也有它的弊端，它倾向于忽视较低水平的用户阅读行为，可能会让用户忽视某些重要的内容。为了避免这种情况，设计者应该仔细分析用户的行为和结果，及时抓住用户的兴趣点，突出和改善重要的内容，吸引和引导用户的眼球。此外，设计者还可以使用 A/B 测试，根据用户的反馈来持续优化和改善产品。

（二）界面权重区域划分

每一个界面都包含很多不同的控件和标题信息，如图 3-18 的淘宝界面，按钮分别为标题栏上的搜索按钮、“扫一扫”和“拍照”的图标型按钮、金刚区的各入口矢量图标型按钮、内容区域的图片型按钮和底部功能栏的图标型按钮等，由于各种类型的按钮的操作结果各不相同，所以无法统一为一种。除控件之外，还有文字标题信息等，无论是按钮还是标题信息，它们在界面中都有各自的权重比例。

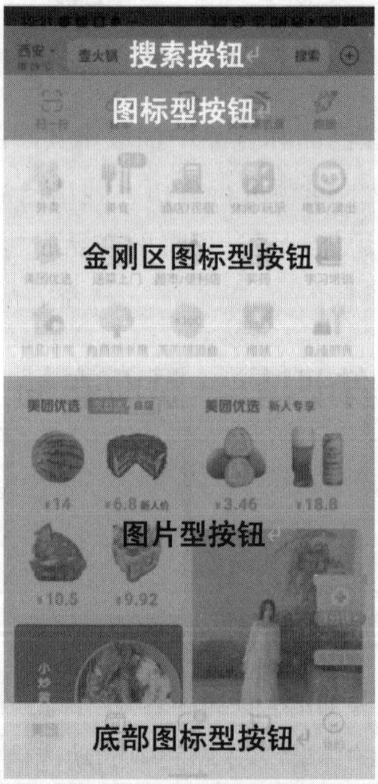

图 3-18　淘宝界面控件分布

根据用户的界面浏览习惯、操作习惯和对功能展示的心理预期，我们对界面整体区域进行权重划分。如图 3-19 所示，根据对界面的操作结果影响，除状态栏，将界面中的主要部分分为三个区域，权重分别为一级：底部区域；二级：头部区域；三级：内容区域。

图 3-19　界面权重区域划分

1. 一级：底部区域

这个区域的内容在通常情况下是整个 App 的一级功能，操作这个区域的控件后将切换整个二级和三级内容区域的所有功能信息，所以此区域在整个界面中权重最高。

2. 二级：头部区域

这个区域的内容在通常情况下是当前模块下的标签与功能，操作这个区域的控件后将影响三级内容区域的所有功能信息和切换其他临时性工具界面。例如，搜索、扫码、添加、更多等临时弹出的功能栏。

3. 三级：内容区域

这个区域的内容在通常情况下是当前一级功能下的所有信息的展示。值得注意的是，三级区域的内容通常情况下不是最终详细内容。根据移动端交互逻辑规范，所有详情页都是由上一级的列表或入口页面进入，所以此区域是详情页的上一级，多以列表或瀑布流的方式展示。

（三）内容区域划分

此区域在界面中占比最大，展示区域包括钻石展位广告、金刚区、内容列表（小图多文）、内容瀑布流（大图少文）等，如图 3-20 所示。

图 3-20　内容区域权重

内容区域权重在通常情况下依次为一级钻石展位广告、二级金刚区和推荐区、三级内容列表区，但在实际的产品中，企业方由于希望用户看到或使用新开发的或者想推广的某一部分功能，而主观放大或更换权重。想要做到平衡，需要严格按照“用户体验法则”进行调研分析，之后优化调整，兼顾企业与用户的需求。

二、界面设计中的格式塔原理

（一）格式塔原理基础

格式塔是德文的音译，意即“模式、形状、形式”。人类视觉是整体性的，我们会对看到的事物自建结构，并且在神经系统层面上感知形状、图形和物体，而不是单独的互不相关的边、线和区域。人们的大脑会根据视觉进行经验主义的判断。在观察的时候会自动脑补出一些逻辑和含义来，会让观察对象变成一个完整的、整体的、常见的形状。例如，“研究表明，汉字的序顺并不定一会影响阅读，比如当看你完这句话后，才发现这里的字全是都乱的”，很显然这句话是乱序的，但并不会对我们的阅读构成障碍，这是因为对人脑来说整体优于部分存在，视觉上遵循整体性。

格式塔原理是一种确定用户界面的设计方法，它强调从最宏观的结构出发，逐步深入，逐层解析，以便确定界面的结构、布局、排版和外观风格。

它的基本思想是：从宏观层面出发，确定结构，再逐渐缩小至细节，以实现用户界面的整体性和统一性。它是一种递进式的设计方法，从最宏观的层次逐步深入，最终实现完善的用户界面设计。

格式塔原理强调界面的统一性、结构的清晰性和可用性、良好的视觉表现，这些都是成功设计用户界面的关键因素，它们能够帮助设计师更好地组织信息，使用户能够更容易、更快更好地使用产品。

（二）格式塔原理的五大原则

格式塔原理的五大原则如图 3-21 所示。

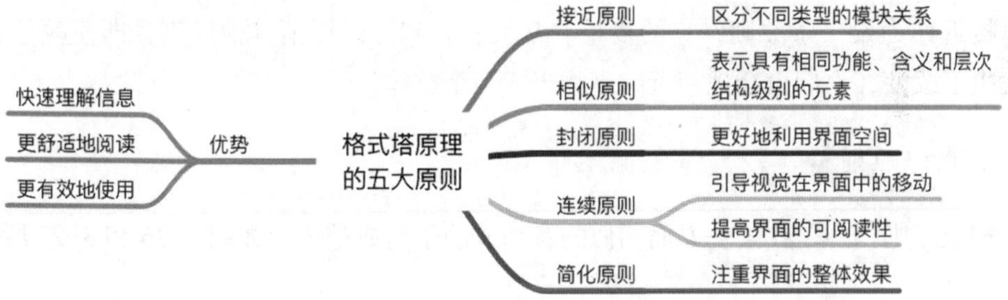

图 3-21　格式塔原理的五大原则

1. 接近原则

接近原则指的是排列在彼此之间的邻近元素被认为比那些放置得更远的元素更相关，即距离相近的各部分区域组成整体，如图 3-22 所示。

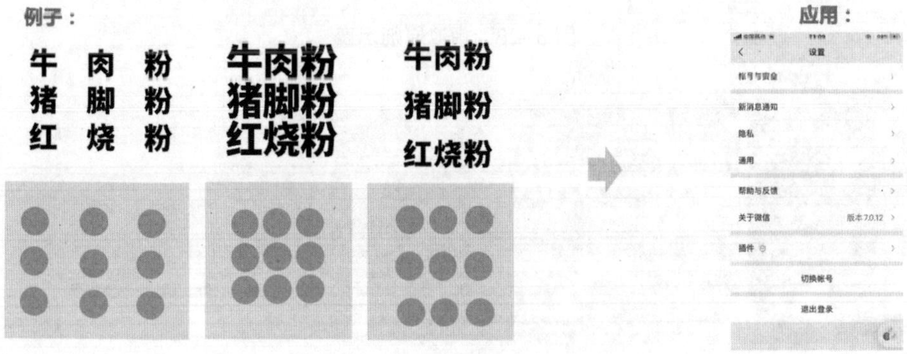

图 3-22　接近原则示意

在接近原则中，距离的接近，要比色彩和形状的近似，更容易被人所认知吗？如图 3-23 所示，从视觉上我们更容易认为 AB 两个人是一组、CD 两个人是一组，因为他们彼此的距离更近些。又如图 3-24 和 3-25 所示，很明显从视觉上我们不会受到颜色和形状的影响。

图 3-23　距离接近和色彩接近示意

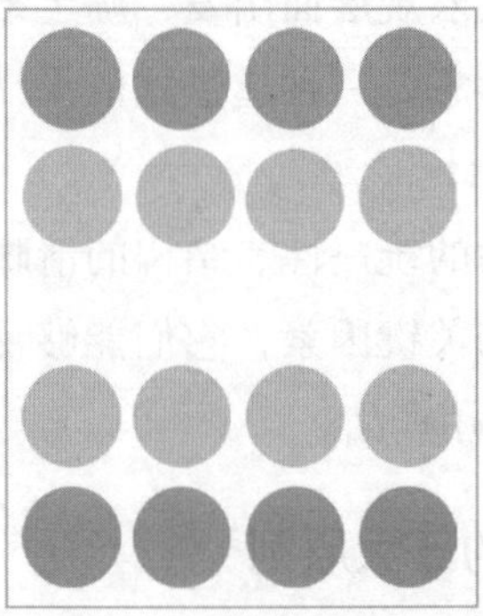

图 3-24　不同颜色示意

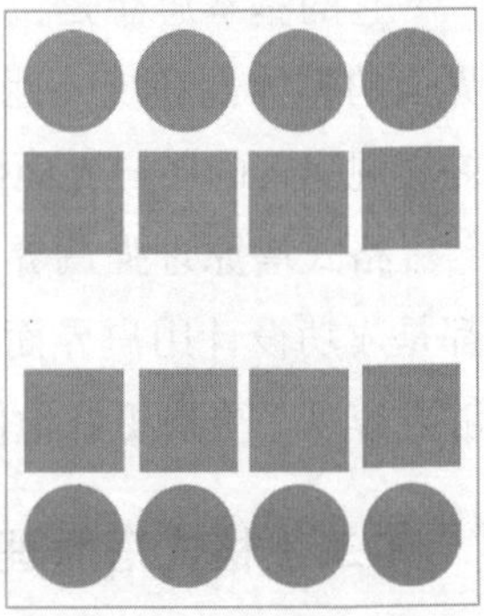

图 3-25　不同形状示意

接近作为第一条原则，它的权重非常大，大到可以抵消其他原则，即使颜色、形状发生了改变，人们也会把相近的事物当成一个整体。

2. 相似原则

相似原则指的是在某一方面相似的各部分趋于组成整体，如图 3-26 和 3-27 所示。

图 3-26　相似原则示意

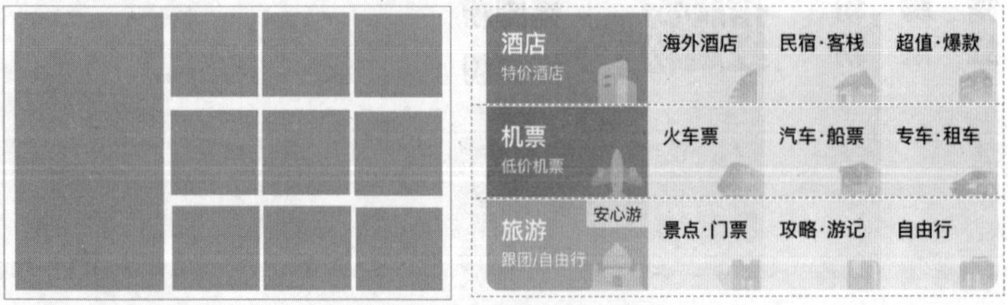

图 3-27　相似原则示意

在相似原则中，色彩相似会比其他元素相似更容易被识别吗？人们对形状、大小、色彩的感受权重是不一样的，在这里色彩属性会覆盖其他属性的影响，如图3-28所示。

图 3-28　色彩相似原则示意

3. 封闭原则

封闭原则指的是将不连续的、敞开的图形自动补充，从而感知到它为完整的物体。如图 3-29 所示，左右两边的图形自动补充后和中间的图形是一样的。

图 3-29　封闭原则示意

4. 连续原则

连续原则帮助我们通过构图来解释方向和运动。它是在对齐元素时进行的，它可以帮助我们的眼睛平滑地在页面上移动，帮助我们阅读信息。连续原则加强了对分组信息的感知，创造了秩序，并通过不同的内容片段引导用户。行和列的线性排列是连续性最好的例子，如图 3-30 所示。

图 3-30　连续原则示意

5. 简化原则

简化原则指的是把感知到的东西看成是有组织的简单的规则图形，如图3-31所示。

图3-31　简化原则示意

三、界面布局方式

布局排版决定了每个功能模块的位置，然后就可以一块一块地设计原型内容，只需要标示出哪个地方放哪些内容。

移动设备的常见布局展示如下：

第一种：大平移式（如图3-32所示）

一次只显示全景图中的一部分内容，通过左右拖动查看，这种布局可以减少不必要的跳转。

图3-32　大平移式布局

第二种：宫格式（如图 3-33 所示）

简单直观，符合大部分用户的使用习惯，也是主流的布局形式，但是这种布局层级不能太多，否则就会给人混乱的感觉。

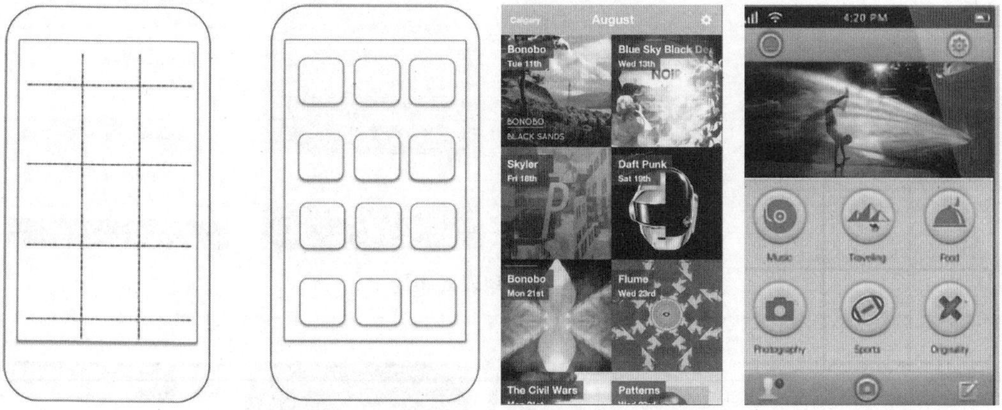

图 3-33　宫格式布局

第三种：侧滑式（如图 3-34 所示）

可以减少跳转，延展性强，但是对用户本身要求比较高。

图 3-34　侧滑式布局

第四种：列表式和标签式（分别如图 3-35 和图 3-36 所示）

延展性强，但是如果层级太多，查找起来就会比较麻烦。

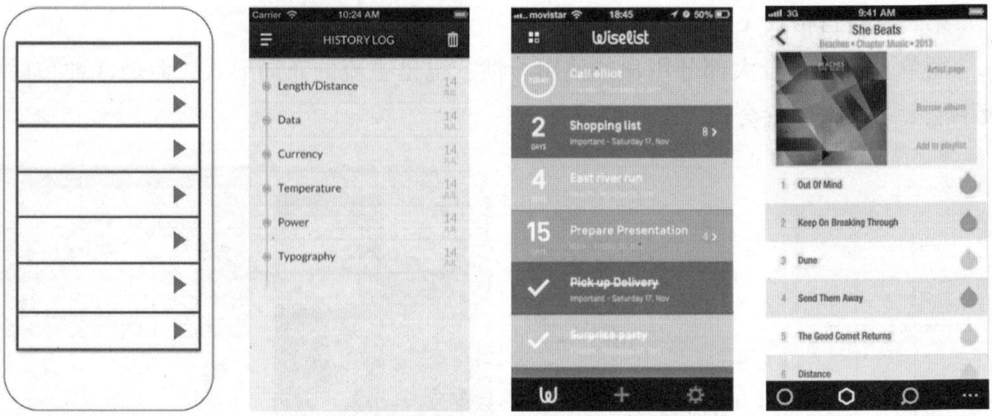

图 3-35　列表式布局

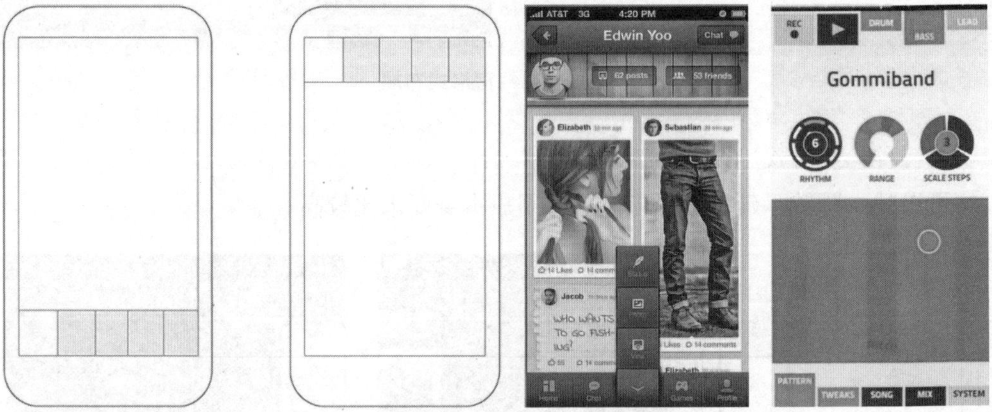

图 3-36　标签式布局

第五种：混合式（九宫格和标签式的混合应用，如图 3-37 所示）

比较常用的一种界面布局形式，符合用户的使用和操作习惯。

图 3-37　混合式布局

第六种：不规则式（如图 3-38 所示）

非常个性化，形式活泼，但是延展性比较差，且对用户要求相对较高。

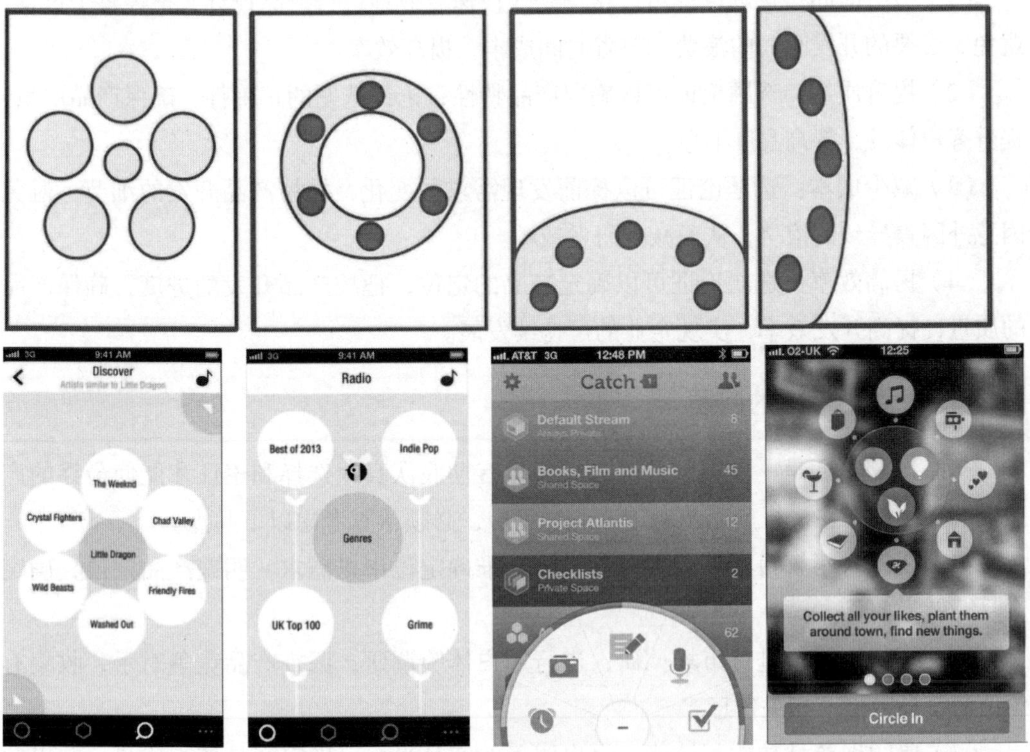

图 3-38 不规则式布局

以上几种是常见的界面布局方式，设计者可以根据需要进行选择以确定最终的界面布局。

第五节 讨论与初步阶段

一、移动产品选题论证

产品选题论证是在创建新产品或在改善现有产品之前，对可用数据进行详细分析，以确定最佳解决方案的过程。这个过程需要有可量化的指标来确定值得投资的产品，同时为该产品的开发提供支持，并确定它有可能成功的原因。这个过程需要对可用数据进行细致分析，以确定最佳解决方案。因此，这个过程被称为“产品选题论证”。

（一）价值和意义

（1）节省时间：选题论证可以帮助企业快速有效地进行产品设计，把控整个过程，避免不必要的开发时间的浪费，节省时间成本，提高效率。

（2）提升质量：选题论证可以确定产品特性，论证选题的正确性，确保产品质量，提升客户体验，提高品牌形象。

（3）减少成本：选题论证可以提前发现需求的变化，把控产品开发的细节，避免因意外因素导致的浪费，从而减少研发成本。

（4）提高效率：选题论证可以确定产品的定位，把控产品开发的进度，确保产品的质量，提高开发效率，实现企业的可持续发展。

（二）需要考虑的问题

产品选题论证是一项艰巨的任务，但只有彻底认真地选择和论证才能使最终的产品成功。因此，在进行产品选题论证的过程中，必须认真考虑以下几点。

（1）要深入了解目标消费者及其需求，准确定位市场需求，明确产品定位，确定产品开发方向。

（2）要根据需求进行市场调研，进行用户体验调研，调查产品竞争对手，收集有价值的市场数据及相关信息。

（3）要明确产品功能和性能，提出明确的产品目标，确定产品核心优势，并以此为基础确定良好的产品定位。

（4）要制订产品的实施计划，建立项目框架，细化产品模型，并结合设计、研发和生产，落实到实施阶段。

最后，要对选题进行全面的论证，确认产品的可行性，综合考虑技术、财务和市场等方面的因素，以确保产品的最终成功。

通过以上步骤，可以实现对产品选题论证的全面深入，从而确保产品的成功和可持续发展。

（三）如何进行产品选题论证

进行产品选题论证一般包括如图 3-39 所示的十项主要内容，整个选题论证报告要求数据翔实，图文并茂。

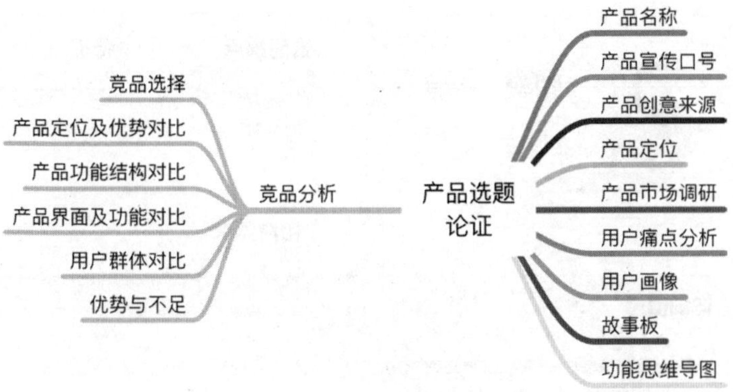

图 3-39　产品选题论证主要内容

竞品分析是其中最重要的一项内容。首先，应明确竞品分析的目标，以便确定竞品分析的范围和内容。可以通过网络搜索、媒体调查、行业报告、客户满意度调查等方式获取竞品信息。同时还要对竞品信息进行整理和分析，分析竞品的产品特点、定价策略、营销活动等情况，了解竞争对手的发展状况和竞争优势。

二、用户画像

建立用户画像是指通过分析用户的行为表现、建立用户的全面综合信息档案，来描述并理解某一群体的用户，以及他们的特征、消费行为、偏好、心理特点等信息。通过用户画像，企业可以更好地了解用户，从而把握消费者的需求，做出更加合理化的营销决策，提高产品及服务的质量，提高客户满意度，从而获得更高的市场份额。

那么如何建立用户画像呢？一般方法如下：

（1）收集用户的基础信息：收集用户的年龄、性别、职业、教育水平、收入等相关信息，以及活动记录，如网站访问记录、购买记录等。

（2）依据用户的基础信息和行为记录，进行数据分析，分析出用户的特征，如偏好、风格、行为习惯等。

（3）通过对比和分组，将用户分成不同类型，针对不同类型的用户建立用户画像。

（4）根据用户画像，制定可行的营销策略，进行用户营销。

用户画像有多种方法，常见的有以下几种，如图 3-40 和 3-41 所示。

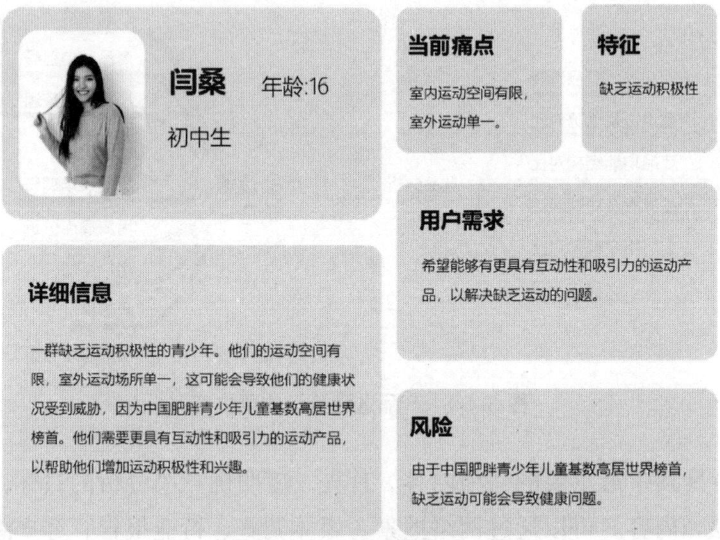

图 3–40　用户画像示意（一）

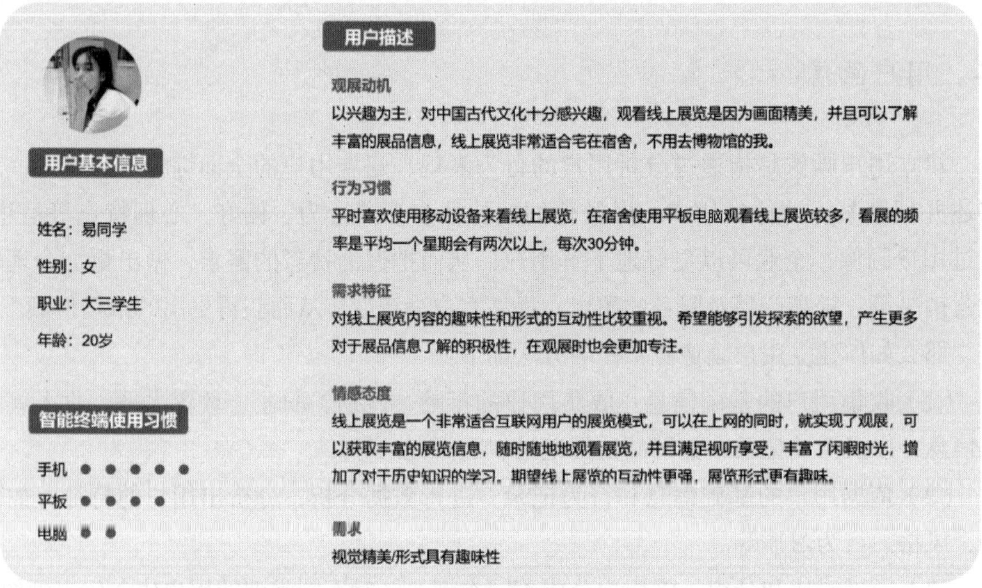

图 3–41　用户画像示意（二）

三、故事板

故事板是一种能够将客户的需求或想法可视化展示的工具，它有助于将产品发展流程可视化，并进行个性化分析。故事板通常由一系列图像和文本组成，让产品设计师在特定产品使用情境下全面理解用户和产品之间的交互关系。故事板不用描述得很详细，用简笔漫画的形式就可以，旁边还可以配一些简单的文字描述。

（一）为什么使用故事板

（1）提升故事的可见性：故事板可以帮助团队成员了解产品的故事，让他们可以更好地跟踪故事的状态，从而提升故事的可见性。

（2）提升团队的沟通效率：故事板可以帮助团队成员更好地沟通和交流，可以有效地减少沟通的时间和成本，从而提升团队的沟通效率。

（3）提升团队的协作能力：故事板可以帮助团队成员通过一起参与来完成任务，从而提升团队的协作能力。

（4）提升产品质量：故事板可以帮助团队有效地管理变更，避免在产品开发过程中出现太多的更改，从而提升产品的质量。

（5）提升客户满意度：故事板可以帮助团队更加有效地跟踪客户的反馈，并将反馈及时转化为实际的产品改进，从而提升客户满意度。

（二）故事板的绘制

对于交互设计师而言，使用图像故事板可以快速地让他人了解自己的想法。用户就像在看电影一样，可以快速融入情景当中。在图像故事板中，一连串的用户行为可以连接成一个完整的使用场景，如图 3-42 所示。故事板不仅仅是设计师头脑中假想情境的具象化，还可以使一些模糊的用户需求更加具象且更有说服力，在设计沟通的过程中可以发挥很大的作用。

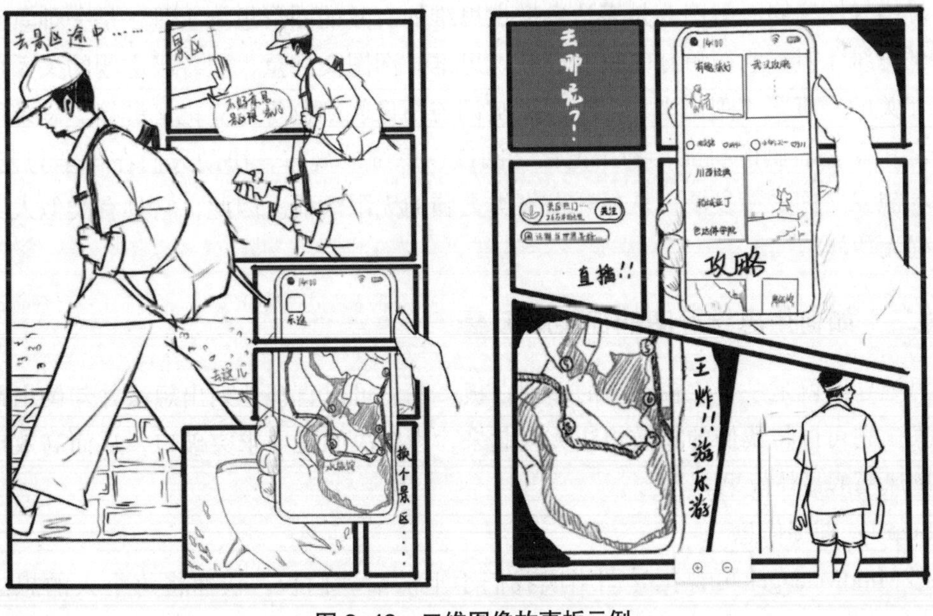

图 3-42　二维图像故事板示例

除了用二维图像绘制，也可以使用三维图像绘制，如图 3-43 所示。

图 3-43　三维图像故事板示例

四、用思维导图捕捉头脑风暴

我们先提这样两个问题：思维导图是对传统头脑风暴的延续吗？头脑风暴能实现所有的目标吗？在大多数的会议上，我们会将个人想法讲出来并写在白板上，但是会议结束后可能就忘记了一半。传统的一维头脑风暴其实只能实现部分目标。要解决此问题，我们可借助思维导图，当然最好是思维导图软件，因为软件可以将我们的想法放进同一文件包，不断更新并保持最新，方便我们查阅。随着项目的展开，思维导图可以帮助我们不断改进方法，保留有价值的信息。我们可以将思维导图软件理解为虚拟白板，它可以让我们在大框架下进行交流且保留细节。

（一）思维导图的概念

思维导图又叫心智图，是表达发散性思维的有效的图形思维工具，是一种具有革命性的思维工具，它简单却又极其有效。思维导图图文并重，把各级主题的关系用从属与相关的层级图表现出来，为主题关键词与图像、颜色等建立记忆链接。思维导图充分运用了左右脑的机能，利用记忆、阅读、思维的规律，协助人们在科学与艺术、逻辑与想象之间平衡发展，从而开发人类大脑的无限潜能。因此，它具有类似人类思维的强大功能。

（二）如何用思维导图捕捉头脑风暴

思维导图就是一个比较灵活的虚拟白板，我们可以直观地列出想法并勾勒出最佳的方案。它可以将我们的零散想法关联起来，为解决问题寻求突破口，从而高效地取得头脑风暴的最佳效果。

Step 1：捕捉信息

把 MindManager 可视化导图当成我们手上的活动白板，快速将每个人的想法收集并展示出来。在这一步中要聚焦流动的思维、记录想法，以便稍后组织管理，如图 3-44 所示。

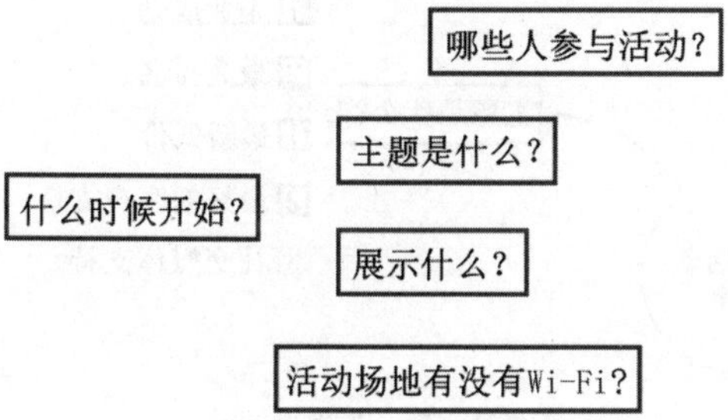

图 3-44　捕捉信息

Step 2：组织思想

将相关联的想法分组并关联起来，放在中心主题周围，如图 3-45 所示。

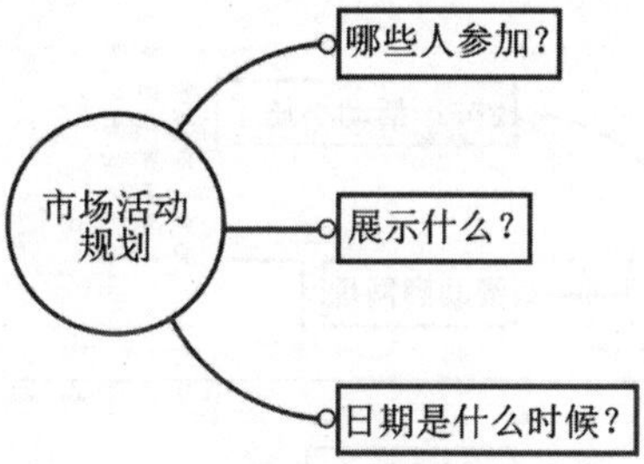

图 3-45　组织思想

Step 3：扩展思维

对于相对重要的想法，可以使用子主题或者分支为其添加细节，通过展开、折叠子主题控制细节等级的显示与隐藏，如图 3-46 所示。

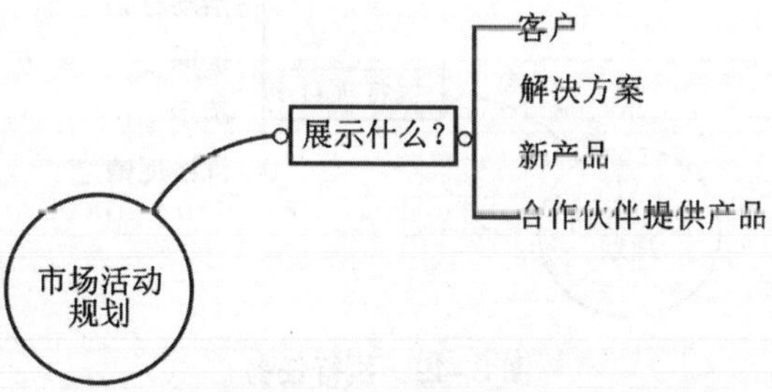

图 3-46　扩展思维

Step 4：选择追求点

选择追求点是最困难的部分，使用 MindManager 图标标记、展示优先级、重要性，可以帮助每个人将各个因素以可视化形式展示，如图3-47所示。

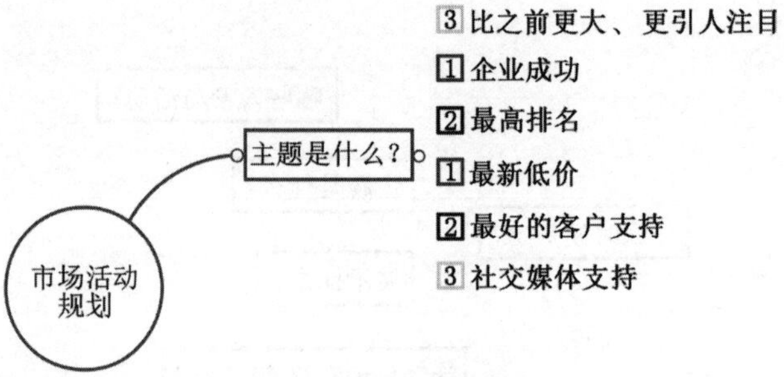

图3-47 选择追求点

Step 5：添加信息

添加相关附件、备注及链接等，将所有相关信息在一张思维导图中展示出来，让每一个人都可以看到他们的想法及相关内容，如图3-48所示。

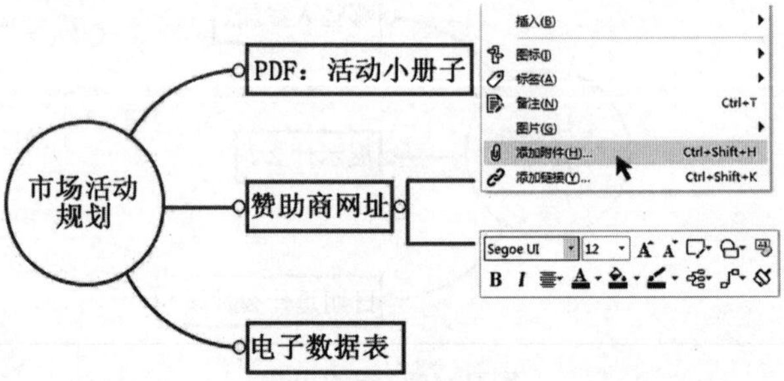

图3-48 添加信息

Step 6：执行任务

展开下一步及任务分配情况，确保每个人都能参与进来。

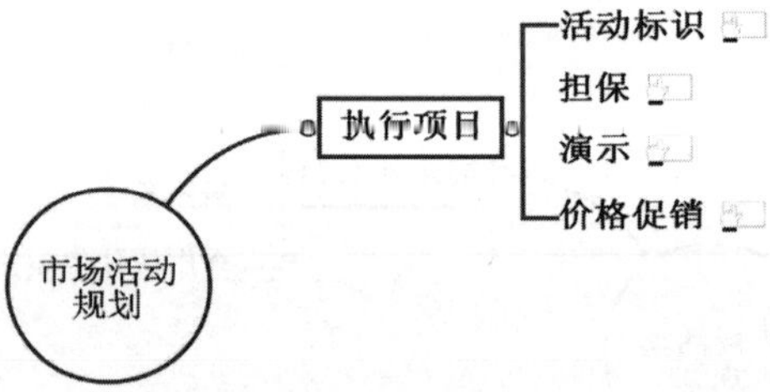

图3-49 执行任务

最后我们可以将此思维导图分享给团队成员及其他人员。如果使用思维导图进行头脑风暴，那么我们无须再进行记录，而且每个人都可以在方便的时候参考。

（三）绘制思维导图的常用软件

图 3-50 清晰地列出了思维导图制作软件的一些情况，主要有三种类型的软件，即免费软件、共享软件和在线工具。图 3-50 是使用苹果电脑版的 MindNode 思维导图软件绘制的，可视化效果好，非常方便且容易上手。同时，强烈推荐幕布软件，这两款都是非常实用且好用的思维导图软件。

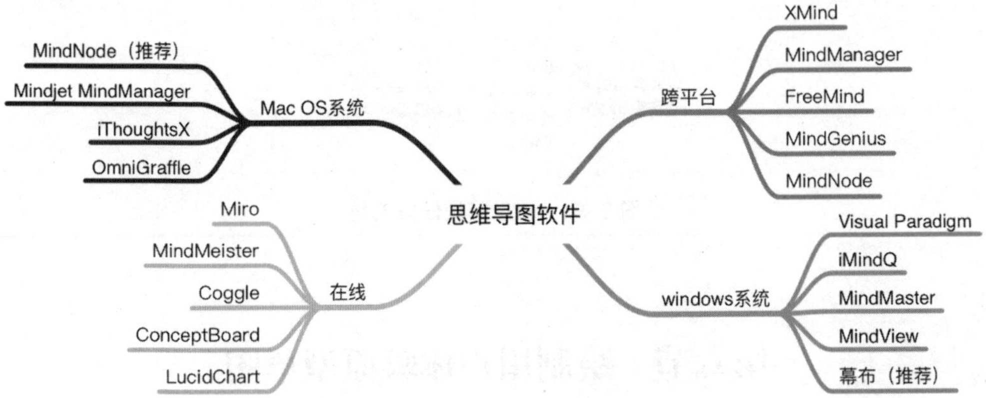

图 3-50　思维导图软件

在产品选题论证阶段会大量用到思维导图，合理运用思维导图会提升工作效率。

五、功能信息架构形态

产品功能信息架构形态，是指产品中包含的各种功能，它们之间的关系构成一个框架，这种框架可以用图片、文字等形式来描述。例如，产品的功能结构可以用菜单或流程图的形式表示，一个功能的实现可以用类图或活动图的形式表示，系统的数据结构可以用实体关系图的形式表示。这种架构可以帮助使用者更好地理解产品的功能，以及功能的实现细节。

如图 3-51 所示，信息架构任务流程的梳理是以战略层和范围层为基础的，该图分别从宏观和微观两个层面直观地表现了信息架构任务流程，为框架层和表现层的原型设计提供了内容和依据，是非常重要的。

战略层：业务架构。

范围层：内容与功能架构。

结构层：信息架构。

框架层：低保真原型。

表现层：高保真原型。

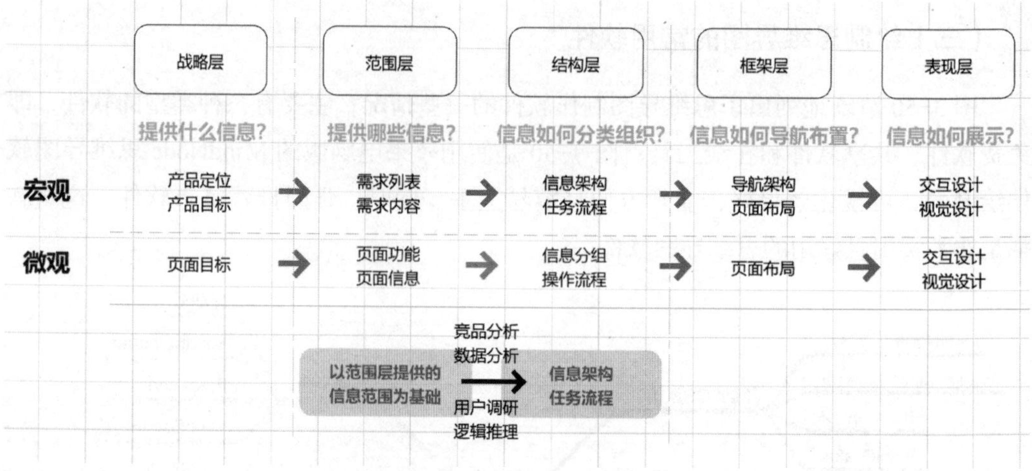

图 3-51　信息架构任务流程

第六节　绘制用户体验原型草图

一、原型草图设计

我们通过前面基础知识的学习，为后面进行原型草图的绘制奠定了理论和设计基础。

（一）为什么要进行原型草图设计

原型草图设计的作用在于可以帮助设计者快速验证他们的想法，它可以帮助设计者验证产品的功能，构思出更好的设计细节，以及帮助开发者更好地理解客户的需求和期望。原型草图也有助于解决设计技术实现的问题，为将来设计更新版本提供有价值的参考。它还有助于客户和开发者之间的沟通，以确保开发者有足够的时间和精力来实现客户的需求。

（二）原型草图的类型

原型草图一般分为纸模原型和电子原型两种。

所谓纸模原型，就是画在文档纸上或白板上的设计原型或示意图。一般用铅笔或马克笔绘制，便于修改，但是不便于保存和展示，如图 3-52 所示。

所谓电子原型，指的是基于现有的界面或系统，通过电脑进行一定的加工设计后的设计稿，示意更加明确，可以添加更多的注释，能够包含设计的交互和反馈。图

3-53 是图 3-52 对应的电子原型。

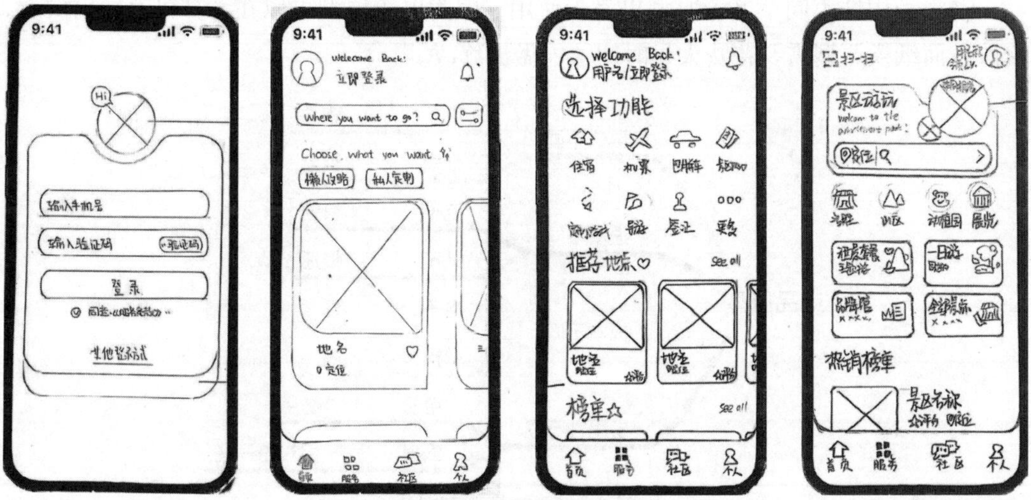

图 3-52　纸模原型示意

图 3-53　电子原型示意

电子原型相对于纸模原型有很多优势，如图 3-54 所示。但对于初学者，还是建议从纸模原型开始学习。

（1）形式不同：电子原型是电子文档，可以在计算机上设计、修改、存储和分发，是一种数字文档格式。而纸模原型是实实在在的原型。

（2）速度不同：电子原型的编辑和分发速度非常快，可以很快地修改并快速分发出去，而纸模原型的修改速度很慢，要花费许多时间来修改和分发。

（3）成本不同：电子原型的成本比纸模原型低得多，因为电子原型可以节省运输费用，而纸模原型需要运输给各个参与者，所以成本会很高。

（4）易用性不同：电子原型更易于使用，因为电子原型可以在计算机上轻松设计、修改，而纸模原型需要花费大量时间才能做出修改。

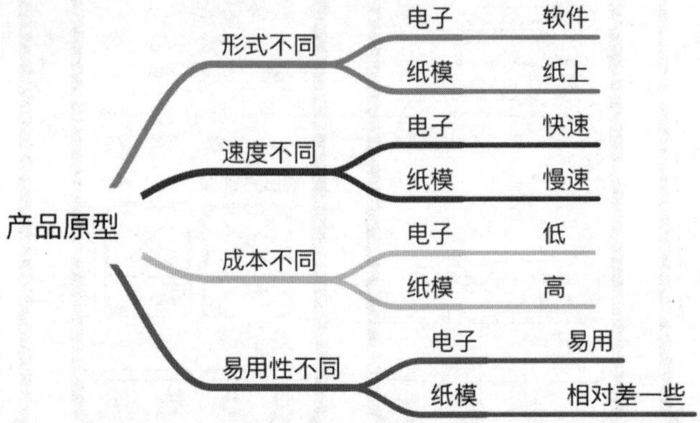

图 3–54　产品原型对比

（三）原型草图要做到什么程度

一般来说，把原型做得非常好看会耽误时间，可是做得过于简单或潦草，就会导致有些地方被人误解，那么原型做到什么程度才可以呢？产品的原型有很多种，本节讲的是原型草图，即原型的最初阶段。产品的草图，通常是产品经理的灵感所在，只要有笔和纸，就能完成，但是现在有很多产品经理也会在电脑上完成草图。这些草图经过后续的思考和测试后就会形成基本的产品，即只满足基本需求的产品，去掉任何一个元素，这个产品都是不完整的。

基本产品确定了，原型草图就算是完成了关键一步；之后还要对原型草图进行测试，主要测试产品的逻辑。为了让逻辑更清晰，测试完后还要再修改。

产品原型要做到什么程度，取决于原型是给谁看的、给谁演示的。

（四）原型草图设计的参考步骤

在产品的整个开发设计流程中，需求分析部分结束后，就应该形成明确的产品需求了，而此时要做的，是把这些产品需求表达出来。从表达效果来看，原型因其直观的表达方式而备受欢迎。而设计原型也是要有一定步骤的，一是要提高原型设计的合理性，避免出现头重脚轻的保真程度不一致的情况。二是要减少原型设计所占用的时间，我们不可能在原型上投入过多的时间，因此掌握一定的原型设计方法和技巧很重要。

图 3–55 清晰地表达了原型草图设计的主要内容。

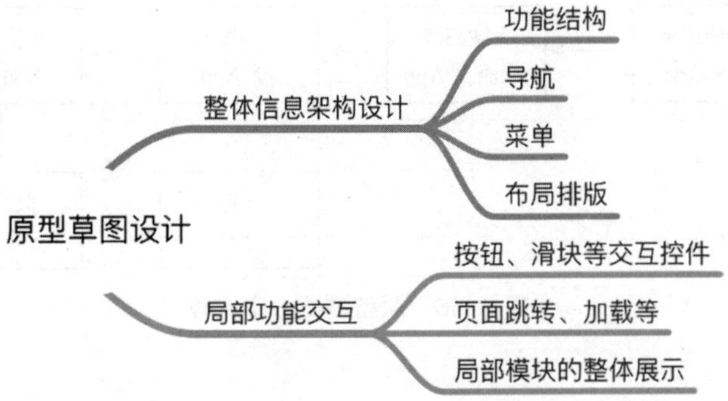

图 3-55　原型草图设计的主要内容

Step 1：确定产品的整体结构

也就是确定产品的整体框架，我们可以借助软件将产品的功能框图绘制出来，把几个主要的功能点提取出来，这几个主要功能点就组成了产品的初步功能结构。例如：用户管理一级导航栏里的栏目可能会有普通用户、会员用户和访客等，这样就确定了用户管理的功能结构。

Step 2：确定产品的布局排版

布局排版决定了每个功能模块的位置，然后就可以一块一块地设计原型内容，只需要标示出哪个地方放哪些内容。

Step 3：实现虚拟交互设计

我们可以通过软件去设计页面间和按钮的交互方式与效果，也可以在原型中标示出来。要将产品的功能模块从前到后连起来，实现流畅地跳转。

二、可用性测试

原型设计出来后一定要进行可用性测试，电子原型可以直接在设计的软件中测试。而纸模原型设计出来后，仅仅是在纸上呈现，沟通起来不是很方便，而且交互也无法展示出来，会让用户感觉难以理解且不直观。如果我们能让手绘的原型在移动终端平台上动起来，那将会达到事半功倍的效果，而且也容易发现问题并及时改进。

我们可以使用第二章推荐的快速原型测试工具 POP 或 Mockup-UI&UX 来进行交互可用性测试，这两款软件都非常容易上手，所以此处对软件不做讲解。

两款软件的原型测试分享流程如图 3-56 所示，可以帮助读者快速上手。

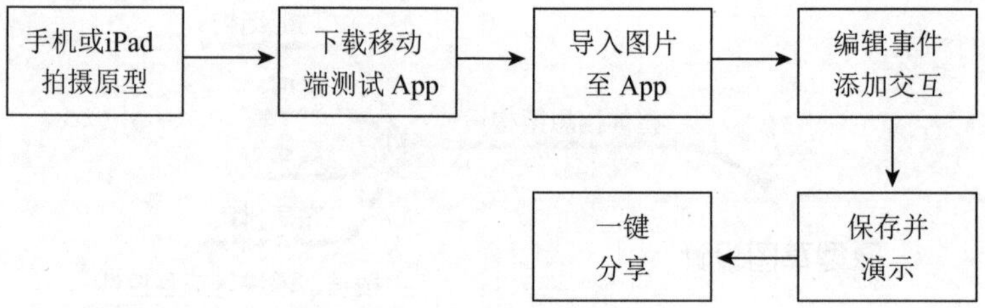

图 3–56　原型测试分享流程

三、原型测试与结果分享思考

原型测试完成后，我们肯定会有很多的思考感悟，总结如下：

（1）测试非常重要，但是对于不是很成熟的产品，功能需求的迭代上线才是头等大事，原型测试得出的优选方案可以随着产品的不断成熟逐渐实施。

（2）原型测试要有明确且唯一的目的，如果一次测试多个任务，看似可以提高效率，其实会干扰到主要的测试目的，反而造成效率低下与测试结果不准确。

（3）尽量将影响用户测试的干扰因素降到最少，将用户的视觉中心吸引到要测试的目标上，不要让他们被其他因素干扰。例如，我们测试的是界面结构的合理性，但是在测试中我们发现影响用户操作行为的原因多是他们被原型中的图片吸引了。

（4）在进行大范围测试前，找几个相关人员先试测一遍，这样可以及时修改测试方案，降低测试成本，避免在正式测试过程中做临时修改。

（5）选择测试人员时要选符合条件的人，这样可减少测试误差。宁可少测，也不要为了凑人数而产生垃圾数据，影响测试结论。

原型测试只是一种方法，是一个工具的运行，不能过分依赖它。

思考题

1. 查阅各种资料，整理总结最新的移动产品创意趋势。
2. 怎样做到产品的“别具匠心”？举例说明。
3. 如何找到产品设计的切入点？
4. 选几款移动市场的产品，试着描述产品的市场定位。
5. 产品市场定位的一般原则是什么？需要考虑哪些内容？举例说明。
6. 试分析定性研究法和定量研究法的区别与联系。
7. 如何挖掘产品的痛点？
8. 举例说明需求分析的现状和误区。
9. 什么是用户需求和产品需求？两者是如何转换的。

10. 描述需求分析的常见方法与步骤。

11. 为什么要进行竞品分析?

12. 如何理解界面布局中的功能信息权重?

13. 界面权重区域如何划分?

14. 如何理解界面设计中的格式塔原理?

15. 常见的界面布局有哪几种方式?举例说明如何应用。

16. 3—5人一组进行分组，每组设计一款移动产品，按照选题论证的主要内容撰写产品选题论证报告，要求图文并茂，规范化排版，完成后按组进行分享。

17. 3—5人一组进行分组，每组设计一款移动产品，以产品选题论证为基础，进行原型草图设计，纸模或电子原型均可，建议初学者进行纸模原型绘制。

第四章　移动产品的中保真原型设计

本章内容思维导图

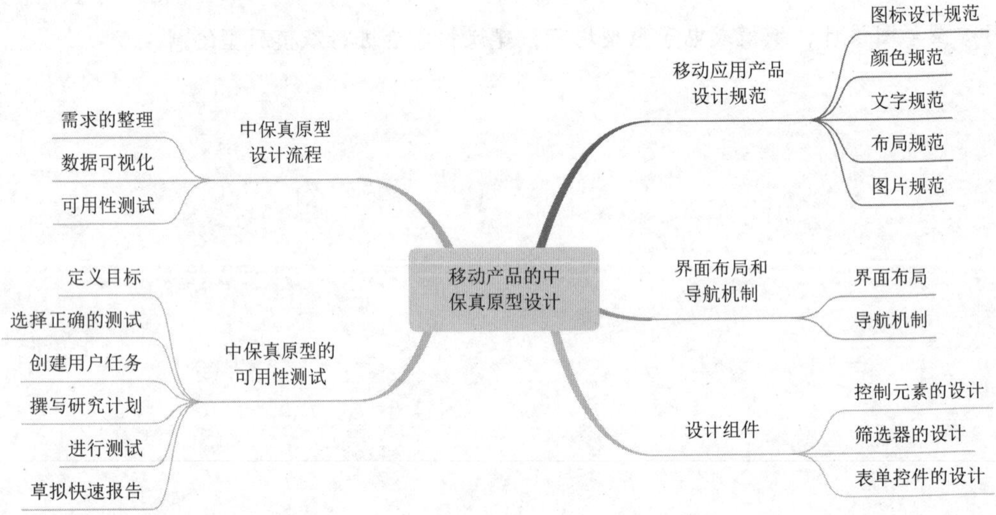

本章要点

1. iOS 系统的设计规范
2. Android 系统的设计规范
3. 界面布局和导航设计规则
4. 如何设计组件
5. 中保真原型的可用性测试

扫码查看
第四章彩图

移动产品设计需要遵循一定的设计规范，以确保移动产品的界面一致性、统一性和易用性。设计规范提供了一套明确的设计原则，可以帮助设计师制定出一套有效的交互模式，使得移动设备的用户体验更加一致、有序和完善。而且，遵循设计规范还可以加快设计进程，减少设计时间，帮助设计师减少设计过程中的重复操作，从而节省大量时间，提高设计效率。

第一节　移动应用产品设计规范

iOS 和 Android 系统在其官方网站都有具体的设计规范，那么为什么还要建立自己的设计规范？官方提供的设计规范更多的是理论和基础，如同各种穿衣指南，但由于每个人的身材条件不同，要想体现鲜明个性，就需要定制一套专属“服装”，即自己的设计规范。定制一套完整、详细的设计规范有很多益处，如确立品牌的个性，形成稳定且长期的延续性、统一性、协同性和高效性。统一的设计标准可以使整个 App 产品在视觉上更加统一，提高用户对 App 的产品认知度和操作便捷性。①

一、图标设计规范

（一）iOS 图标规范

设计的图标最终要在手机系统中实现，因此必须遵循手机系统的设计规范，比如：图标的尺寸是多少；展示设计作品的时候，圆角设计多大度数是合适的。下面具体介绍 iOS 平台的图标设计规范。

1. iOS 图标适配

iOS 平台的像素倍率为 1 倍率、2 倍率和 3 倍率。我们在寻找 iOS 平台资源图标的过程中会发现，文件名有的带 @2x、@3x 字样，有的并不带。其中不带的是运用在普通屏幕上面的，带 @2x、@3x 字样的则分别运用于 2 倍率和 3 倍率的 Retina 屏幕，只要图片准备好，iOS 会自己判断用哪张（如表 4-1 所示），Android 的道理也一样。我们选择设计策略时通常采取做大不做小的方法，把图标制作成大尺寸的，之后通过缩放得到相应的小尺寸图标。例如，我们通常按照最大的 1024*1024 尺寸来设计图标，之后按照比例缩小到想要的尺寸，再进行调整。

表 4-1　iOS 设备屏幕参数

设备	逻辑分辨率	像素倍率	物理分辨率	PPI
iPhone 3GS	320*480	@1*	320*480	163
iPhone 4/4S	320*480	@2*	640*960	326
iPhone 5S	320*568	@2*	640*1136	326

① 编者注：文中出现的“数字 * 数字”单位均为 px。

续表

设备	逻辑分辨率	像素倍率	物理分辨率	PPI
iPhone 6	375*667	@2*	750*1334	326
iPhone 6 Plus	414*736	@3*	1242*2208	401

我们首先需要理解图中的两个概念，即逻辑分辨率和物理分辨率。逻辑分辨率指通过软件可以达到的分辨率。物理分辨率指硬件所支持的设备固有的分辨率。

下面我们就以 iPhone 3GS 和 iPhone 4S 为例来讲解图标在不同分辨率屏幕上的匹配问题。

iPhone 3GS：物理分辨率为 320*480。

iPhone 4S：物理分辨率为 640*960。

iPhone 3GS 和 iPhone 4S 的逻辑分辨率是一样的，都是 320*480，也就是说，从用户的角度来看显示的内容是一样多的，但是 iPhone 4S 的物理分辨率是 640*960，即 iPhone 3GS 上的一个像素内容在 iPhone 4S 上填充了 4 个像素，显然 iPhone 4S 的屏幕精度是 iPhone 3GS 的 2 倍，像素倍率是 2，画质会更清晰，像素倍率如图 4-1 所示。

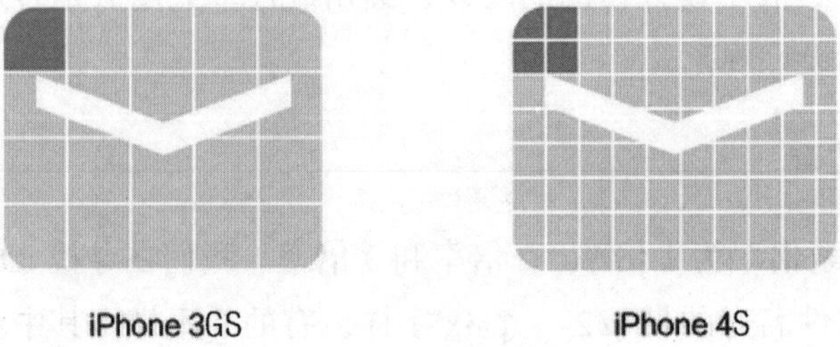

图 4-1　像素倍率

同样，iPhone 5/5S/SE 的逻辑分辨率是 320*568，和 iPhone 4 相比，逻辑分辨率宽度不变，高度增加了；横向上显示的内容一样多，但是纵向上的内容增加了。iPhone 5/5s/SE 的物理分辨率是 640*1136，像素倍率和 iPhone 4/4S 一样，是 2。

2. iOS 图标标准

App 图标：App 图标指应用图标，图标的尺寸为 120*120。如果是游戏类的应用，则这个图标在 Game Center 中也会被应用。由于 iOS 应用图标是由系统统一切圆角，所以在设计时制作没有高光和阴影的直角方形图即可，也可以根据需要在设计时做出圆角供展示使用。图 4-2 所示的为 iOS 直角方形图标和图标圆角参照表。

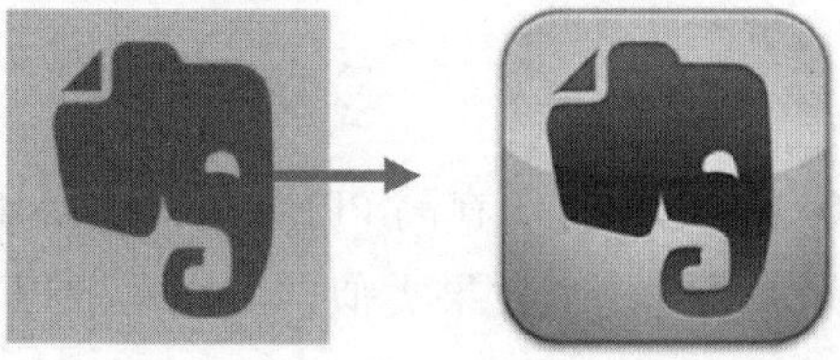

图标尺寸	圆角
57*57	10
114*114	20
120*120	22
180*180	34
512*512	90
1024*1024	180

图 4–2　iOS 直角方形图标和图标圆角参照表

App Store 图标：App Store 图标是指上传至应用商店的应用图标，尺寸为 1024*1024（Retina 屏幕）或 512*512（普通屏幕）。在设计过程中，增加更多的细节，可以吸引用户。不过考虑到效率，设计时一般与 App 图标保持一致，此时就需要为图标设计圆角，圆角的像素为 180。

标签栏导航图标：标签栏导航图标是指底部标签导航栏上的图标，其图标的设计尺寸为 50*50。

导航栏图标：导航栏图标是指分布在导航栏上的功能图标，其图标的设计尺寸为 44*44。

工具栏图标：工具栏图标是指底部工具栏上的功能图标，其图标的设计尺寸为 44*44。

设置图标：设置图标是指在列表式的表格视图中左侧的功能图标，其图标的设计尺寸为 58*58。

Web Clip 图标：要是有 Web 小程序或网站，可以指定一个图标，即 Web Clip 图标。用户可以把图标直接放在桌面上，通过单击图标的方式直接访问网页内容。其图标的设计尺寸为 120*120。

表 4–2 是 iOS 平台中各个机型的不同图标的尺寸参数。

表 4–2　iOS 图标尺寸

机型	iPhone 3GS	iPhone 4/4S	iPhone 5/5S/6	iPhone 6 Plus
App	57*57	114*114	120*120	180*180
App Store	512*512	512*512	1024*1024	1024*1024
标签栏导航	25*25	50*50	50*50	75*75
导航栏 / 工具栏	22*22	44*44	44*44	66*66
设置 / 搜索	29*29	58*58	58*58	87*87
Web Clip	57*57	114*114	120*120	180*180

（二）Android 图标规范

介绍了 iOS 平台的图标设计规范后，接下来介绍 Android 平台的图标设计规范。

1. Android 图标适配

同一个 UI 元素（例如尺寸为 100*100 的图标）在高 PPI 的屏幕上要比在低 PPI 的屏幕上看着小一些，如图 4-3 所示。为了使视觉效果类似，可以采取以下两种方法：一种是将图片在程序中进行缩放，但效果会变差；另一种是为不同密度的屏幕各提供一张图片，但工作量会增加一倍。

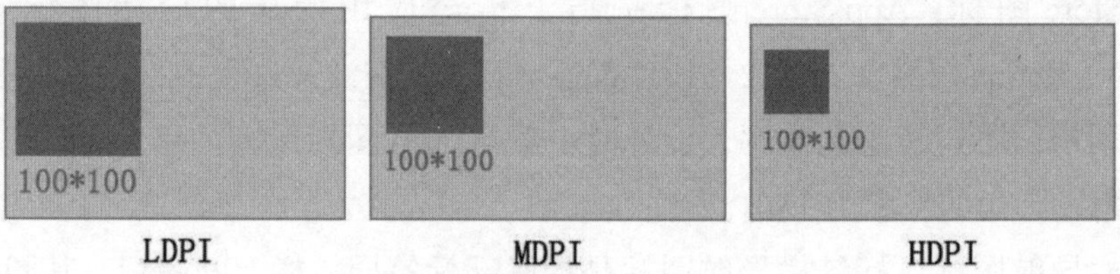

图 4-3　不同密度的屏幕上，显示面积不同

与 iOS 系统的统一规格不同，Android 系统是开放的，不同手机公司都可以自定义系统，因此屏幕的尺寸、规格繁多。由于参数多样，如果为每一种 PPI 屏幕都设计一套图标，工作量会十分庞大且不能满足程序的兼容性要求。

为了兼容更多的手机屏幕并简化设计，Android 系统平台对屏幕进行了区分，按照像素密度划分为低密度屏幕（LDPI）、中密度屏幕（MDPI）、高密度屏幕（HDPI）、超高密度屏幕（XHDPI）和超超高密度屏幕（XXHDPI）。它们之间的密度关系为 3∶4∶6∶8∶12。根据这些比例，通过简单计算，就可以调整出适配不同版本的位图，供开发者使用，如图 4-4 所示。

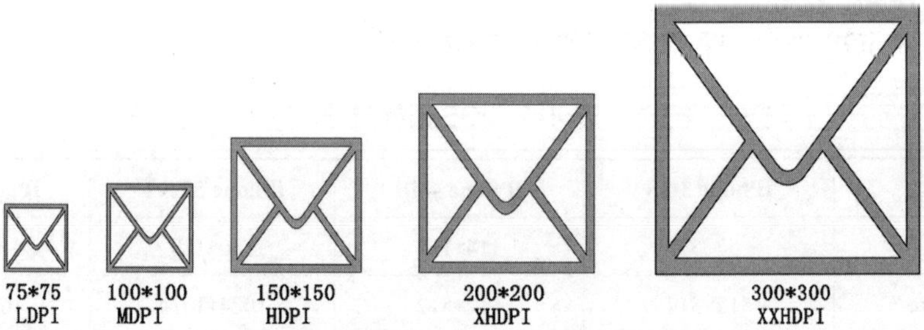

图 4-4　不同密度屏幕的图标尺寸

其中，75*75 对应 LDPI 屏幕；100*100 对应 MDPI 屏幕；150*150 对应 HDPI 屏幕；200*200 对应 XHDPI 屏幕；300*300 对应 XXHDPI 屏幕。

2. 图标的视觉统一

图标的形状各异，若每一个都顶格设计，那么最终看起来会大小不一，这是因为存在视觉误差。如长条形占的面积大，就会显得图标很小；而圆形占的面积小，就会显得图标很大。为了统一它们的形状，可以用双重边框法来统一图形的视觉大小。

如图 4-5 所示，图标的实际大小为最外边框，尺寸是 72*72，图标的图形大小为灰色内框，比图标尺寸稍小，这个框叫安全空间。如球形图标可以占满外边框，而长条形可以延伸至外边框。这样可以确保图标视觉大小的统一。这是 Android 官方设计指导文档提出的概念。

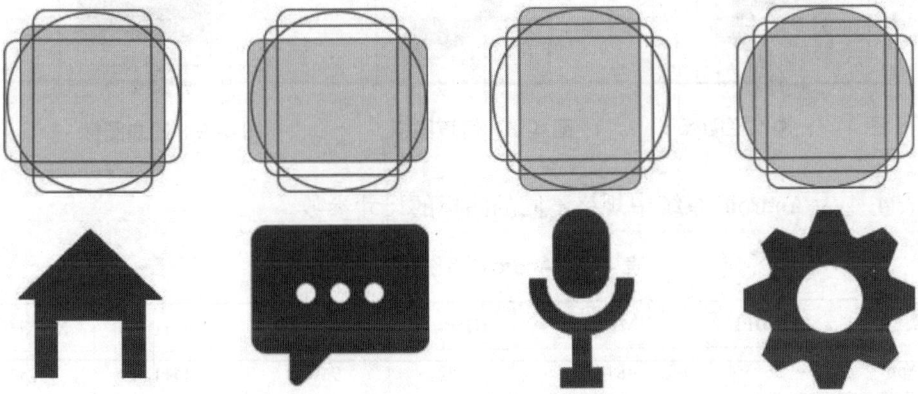

图 4-5　图标轮廓图

3. Android 图标标准

App 图标：是指应用图标（如图 4-6 所示），也叫 Launcher 图标，图标尺寸为 48*48。Android 系统并不提供统一的切圆角功能，因此圆角必须在设计图片的过程中切好，如表 4-3 所示。这就是各家 App 图标圆角略微不同的原因。以 192*192 为例，圆角可使用 32。

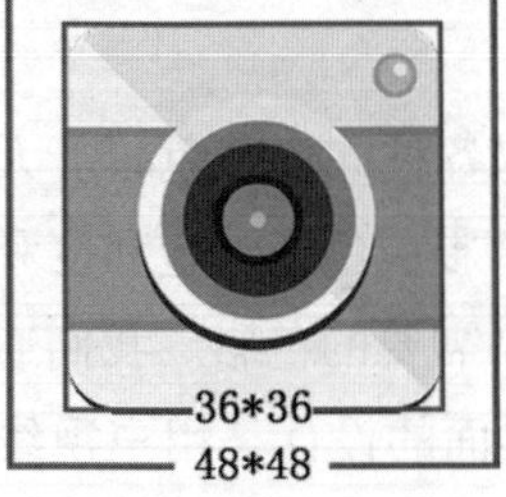

图 4-6　App 图标

表 4-3　Android 图标圆角参照表

图标尺寸	圆角
48*48	8
72*72	12
96*96	16
144*144	24
192*192	32
512*512	90

操作栏图标：是指用在导航栏或者工具栏上的图标，是图形化的按钮，如图 4-7 所示。代表了应用程序中最重要的操作。每个操作栏图标都应该使用一种简单的隐喻，以便用户一看就能理解。图标设计尺寸为 32*32。

情境图标：是指在应用程序中使用的凸显操作的，并表示特定项目状态的小图标，如图 4-8 所示。

通知图标：是指如果应用程序产生通知，要提供一个收到新通知时可以显示在状态栏的图标，如图 4-9 所示。通知图标必须全部是白色的。

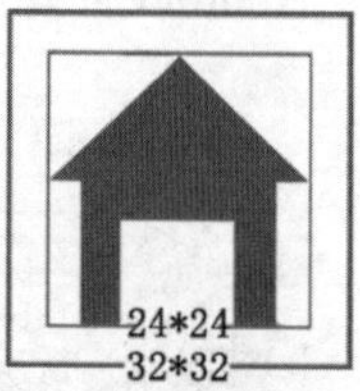

图 4-7　操作栏图标

图 4-8　情境图标

图 4-9　通知图标

表 4-4 为 Android 系统中规格不同的图标的尺寸参数。

表 4-4　Android 系统图标分辨率表

类型	LDPI	MDPI	HDPI	XHDPI	XXHDPI	XXXHDPI
App	36*36	48*48	72*72	96*96	144*144	192*192
操作栏图标	24*24	32*32	48*48	64*64	96*96	128*128
情境图标	12*12	16*16	24*24	32*32	48*48	64*64
通知图标	18*18	24*24	36*36	48*48	72*72	96*96
Google Play	512*512					
比例	@0.75*	@1*	@1.5*	@2*	@3*	@4*

二、颜色规范

（一）选择 HSB

在大多数时候，设计师可以轻易使用 HSB 快速获取各种同色系色彩。大多数绘图软件都提供 HSB 选色工具，HSB 使用三种数值来描述色彩：色相、饱和度和明度（明度也被称为亮度）。多数情况下，调整明度值就可以得到需要的色彩。我们通过百度界面分析 PC 的界面设计，如图 4-10 所示。这是操作性界面的设计，用户视线会在上面停留很久，因此需要将界面设计得简单、舒服。通过分析颜色，我们发现百度界面使用了轻量级的渐变。

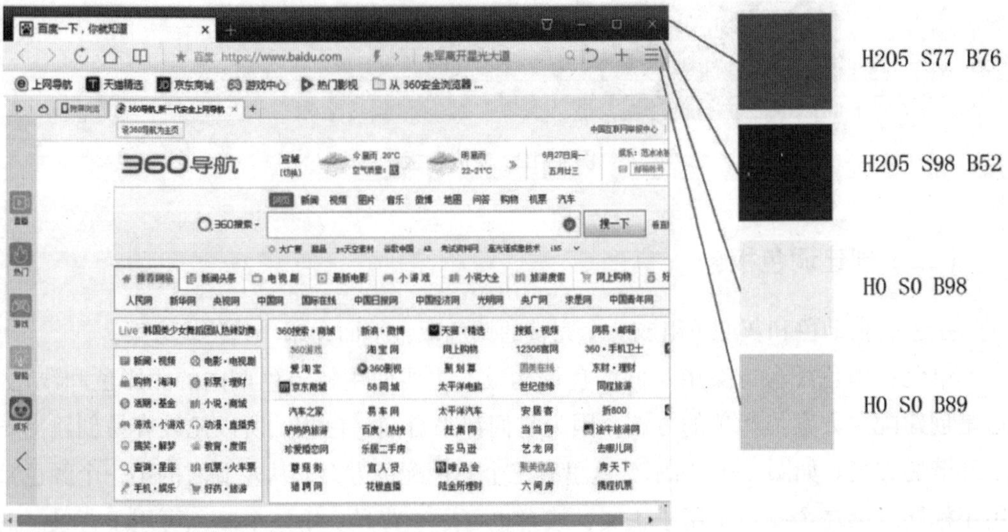

图 4-10　百度界面截图

渐变的作用有：使渐变的亮部与暗部的色相保持一致；减少界面明度在界面中的跨度；使渐变塑造的质感比较平实。

与 HSB 不同，RGB 分别代表红色、绿色和蓝色的色值。在界面设计中，调节一组颜色使其规律时，通过 HSB 会更直观。如图 4-11 所示，通过 HSB 数值可以了解到两种颜色是同一色相，明度和饱和度有变化，这些无法通过 RGB 的数值快速分辨。在 App 设计中也经常用微弱的渐变色构成界面。色彩分高明度和低明度，比如高明度的黄色，当它的明度值已经达到 90% 或以上时，如何将其调整成更亮的色彩呢？这时候，饱和度就派上用场了。调整饱和度的数值，可以让色彩接近白色，以获取更高的明度。设计控件时，保持 H 值不变，在饱和度 S、明度 B 中有规律地调节即可。

图 4-11　HSB 与 RGB 色值

在现在流行的扁平化风格中，一些应用不再使用渐变色进行设计。这时 HSB 就成为重要的颜色观察方式。因为在同一个界面中，控件的颜色依然要处于同一色系中。灰度设计在扁平化设计中大量运用，我们可以通过调节颜色的饱和度值得到一套有规律的灰度。图 4-12 所示的是一套灰度色板，色值分别为 #333333、#666666、#999999、#cccccc，换算成 HSB 值分别为 H0 S0 B20、H0 S0 B40、H0 S0 B60、H0 S0 B80。只要记住 B 值在变化即可。

图 4-12　灰度色板

（二）创建调色板

主色、辅助色和灰度色组成一个完整的调色板，下面介绍一些传统方案。

单色：单色配色方案由不同的色调构成，主要使用特定色调内的阴影色和浅色。这是创建配色方案最简单的方法，因为它们都来自同一色相，所以比较容易创建出一个和谐的方案。如图 4-13 所示，这里有三个单色配色方案，从左到右的第一个颜色常用于标题。第二个颜色常用于正文，或者也可用于背景。第三个颜色可用于背景。而最后两种颜色将用于强调。

图 4-13　单色配色方案

类比：类比配色方案是仅次于单色的一个易于创建的配色方案。一般来说，此类方案都具有相同的色度水平，通过色调、阴影色和浅色的使用，增强趣味性，并且可以满足网站的需要。如图 4-14 所示，这是一个传统的类比配色方案，虽然视觉感染力很强，但是从影响深刻角度来说，颜色的对比度不够强。

图 4-14　类比配色方案一

如图 4-15 所示，该配色方案与上图有相同的色相，但是色度上的调整体现出多样性，更适合网站设计。

图 4-15　类比配色方案二

互补：互补配色方案是通过融合色轮上对立面的颜色来创建的。这种配色方案最基本的形式仅由两种颜色构成，但是可以很容易通过色调、浅色和阴影色的形式扩展。如图 4-16 所示，广范围的浅色、阴影色和色调的应用让这个配色方案看起来非常具有通用性。

图 4-16　互补配色方案

（三）调色板应用

UI 调色板：调色板以一些基础色为基准，如图 4-17 所示，通过填充光谱来为 Android 和 iOS 系统提供完整可用的颜色。基础色的饱和度为 500。

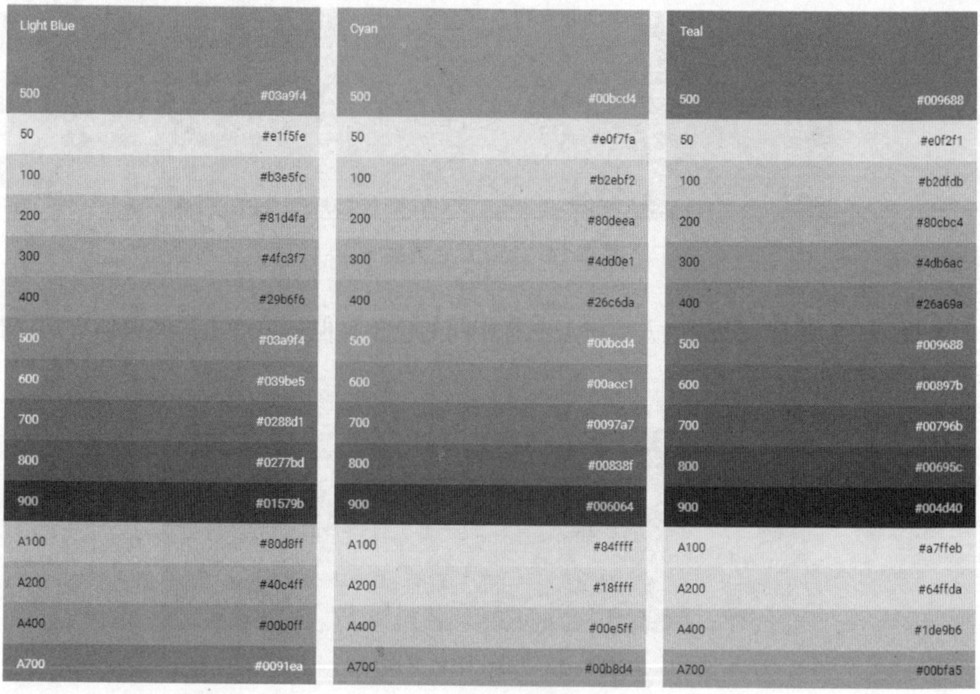

图 4–17 UI 调色板

强调色：鲜艳的强调色用于主要操作按钮以及组件，如开关或滑片，如图 4–18 所示。左对齐的部分图标或章节标题也可以使用强调色。

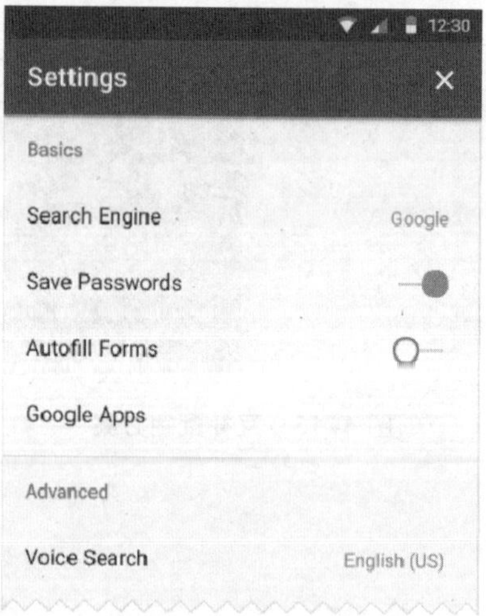

图 4–18 强调色

备用强调色：若强调色相对于背景色太深或者太浅，默认的做法是选择一个更浅或者更深的备用颜色，如图 4–19 所示。如果强调色无法正常显示，那么在白色背景上会使用饱和度为 500 的基础色。如果背景色就是饱和度 500 的基础色，那么会使用

100% 的白色或者 54% 的黑色。

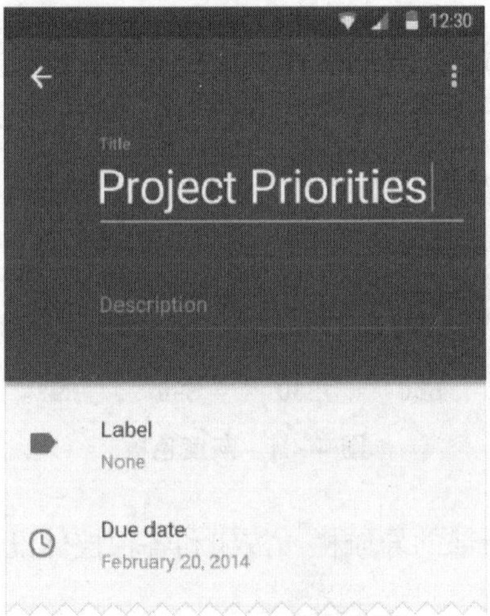

图 4-19　备用强调色

主题：主题是对应用提供一致性色调的方法，指定了表面的亮度、阴影的层次和字体元素的不透明度。为了提高应用的一致性，一般会提供浅色和深色两种主题以供选择，如图 4-20 所示。

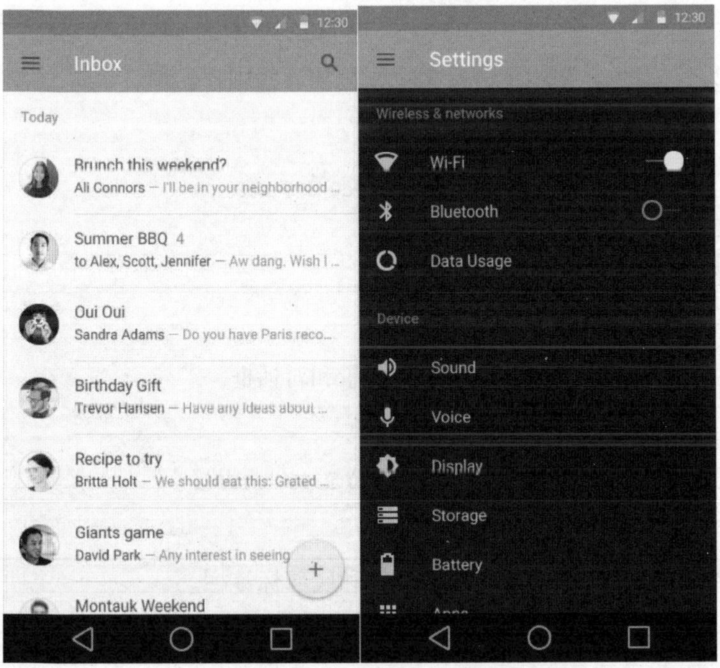

图 4-20　浅色和深色主题

创建好了调色板，下面来看看这些颜色分别运用在界面的什么位置。

1. 全局色

中性色：灰度色，是指较为通用的颜色，常用在各种表单控件和文字设计上。灰度色适用于大多数应用。由于H值和S值在灰度色中没有变化，因此我们只观察B值，如图4-21所示。这套灰度色B值分别为B20、B40、B60、B80、B90、B94、B98和B100。

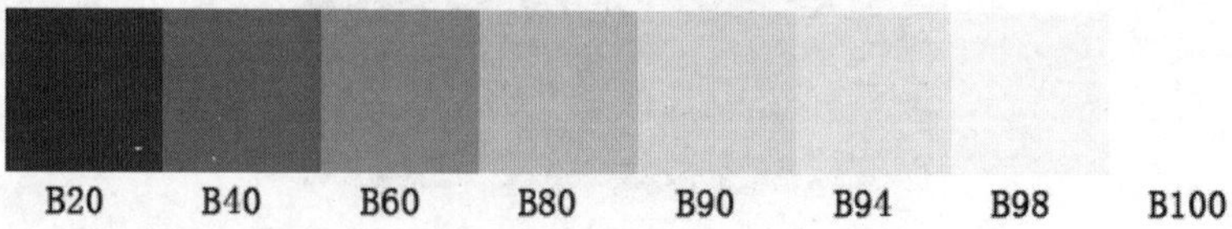

图4-21　灰度色板

主色：红色，常用于顶部的导航栏、按钮和各种控件设计。

H0 S65 B100

辅助色1：橙色，常用于各种控件设计和辅助按钮。

H35 S80 B100

辅助色2：墨绿色，常用于链接文字颜色和一些用户名称。

H180 S60 B55

2. 背景用色

背景色1：纯白色，常用于列表表单背景和对话框。

H0 S0 B100 #ffffff

背景色2：浅白色，常用于顶部导航栏和底部标签栏。

H0 S0 B98 #fafafa

背景色 3：浅灰色，常用于首页背景和内页背景。

H0 S0 B94 #f0f0f0

3. 分隔线用色

分隔线 1：灰色，常用于浅白色背景的分隔线。

H0 S0 B90 #e6e6e6

分隔线 2：浅灰色，常用于白色背景的分隔线。

H0 S0 B94 #f0f0f0

4. 文字用色

文字 1：纯白色，常用于主色、辅色按钮上的文字。

H0 S0 B100 #ffffff

文字 2：中灰色，常用于失效、辅助性的文字。

H0 S0 B80 #cccccc

文字 3：深灰色，常用于提示性文字。

H0 S0 B60 #999999

文字 4：浅黑色，常用于辅助、默认状态文字。

H0 S0 B40 #666666

文字 5：深黑色，常用于标题、正文等主要文字。

H0 S0 B20 #333333

5. 图标用色

图标 1：纯白色，常用于有颜色的背景上的图标。

H0 S0 B100 #ffffff

图标 2：中灰色，常用于工具栏上的操作图标。

H0 S0 B80 #cccccc

三、文字规范

文字在设计中是非常重要的，对于移动终端平台的产品设计，我们更要遵守其设计规范。有很多人会认为 Android 系统的字体没有 iOS 的好看，原因大概有两点：其一，Android 的分辨率很高，字体渲染机制不一样；其二，和 iOS 相比，Android 的“字体系统”最大的一个缺点是缺字。

（一）iOS 系统

iOS 7、iOS 8 系统的中文字体为“Helvetica”，是一种被广泛使用的西文字体，于 1957 年由瑞士字体设计师爱德华德·霍夫曼（Eduard Hoffmann）和马克斯·米耶丁格（Max Miedinger）设计，数字和英文字体为“Helvetica Neue”。iOS 9 系统的中文字体为“苹方”，数字和英文字体为“San Francisco”。在实际设计中，建议使用 Photoshop 的设计师，中文字体选择“黑体 - 简”或“STHeitiSC-Light”，这是与 iOS 系统实际效果最接近的字体；英文字体选择“Helvetica Neue”。

在 iOS 9 系统中，其字体和 iOS 8 的字体看上去有较大的区别。iOS 9 使用的是 San Francisco 字体，也就是“旧金山”字体，属于英文字体。

从图 4-22 中可以明显看出，iOS 9 的字体相比于 iOS 8 的字体更好看一些，整体显得更为圆润，阅读起来也更加容易。

图 4-22　Helvetica 字体和 San Francisco 字体的对比

（二）Android 系统

在 Android 4.X 版本中，中文字体为“Droid Sans Fallback”，英文字体为“Roboto”。

在 Android 5.0 版本中，中文字体为“思源黑体”。

安卓手机的默认中文字体都是“Droid Sans Fallback”，这是谷歌自己的字体，与微软雅黑很像，小米 miui v5 用的也是这种字体。在实际设计中，建议使用 Photoshop 的设计师，中文字体选择“方正兰亭黑”，英文字体选择“Roboto”。

（三）系统字号

我们在进行页面布局的时候，经常会设置容器的长度，但到底应该使用什么作为长度单位，对很多人来讲，尤其对初学者来讲特别困难。一般情况下，在 iOS 系统设计中用 px 标注字号，在 Android 系统设计中使用 SP 标注字号。

px（pixels）：像素，即屏幕上的点，不同的设备显示效果相同，像素也是我们最常用的单位。

SP（scaled pixels—best for text size）：它是一种带比例的像素，也可以理解为放大像素，主要用于字体显示，可以根据用户的字体大小首选项进行缩放。根据谷歌的建议，TextView 的字体最好用 SP 做单位，通过查看 TextView 的源代码也可以知道 Android 系统默认使用 SP 作为字号单位。

设计时，不同的位置对字号的要求也是不一样的，移动端常用的字号有哪些呢？

如图 4-23 所示，导航主标题字号一般为 40px—42px，常用 40px，偏小的 40px 字号显得精致。

图 4-23 百度云主标题字

在内文展示中，如图 4-24 所示，大的正文字号是 32px，副文是 26px，小字是 20px，在内文的使用中，不同类型的 App 会有所区别。像新闻类的 App 或文字阅读类的 App 更注重文本的阅读便捷性，正文字号通常为 36px，并会有选择性地加粗。

图 4-24 英语趣配音内文展示

如图 4-25 所示，列表形式、工具化的 App 的正文普遍是 32px，不加粗。副文案是 26px，小字是 20px。

图 4-25　微信列表

如图 4-26 所示，26px 的字号还会用于划分类别的提示文案，因为这样的文字方便用户阅读，但又不会影响主列表信息的引导。

图 4-26　提示文案

如图 4-27 所示，36px 的字号还经常运用在页面的大按钮中。为了拉开按钮的层次，同时加强按钮的引导性，会选用稍大号的字体。

图 4–27　钉耙页面大按钮

百度用户体验部做过一个小调查，对 iOS 系统字体大小的调查结论如表 4–5 所示：

表 4–5　对 iOS 系统字体大小的调查结论

		可接受下限（80% 用户可接受）	见小值（50% 以上用户认为偏小）	舒适值（用户认为最舒适）
iOS	长文本	26px	30px	32px—34px
	短文本	28px	30px	32px
	注释	24px	24px	28px

对 Android 系统字体大小的调查结论如表 4–6 所示：

表 4–6　对 Android 系统字体大小的调查结论

		可接受下限（80% 用户可接受）	见小值（50% 以上用户认为偏小）	舒适值（用户认为最舒适）
Android 高分辨率（480*800）	长文本	21px	24px	27px
	短文本	21px	24px	27px
	注释	18px	18px	21px
Android 低分辨率（320*480）	长文本	14px	16px	18px—20px
	短文本	14px	14px	18px
	注释	12px	12px	14px—16px

四、布局规范

（一）框架

顶部导航栏、顶部标签栏、内容区和底部标签栏四部分组成了一个应用程序的主要内容，如图 4-28 所示。模块间距为 30px，内容区块边距为 20px。

图 4-28　iOS 典型布局

（二）顶部导航栏

导航栏的色彩一般为 App 的主色，反白处理文字。如果主色较重，为了方便长时间使用且不过度刺激眼睛，一般会选择灰白这种中间色。导航栏左右两侧可使用图标（如图 4-29 所示），也可以使用文字（如图 4-30 所示）。

图 4-29　左右图标按钮导航

图 4-30　左右文字按钮导航

（三）顶部标签栏

顶部标签栏有两种样式，图 4-31 所示的是模仿 iOS 系统的分段器设计，图 4-32 所示的是模仿 Android 系统的标签栏样式。

图 4-31　iOS 系统分段器设计

图 4-32　Android 系统标签栏样式

五、图片规范

（一）用户头像

头像一般为圆形和圆角矩形两种，如图 4-33 所示。圆形头像比较有新意，构图饱满，适合真人头像的展示。

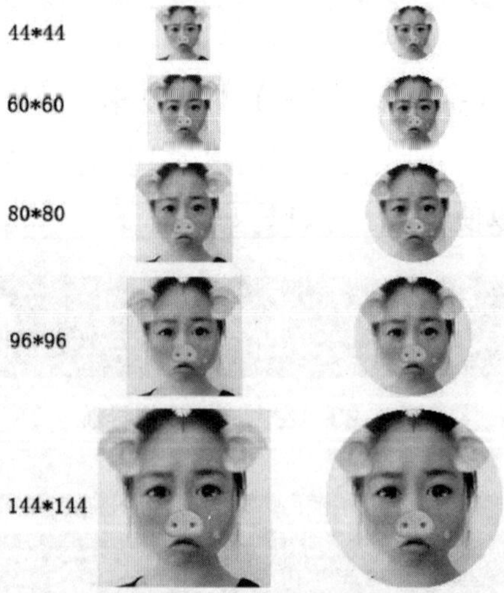

图 4-33　用户头像规范

在社交类 App 中使用头像的场景很多。列表页使用 44*44 的头像（如图 4-34 所示），详情页使用 60*60 的头像（如图 4-35 所示）。应用详细列表使用 80*80 的头像（如图 4-36 所示），消息列表页使用 96*96 的头像（如图 4-37 所示），个人中心页使用 144*144 的头像（如图 4-38 所示）。

图 4-34　44*44 的头像

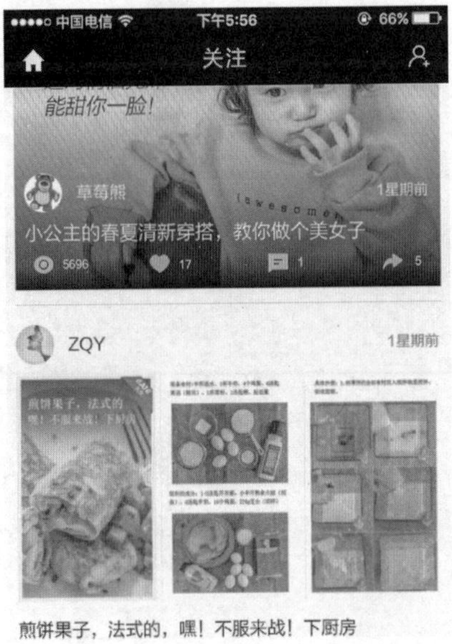

图 4-35　60*60 的头像

图 4-36　80*80 的头像

图 4-37　96*96 的头像

图 4–38　144*144 的头像

（二）商品图片

商品图片使用 1px 灰色描边，如图 4–39 所示。灰色的边缘可以使图片与浅色背景区分开。图片比例多为 3∶2 或者 1∶1。电商应用得较多。

图 4–39　商品图片

（三）无数据图片

商品底图：如果图片没有加载出来，图片位置也不能为空白，此时就需要一张无数据图片占位置，如图 4-40 所示。一般采用灰色调，图片规范中的尺寸无数据图片都应有。

头像底图：在未上传头像时，可以有一个默认头像，如图 4-41 所示。头像图片的比例是 1∶1，因此只需要一个最大尺寸的默认头像图片。

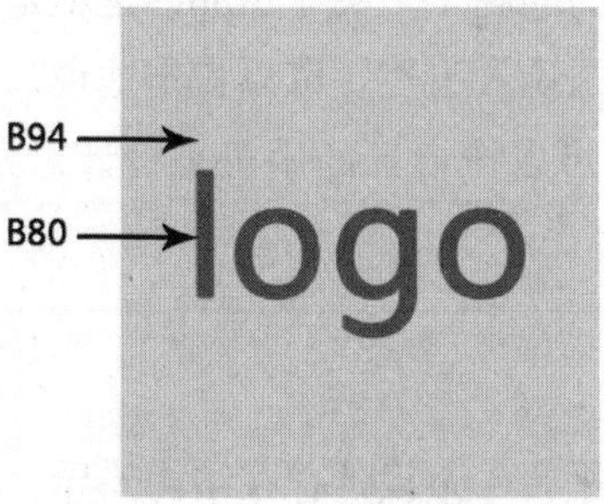

图 4-40　商品底图

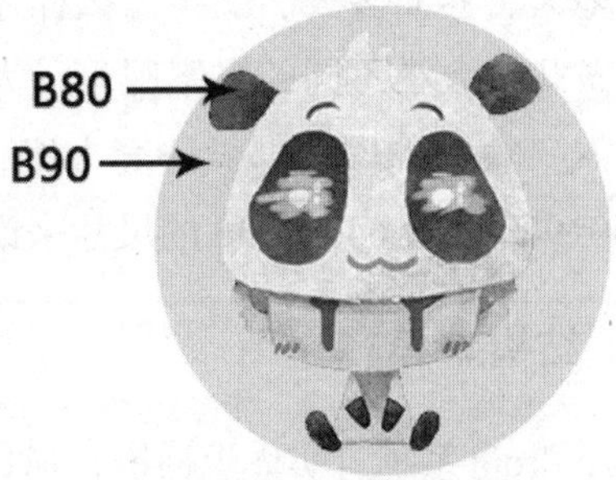

图 4-41　头像底图

无数据图：在默认条件下，空数据也需要一个图片，如图 4-42 所示。若网络不好，一般使用的是文字加图标形式。若应用有了全局图形，也可以把图形融入无数据图的设计中。

图 4-42　无数据图

第二节　界面布局和导航机制

一、界面布局

很多人在初次开发、设计 App 时可能会遇到许多界面上的问题，碰到最多的就是有关尺寸多大、界面多大、文字怎么样才合适的问题了。关于 App，是不是要根据不同的系统做几套大小不同的方案呢？一大堆问题让人头疼。可以肯定地说，我们在设计时并不需要为每种尺寸都做一套方案，尺寸可以按自己的手机来设计，方便预览，一般用 640*960 或者 640*1136 的尺寸来设计。

（一）结构差异

因为Android系统有实体返回键，所以两个平台App设计存在结构差异，如图4-43所示。

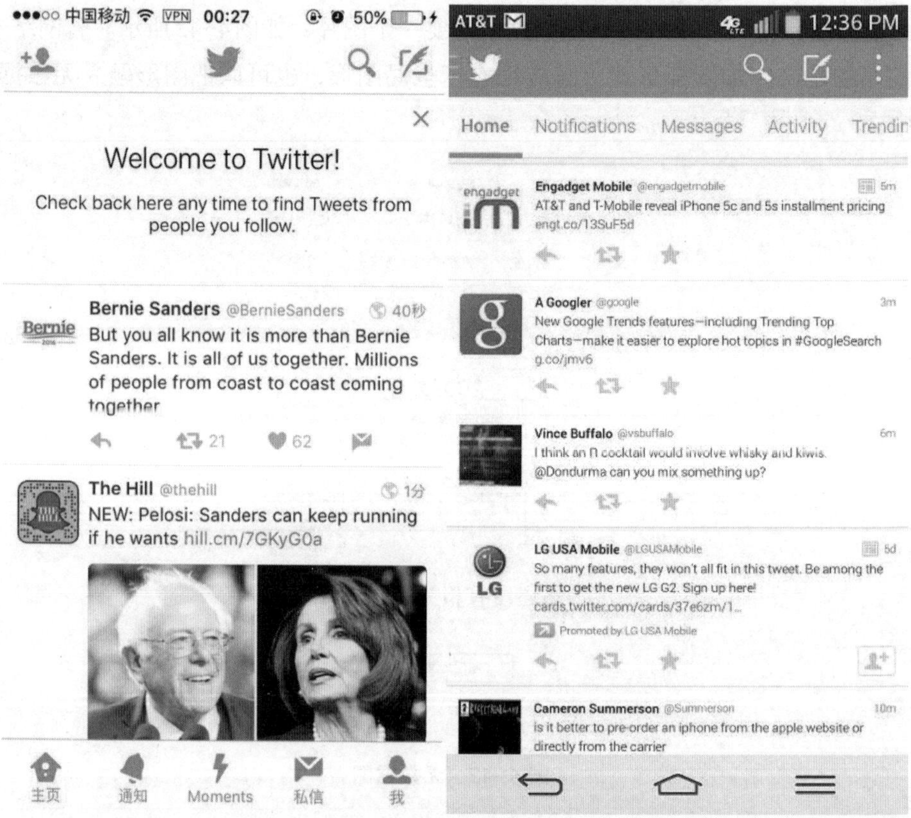

图 4-43　结构对比图

iOS 界面一般由四个元素组成，分别是：状态栏（status bar）、导航栏（navigation）、主菜单栏（submenu）、内容区域（content）。

若以 640*960 的尺寸设计，这个尺寸下的这些元素的尺寸如图 4-44 所示。

状态栏（status bar）：就是我们经常说的信号、运营商、电量等手机状态显示的区域，其高度为 40px。

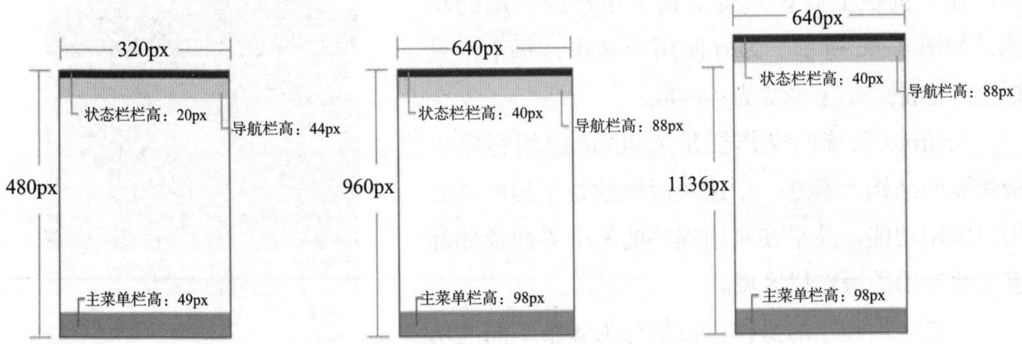

图 4–44　界面元素尺寸

导航栏（navigation）：显示当前界面的名称，包含相应的功能或者页面间的跳转按钮，其高度为 88px。

主菜单栏（submenu）：类似于页面的主菜单，提供整个应用的分类内容的快速跳转，其高度为 98px。

内容区域（content）：展示应用提供的相应内容，在整个应用中布局变更最为频繁，其高度为 734px。

值得注意的是，在 iOS 7 中，已经开始慢慢弱化状态栏的存在，将状态栏和导航栏合在了一起。

Android 界面和 iOS 界面基本相同，包括状态栏、导航栏、主菜单栏、内容区域，如图 4-45 所示。

若以 720*1280 的尺寸设计，这个尺寸下的状态栏高度为 50px；导航栏高度为 96px；主菜单栏高度为 96px；内容区域高度为 1038px（1280−50−96−96=1038）。

Android 手机几乎都去掉了实体键，把功能键移到了屏幕中，当然高度也和菜单栏一样，是 96px。

iOS 系统在应用底部放了标签栏，而 Android 系统则把标签栏的内容放在顶部的 Action Bar 处，这是两个系统最典型的差异。

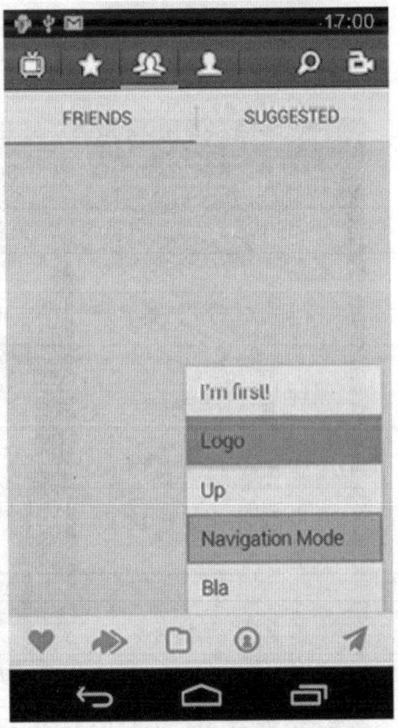

图 4–45　Android 界面

（二）操作栏

iOS 系统工具栏一般处于屏幕的底部，工具栏上的控件等宽放置。因为内容与用来操纵它的控件是相匹配的，所以控件会随着屏上内容的切换而改变。在工具栏上放置当前情景下用户最常用的功能，如图 4-46 所示。为方便用户操作，每个工具栏上的控件大小至少要为 44*44。

Android 系统的操作栏是 Android 应用程序中最重要的结构元素之一，这块区域放置了当前页的用户常用功能。几乎在应用程序的每个界面顶部都有一块专用的操作栏区域。

多数应用程序的操作栏被划分为 4 个不同的功能区域，如图 4-47 所示。

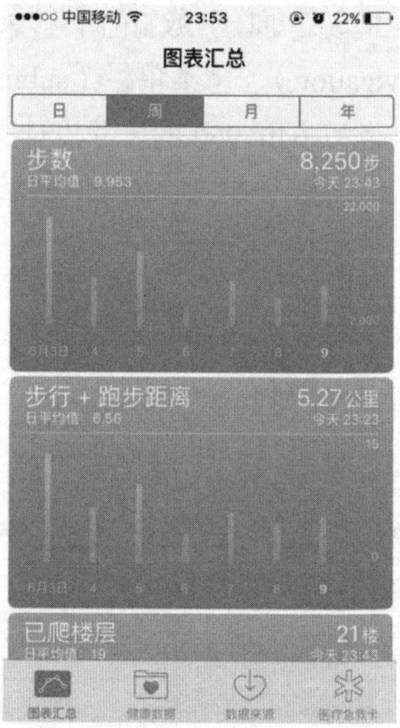

图 4-46　iOS 8 系统健康应用操作栏

图 4-47　Android 系统的操作栏

图 4-48　iOS 系统多任务管理界面

应用程序的图标：图标能够帮助用户对应用程序进行识别，如果当前显示的不是应用程序的最上层界面，要保证在图标左边显示“向上”符号。

视图控件：如果用户的应用程序在不同的视图中展示内容，那么操作栏的这个部分允许用户切换视图。

操作按钮：操作栏里的操作按钮会展示应用程序中最重要的操作。

更多操作：把不常用的操作放到更多操作里。

（三）多任务

iOS 系统通过 Home 键及四指手势激活多任务选择器。大多数程序在转移到后台时，会被挂起。多任务选择器（multitasking bar）中展示着被挂起的程序，帮助用户快速找到近期使用的程序，如图 4-48 所示。当用户重启挂起的程序时，它能够从退出时所在的那个点迅速恢复，无须重新渲染界面。

当用户激活多任务选择器后，左右滑动，可查看更多其他任务；向上滑动时，可删除当前选中的任务。

Android 系统的多任务界面提供了一个在最近使用的应用程序之间切换的有效方式，并有一个独立的虚拟按键，位于导航栏的最右侧，用以显示用户最近使用的应用程序及任务。它们按时间顺序进行组织排列，最后使用的应用程序放置在近期任务界面的最底部。当用户单击近期任务按键并选中任务后，左右滑动，可删除任务，如图 4-49 所示。长按任务，将弹出任务弹框“从列表中删除”和“应用信息”。

图 4-49　Android 系统多任务管理界面

二、导航机制

（一）硬件特性

iOS 设备只设置了一个 HOME 键。在 iOS 中，所有 App 的入口均为图标；所有 App 的出口均为 HOME 键；所有前进、后退等动作均通过虚拟按钮完成。这种设计最大限度地降低了用户的学习成本。

Android 设备多设置 3 个按键，分别是 HOME 键、菜单键和返回键。Android 系统的代码是开放的，因此各品牌的手机都在深度制定属于自己的 UI，返回键位置也不相同，三星手机的返回键设置在右边，Nexus 系列手机的返回键设置在左边。因为硬件有差异，所以App导航设计也有差异。

（二）iOS导航机制

在导航设计上，iOS系统的导航机制是一个位置统一的设计，这种设计的位置感很强。

iOS应用绝大多数情况下只提供单一路径。任何App都只有一个窗口，程序的内容和功能就放置在窗口上。在iOS设备中，用户会感觉程序就是依次呈现的一屏又一屏图像。因此，若已进入iOS系统的一个深层详细页，就需要按多次返回键才能回到主页，如图4-50所示。应用内的导航与系统导航是分开的，iOS应用内一般没有退出选项，都是通过实体HOME按键返回主屏界面及退出应用的（手势支持）。

图4-50　iOS系统导航栏

（三）Android导航机制

Android系统的导航机制使前进和后退都很方便，但有时容易产生概念的模糊。

每种设计有着不同的优势。iOS系统的特点是规矩且稳定，Android的特点则是灵活多变。Android系统的返回键是基于时间轴的，单击可以回到上一个界面视图，如图4-51所示；向上键是基于App逻辑的，点击返回上个层级。

图4-51　Android系统虚拟返回键

在多数情况下，向上和返回单击效果相同，但某些情况下会有变化。如图4-52所示，界面A通过单击灰色区域Book 1，进入界面B，此时单击返回和向上都是跳转到界面A。在界面B中单击灰色区域Book 2进入界面C，此时单击返回和向上，界面都是跳转到界面B。在界面C中，单击Movie 1进入界面D，这时单击返回跳转至界面C，而单击向上则跳转至界面E中。原因是界面D在页面逻辑上从属于界面E。

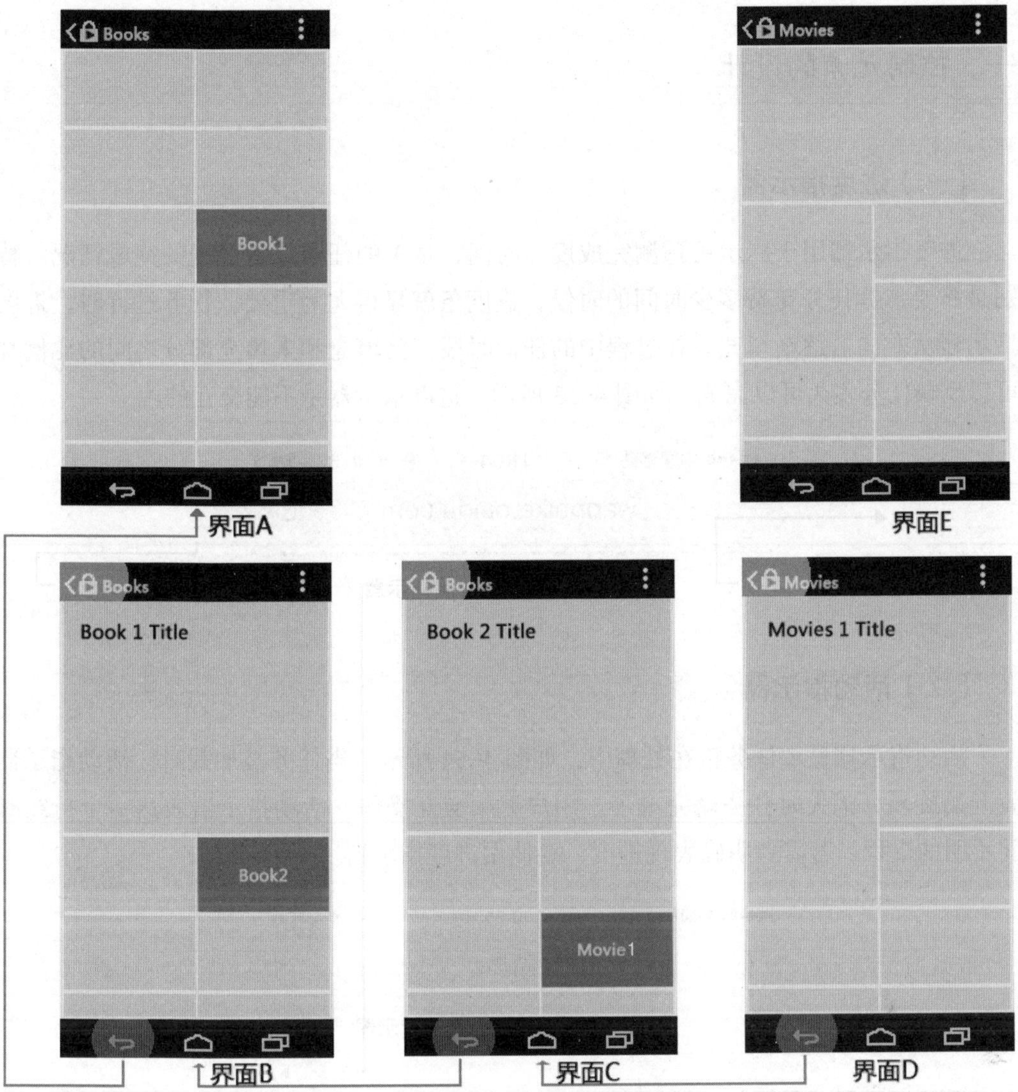

图 4–52　Android 系统交互示例

第三节　设计组件

本章节主要涉及 iOS 手机系统的组件设计和 Android 系统的组件设计。设计组件有以下几个优点：统一制作代码，使逻辑更为清晰；共用界面图片素材，减少资源浪费；批量更换颜色、风格，方便皮肤更换；降低用户学习、操作软件的成本。

一、控制元素的设计

（一）进度指示器

进度指示器用于展示可预测完成度（时间、量）的任务或者过程的完成情况。特别是需要掌握任务花费多少时间的时候，进度条就显得尤为重要。任务进行时，进度指示器从左向右逐渐填充。在过程中的任何时段，已填充和未填充部分之间的比例都可以反映任务多久可以完成，如图 4-53 所示。进度指示器是不能交互的。

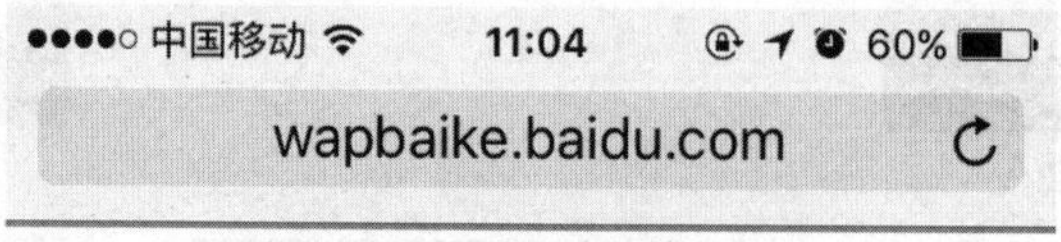

图 4-53　浏览器进度指示器

（二）活动指示器

活动指示器显示任务正在处理中，如图 4-54 所示。当任务被加载时，活动指示器就开始旋转，消失时任务就完成了。用户无须交互操作。活动指示器表达一个持续时间不明的进程。若需要明确表现进度，要使用进度指示器。

图 4-54　状态栏的活动指示器

活动指示器不需要额外设计，使用状态栏上的系统组件即可。可以在界面中自定义活动指示器的颜色与尺寸，使之与视图背景相协调，如图 4-55 所示。

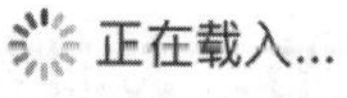

图 4-55　iOS 9 系统活动指示器

（三）刷新控件

刷新控件用于刷新页面内容。常用的一般有上拉刷新和下拉刷新两种方式。这两种方式有很大区别。以网易新闻程序为例，在浏览页面时，使用下拉操作，界面反馈当前页面内容条数不变、内容更新，如图 4–56 所示。而上拉代表加载，一个页面上的新闻数量是固定的，从上往下看，看完一定数量，往上一拉，后面内容继续加载，如图 4–57 所示。

图 4–56　网易新闻下拉刷新

图 4–57　网易新闻上拉刷新

（四）页码控制器

页码控制器可显示共有多少页，当前是第几页，如图 4–58 所示。每一页都用一个圆点展示，圆点顺序与视图顺序一致。打开的视图用高亮圆点表示。可以通过按发光点左右的点，浏览前一页或后一页。

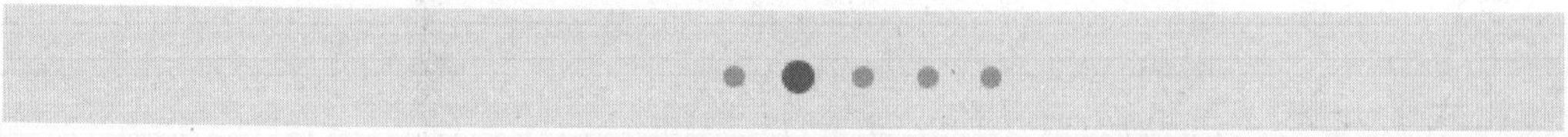

图 4–58　iOS 9 系统页码控制器

一般设计不超过 5 个点，当前页为纯白色不透明的圆点。灰色表示未激活页，为白色 20% 透明度，如图 4–59 所示。点不会因为数量增加而相互挤压，也不会缩小。

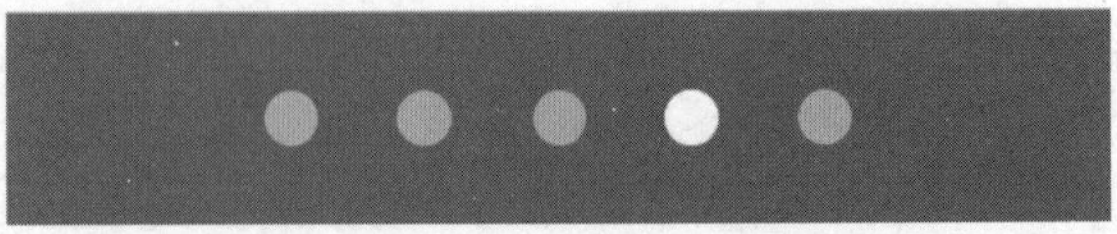

图 4-59 iOS 8 系统页码控制器

（五）滑动器

滑动器包含滑块和滑轨，以及可选图片，用于表现左右两端各代表什么。拖拽滑块时，值会实时连续变化，如图 4-60 所示。用户可以使用滚动条精准控制亮度或音量值。

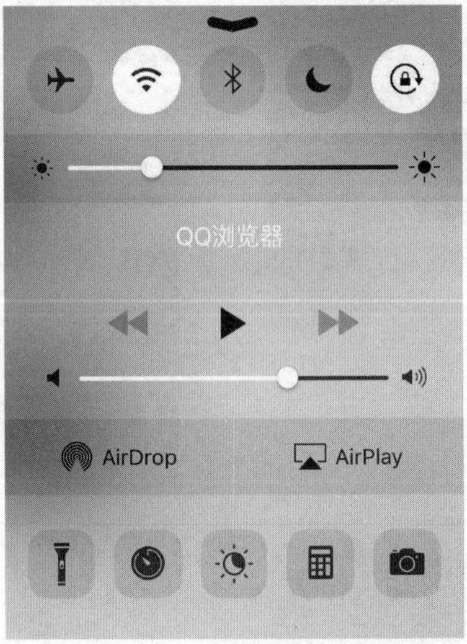

图 4-60 iOS 8 系统上拉快捷键设置界面

参考样式可使用 iOS 8 系统滚动条，如图 4-61 所示，使用应用程序的主色替换系统滚动条中的蓝色。滑动器宽度要与应用界面匹配。

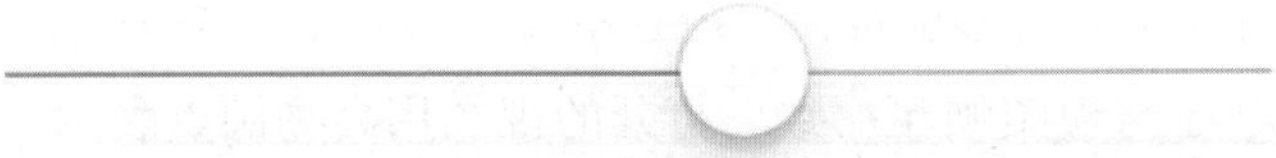

图 4-61 iOS 8 系统滚动条

（六）开关

开关也叫切换器，用于切换两种互斥的选择或者状态，如图 4-62 所示。切换器展示当前的激活状态，滑动控件可以切换状态。可以使用主色调代替开关中的绿色，如图 4-63 所示。

图 4-62　iOS 9 系统蓝牙设置界面

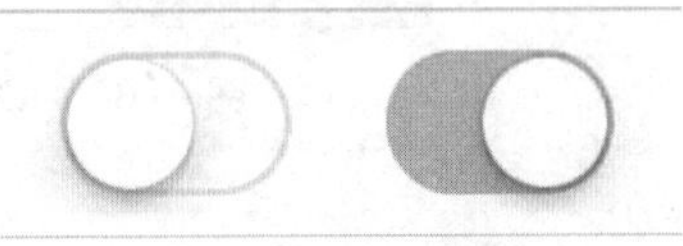

图 4-63　iOS 9 系统开关

（七）步进器

步进器由两个分段控件组成，其中一个显示增加的符号，另一个为减少的符号，如图 4-64 所示。单击一个分段来增加或减少某个值。步进器并不展示更改的值。可以使用主色调替换步进器中的蓝色。

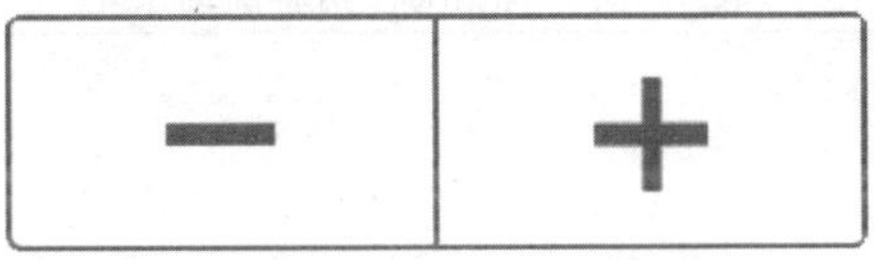

图 4-64　iOS 8 系统步进器

二、筛选器的设计

（一）选择器

在作出选择操作时，选择器使用起来很方便。这个控件的效果类似于 Web 上的下拉菜单，如图 4-65 所示。当了解了整组值的时候，选择器会更加适合。原因是大部分情况下很多值都是隐藏起来的。若不能了解可选的值，那么选择就不合适了。如果要展示大量的值，建议使用表格，表格拥有更大的高度，滚动翻页也会更方便。可以使用系统默认的样式，文字颜色可根据主色替换。

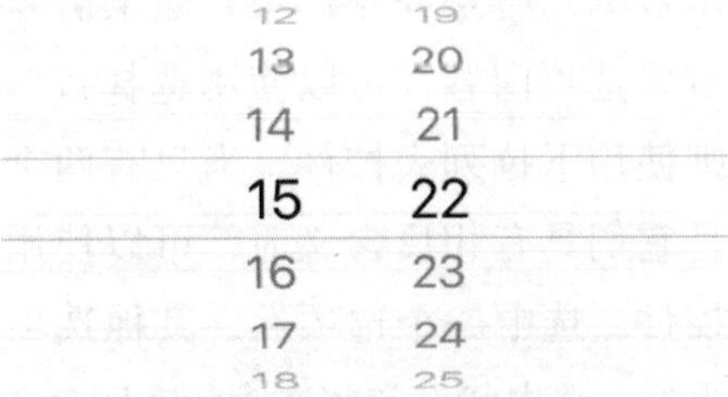

图 4-65　iOS 9 系统选择器

（二）分段控件

分段控件是 iOS 系统的典型控件，如图 4-66 所示。分段控件是一条分割成多段的线，每一段都是按钮，可激活一种视图方式。分段控件长度由分段数量决定，但高度是固定的。宽度根据比例而定，取决于分段总数。单击分段，可使其变成选中状态。分段控件上可以放文字或者图标。

图 4-66　iOS 8 系统分段控件

（三）选项卡

这是 Andriod 系统的一种设计样式，如图 4-67 所示。在一些情况下，选项卡等同于分段控件。在 iOS 系统中，如果选择项在三项以内，会使用分段控件；超过三段时，使用选项卡样式。可以使用系统默认样式，选项卡颜色根据主色替换。

图 4-67　Android 系统选项卡

三、表单控件的设计

（一）单选框

单选框用于互斥但又相关的选项中，能且只能选取一个选项，如图 4-68 所示。单选框数量不宜过多，选项并非用于展示数据，而是程序选项。如果需要展示重要选项内容，可以使用选择按钮，否则使用下拉列表控件。当只有两个选项且它们具有相反含义时，可以使用开关控件。选中一个选项后，其他选项不能再选。选中状态和非选中状态明显不同。

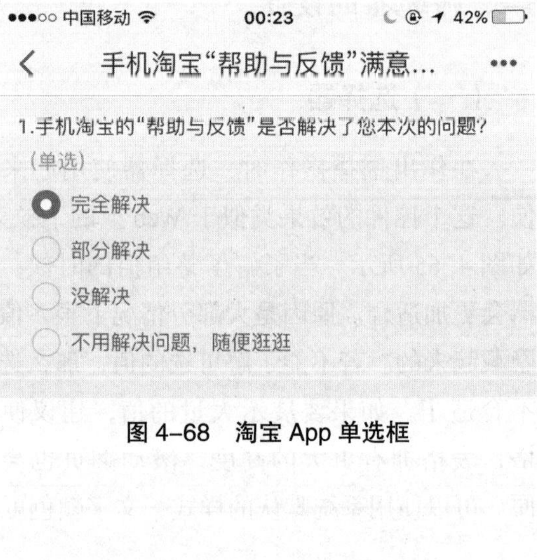

图 4-68　淘宝 App 单选框

（二）复选框

复选框控件的作用是提供一组相互关联但内容不兼容的选项，如图 4-69 所示。可以不选择选项，也可以选择一个或者多个选项。选中状态和非选中状态明显不一样。复选框仅用于切换选项的开关状态，或者选择、取消一个项目。作为基础控件之一，复选框被应用得非常广泛。

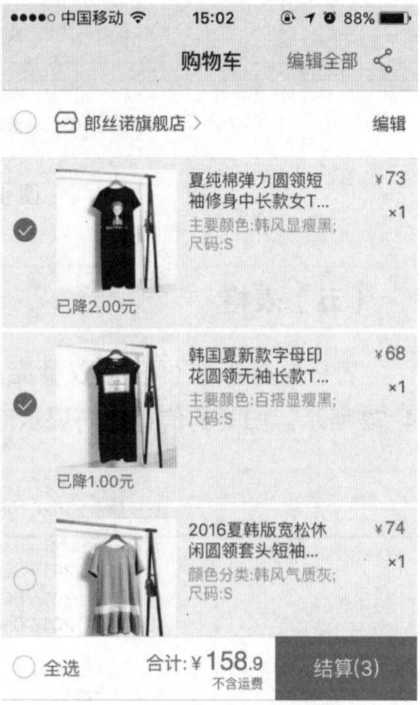

图 4-69　淘宝 App 复选框

（三）文本框

文本框是一个圆角区域，可以输入文本信息，如图 4-70 所示。单击文本输入框时显示键盘。单击回车时根据输入内容进行相应的处理。若能使用其他控件使输入简化，或者使用选择器或者列表，就尽量不要使用文本输入。边框样式设计一般为圆角，也可以是直角，使用灰色描边，文字颜色使用主色。

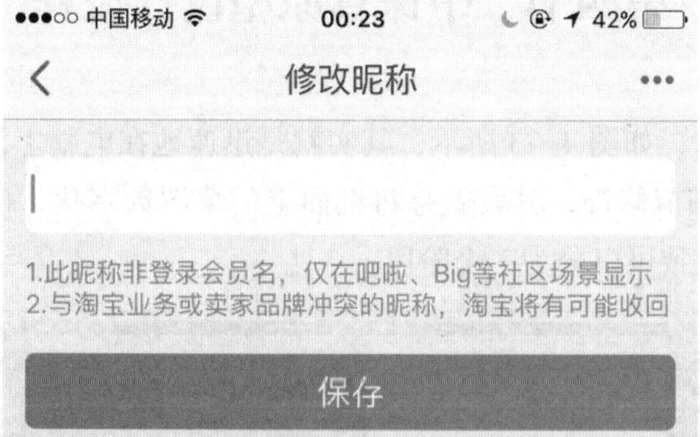

图 4-70　淘宝 App 文本框

（四）下拉框

下拉框也叫下拉菜单，用于在一组互斥值列表中进行选择，如图 4-71 所示。能且只能选一个选项。下拉框排列紧凑，适用于一些不希望强调的选项。下拉框可以节省屏幕空间，并且与其包含的选项数量无关。在一些情况下它与选择器通用。在下拉框中，需要有文字提示，文字左对齐，需要设计下拉菜单的样式。

图 4–71　淘宝 App 的下拉框

（五）表格

表格这种形式可以将数量庞大的信息归类，方便用户筛选出想要的信息，如图 4–72 所示。归类的信息偏向展示而非操作类型。

图 4–72　淘宝订单

第四节　中保真原型设计流程

中保真原型设计，如图 4–73 所示，其实就是迅速地在电脑上设计图形界面。这个过程不需要过多的细节修饰，其实就是将纸面上的草图数字化，使其更容易在电脑上进行修改和补充。大致可以分为三个阶段：

图 4–73　中保真原型设计

第一阶段：需求的整理。

要求：对需求进行总结与规划，首先需要具有一个清晰的思路。这是一个将设计从纸面移到电脑软件中的过程。在重要环节的处理上，要注意选择好界面布局和合理的导航方式，这会直接对操作过程中页面跳转的流畅性产生影响。

第二阶段：数据可视化。

要求：快速描绘与设计出需求方提出的基本概念，整理并图形化。

简单的草图，如图 4-74 所示，可以使思维快速变换，非常适合在前期头脑风暴环节中使用。在这期间交互人员需要不断地与用户或需求部门进行沟通并确认相应的模块是否已经基本健全。

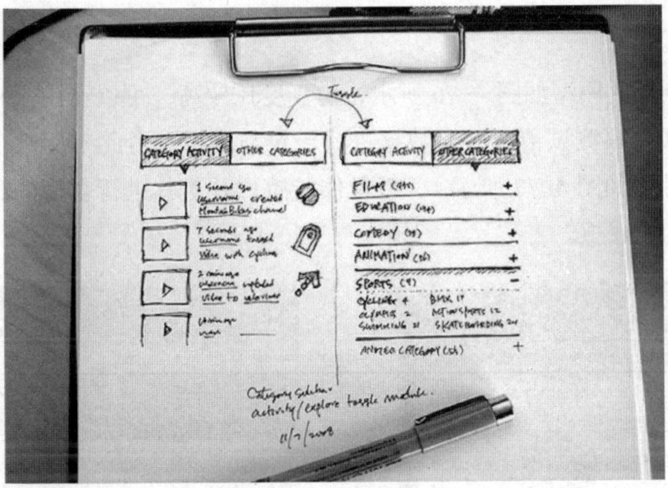

图 4-74 草图设计

设计师在选择好界面布局和导航方式之后就要把纸面上的草图进行细致的调整和排版了。对图形的掌控力和构图能力在这个过程中显得极为重要。包括上一步的布局与导航在内，需要对交互方式、人体工学等整体感进行多次调整与修改。

第三阶段：可用性测试。

要求：这是用户体验设计中极其重要的一步。把设计好的应用原型导入移动设备相册或使用其他类型软件制作成可跳转的页面动画，就可以让一些用户进行测试了，如图 4-75 所示。

图 4-75　可用性测试

由 Axure 制作的原型如图 4-76 所示，仿真度比较高，可以让用户有比较良好的体验。开发人员要观察测试情况并对数据进行记录与分析，由此来测试布局、导航和控件位置的合理性（如图 4-77 所示），以及体验感，并对其进行合理的简化与优化，从而真正做到为用户着想。

图 4-76　Axure 制作的原型

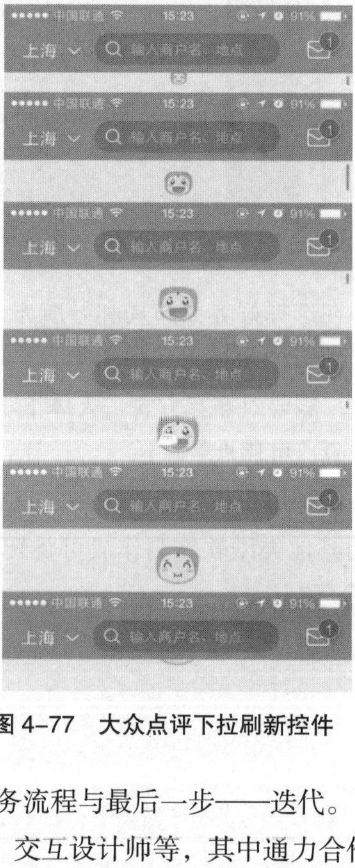

图 4-77　大众点评下拉刷新控件

可以进一步分析收集得来的数据，精确业务流程与最后一步——迭代。

需要参与以上阶段的人员包括 UI 设计师、交互设计师等，其中通力合作将是保证整个原型开发顺利进行的关键。交互人员与用户之间的交流是最重要的，是原型测试成败的关键。

第五节　中保真原型的可用性测试

可用性测试可以帮助我们区分设计思维（为用户而设计）和产品外在视觉特点的差异。

一、定义目标

可用性测试的第一步，是确定预期的目标。目标非常广泛，例如对用户来说，哪种付款方式是最直观的？目标也可以是很具体的，例如哪种表单设计样式（如图 4-78 所示）能最大限度地提高电商的下单量？

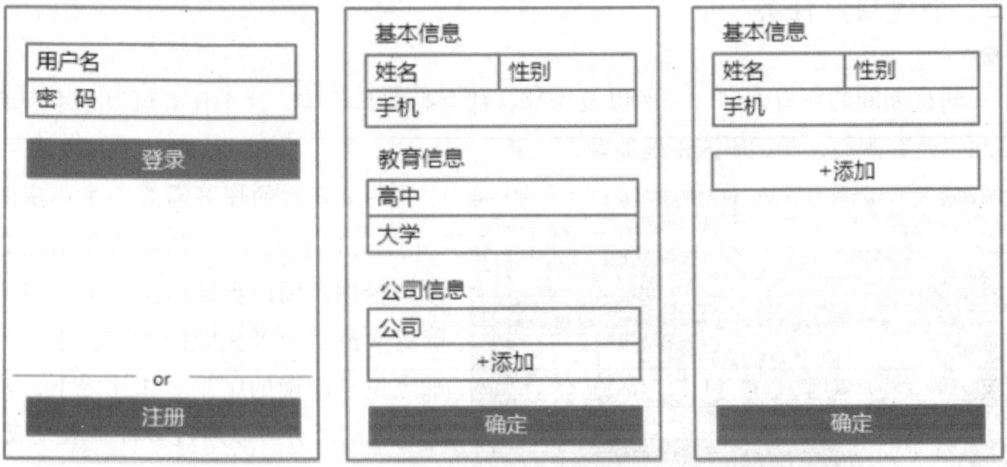

图 4-78　表单设计样式

当然，关于产品，好奇心是很重要的，但这时要注意将每个测试限制在相关度最高的问题上。每个测试都会有一个重要的焦点导向最精确的结果。测试目标越多，犯错的可能性也越大。可以预留一些时间，为团队本身做一些假设，然后尝试回答这些目标问题。

二、选择正确的测试

这里所说的选择正确的测试，是指根据具体的需求选择一种会起作用的测试。本书将测试分为四类：

Scripted：这类测试基于指令组分析用户与产品之间的互动，针对特定目标和个体因素的问题，包括树测试、走廊可用性测试、基准测试。

Decontextualized：适合于初步的用户测试和角色研究，这些测试不一定涉及产品，但是可以用于分析更广义和理论性的主题，针对的是一些涉及创意构成和广泛意见的问题，包括用户访谈、调查、卡片分类。

Natural（or near-natural）：通过在用户自己的环境中分析他们，观察他们如何表现，并且在有限的成本内精确地找准他们的情感，包括字段 / 日记研究、A/B 测试、首次点击测试、beta 测试。

Hybrid：一种混合开发测试的模式，比传统方法更加底层透明化、上层多样化（前段介入、快速迭代）。

在正式决定测试类型前，应该写一个简单的描述，告知团队。若可以制作一份快速规划文档来概述策略，会更有用。

三、创建用户任务

测试期间的所有内容、问题以及措辞，都会影响其反应。这个任务可以是主观的也可以是客观的，测试应该正确地融合二者。

图 4–79 淘宝 App 首页搜索

一个客观的任务需要一个小房间（一个可以容纳 12 人的场所）给用户做解释用，用户会被给到一个可以明确定义成功或者失败的问题，这会带来定量且准确的结果。相比之下，一个主观的任务可以通过多种方法完成。这是“沙盒”风格的任务。这些提供的定性有时也会产生意想不到的结果。

举个例子，如果想要找到用户最自然的浏览网店的方式，可以写一个任务，如“圣诞节前十天，需要为母亲寻找一件礼物”，如图 4–79 所示，就会引导用户使用搜索功能，而不是像平时那样点击窗口。

四、撰写研究计划

研究计划是一份包含所有必要测试细节的正式文稿。在保证简洁的同时，至少应该涵盖七个部分。

背景：用一个单独的段落，描述引出这次研究的原因和事件。

目标：用一两句话（或编号），总结研究希望完成的任务。对目标的描述应该简洁、客观。不应该是“测试用户是否喜欢我们新的结账流程”，而应该是“测试新的结账流程如何影响首次用户转化”。

问题：列出 5—7 个想要研究的问题。

策略：在什么地点，什么时间，怎样运作这个测试。解释为什么选择这个特殊的测试方法。

参与者：形容正在研究的用户类型特点，包括他们的行为特征，也可以为角色附加更多的特征来获得更多信息。

时间轴：记录什么时间开始招募测试用户，什么时间测试开始，什么时间得出结果。

测试脚本：如果脚本准备好了，就把它也放进去。

鼓励团队成员提出一些建议以使测试的结果对每个人都有帮助，这也有助于找到问题的答案。

五、进行测试

得到反馈之后，就要真正开始进行测试了。这里会涉及招募合适的参与者、时间调度安排，以及写一份实际的测试文档。在实际测试时，必须在由测试方主持活动和让用户自主进行测试活动之间进行选择。此外，还可以选择是在现场测试还是远程测试。

不加约束测试：不加约束测试会更便宜、快速、简单地招募用户和安排时间，而且移除了主持人的影响，会产生一个更自然和少偏见的研究结果。缺点是没有机会对用户进行追问，不能引导走入误区的用户走回正确方向。

适当约束测试：有主持人的话，花费会昂贵，且需要更多精力组织，适当约束测试能够引导用户，有利有弊。适当约束测试被推荐用在粗糙的原型上（如图 4-80 所示），或

图 4-80 粗糙的原型

特别复杂的原型上（如图4-81所示）。

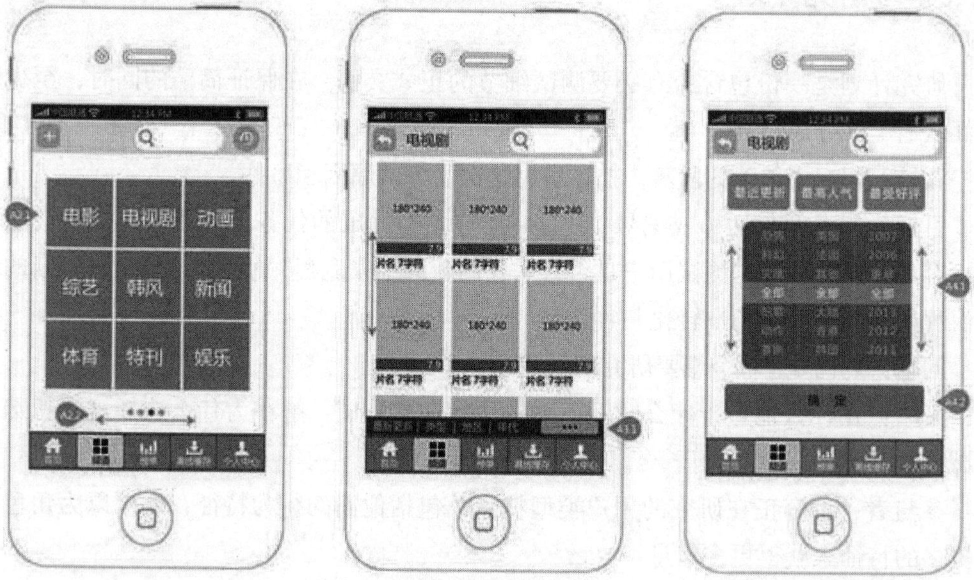

图4-81　复杂的原型

每个测试都有不同的品质和最好的实践方法，以下是通用的建议：

让用户舒适：提醒用户这是在测试产品，而不是功能。一个测试脚本能够在每个测试开始的时候确保发现让人安心的点。

避免干扰：这是为了避免把偏见和没有预测的行为泄露给用户。最好的见解通常来自用户不参与产品设计时。注意变通方法，激励功能改进。

会话记录：这是在诠释结果时的可靠参考依据。

六、草拟快速报告

可用性报告是分享结果的一种方法，以便每个人都能在同一页面上进行分享。为了更好地整理和更容易获得结果，建议建立一个云盘。草拟报告时，需要注意以下几点：

避免含糊："用户不能买合适的产品"这类描述不是很有帮助，因为其中可能有多因素的影响。可能是结账流程过于复杂，也可能是产品列表浏览效果差。尝试从交互、视觉上对这些问题、现象进行解释。

问题优先：无论发现多少问题，都必须分清什么是最重要的。建议分类报告，然后根据重要程度添加颜色标签。记录每一个合乎情理的问题。

包括建议：可用性报告里不包含高保真原型和模型，但是建议进行一些改进。补充书面建议，然后链接到低保真的线框图或原型上。

可用性报告应该是一个文件夹，而不是单个文件。不要忘了包括这些东西：正式的可用性报告、图表、图形和数据、以前的测试文档、音视频资料等。

文档只是一个起点，还应安排会议与团队一起检查可用性报告和相关数据，讨论问题并提出建议。

一旦有了中保真的原型就可以开始测试。有效数据越少，灵感越多。可以早测试，常测试。测试结果可以用在今后的设计中。

思考题

1. 移动产品的设计为什么要遵守一定的规范？

2. 简述 iOS 系统的图标设计规范。

3. 简述移动产品图片设计规范。

4. 中保真原型设计流程是什么？

5. 如何做好控制元素的设计？

6. 中保真原型可用性测试具体有哪些步骤？谈谈自己的想法。

7. 根据第三章的选题，如果是纸模原型，选择一款熟悉的软件并按照一定的规范进行中保真原型设计；如果是电子原型，则对电子原型进行规范化设计。设计完成后进行分享。

第五章　移动产品的高保真原型视觉设计

本章内容思维导图

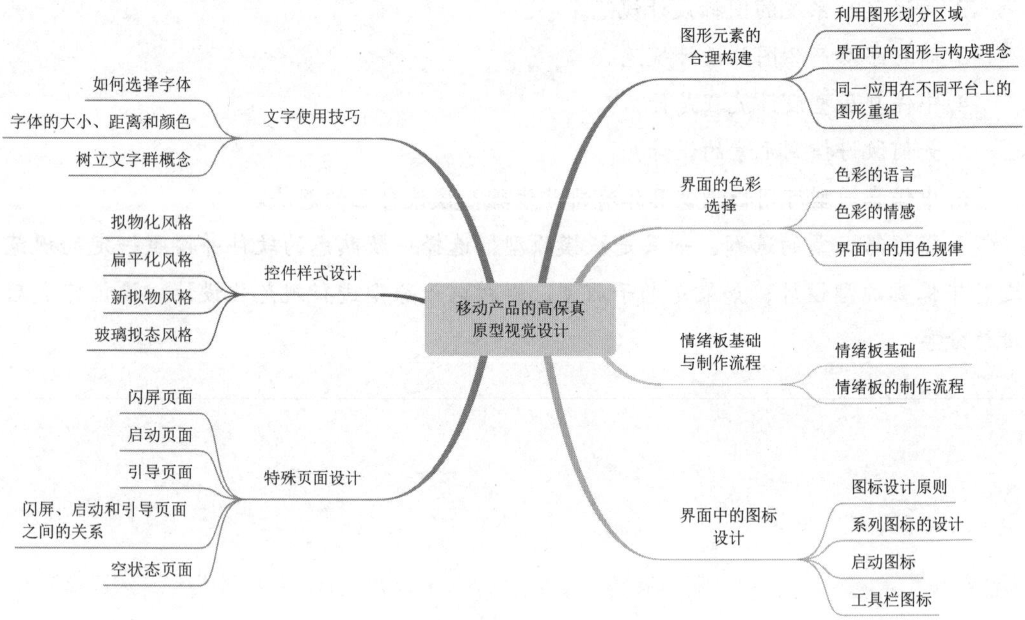

本章要点

1. 界面的布局设计
2. 色彩在界面中的应用规律
3. 情绪板的应用
4 文字的使用方法
5. 界面的视觉设计风格
6. 图标设计的原则
7. 特殊页面的理解与应用

扫码查看
第五章彩图

怎样才能让用户一眼就爱上一款移动产品呢？除了产品的功能，视觉设计也至关重要。好的视觉设计会使用户产生体验的冲动，并且至少能向用户传达两个信息：一是 App 的整体基调，二是 App 的目标人群。

在视觉设计中，图形、图像、色彩、文字、动画、视频是基本的视觉要素，这些要素都可以还原为视觉形态点、线、面，随着用户的操作，界面以及这些视觉形态都在不断变化。在不同层级的页面中组织好这种变化，安排好这些视觉要素，正是视觉设计师的主要任务。通过这些视觉形态达到良好的人机交互与信息传播效果。

在强调视觉设计之前，我们先来认识一下图形用户界面。

图形用户界面（Graphical User Interface，简称 GUI，又称图形用户接口）是指采用图形方式显示的计算机操作用户界面。与早期计算机使用的命令行界面相比，图形界面对于用户来说在视觉上更易于接受。用户的许多操作都可以通过点击鼠标完成，原本复杂难懂的计算机语言在图形界面的包裹下显得十分便捷、易懂，这大大拉近了我们与虚拟世界的距离。从图形界面的角度来看，用户与图形界面的互动过程包含信息的输出和输入。目前，用户界面的种类越来越多，除了台式电脑、笔记本电脑的用户界面，手机已经成为人们生活中使用率最高的界面产品。

进入 21 世纪后，伴随着互联网的快速发展和计算机及移动终端的普及，各种企事业单位都逐步意识到了用户界面设计的重要性，因此，以用户为中心的设计（User-Centered Design，简称 UCD）、用户体验设计（User Experience Design，简称 UED）、可用性设计（Usability Design）、服务设计（Service Design）等相关设计概念成为热词，在产品研发过程中占据重要地位。视觉设计是界面设计中的一个环节，界面是为功能服务的，用户界面的视觉设计也不仅仅是简单地“美化”界面，视觉设计师也需要参与到整个设计流程中，准确把握产品定位及用户心理，严格按照前期的设计框架与设计标准进行设计。这样设计出的界面才能为软件创造用户价值、产品价值及商业价值。

第一节　图形元素的合理构建

我们现在身处一个图形的时代。在我们的生活中，随处可见各种各样的图形，户外的广告、交通安全标志、公共场所的引导标志、报纸杂志中的图形、网页中的动态图形，这些图形都使我们能够快速“读懂”其中内在的含义。

在界面中，我们能够根据图形的排列来划分区域，这使我们可以在同一页面上对功能进行分类。这种将信息模块化的方法确实有效。在有限的界面内进行视觉元素的罗列与安排，这有赖于设计者对图形的合理驾驭能力。

人们通常更容易接受美观的产品并认为它们更好用。日本学者曾做过这样的测试，他们提供了两批自动取款机，这些取款机的界面元素是一样的，但一部分取款机的界面布局不够美观，而他们对另一部分取款机的界面布局及按键进行了规整、美化。结果显示：使用者普遍认为那些界面美观的取款机更好用。可见经过设计美化的界面会给用户带来好的体验。

布局设计是界面视觉设计的核心，主要解决界面的特征表现，以及各类元素、控件和内容如何摆放的问题。界面布局应考虑到人们的浏览习惯、操作习惯，将使用率高或产品推荐的功能键放在用户目光或手容易触碰的区域，而那些使用率低的边缘功能键则可以设置在角落位置。合理的结构可以让用户更快地了解产品，了解哪些功能或按键是主要的，哪些是次要的。

一、利用图形划分区域

（一）网格排版布局

视觉设计首先从页面布局开始，页面布局相当于物体的造型，它是视觉印象的根本。网格排版布局是界面中常用的布局方法，在传统的纸媒中也能看到这种排版，这种方法让整个界面看起来井井有条，通过划分几何区域来区分不同的版块，以每一个界面的一致性来强调整体界面的规范化与统一性，从而更好地展现清晰的空间与组织性。

与传统纸媒中的网格排版不同，设计师可以在划分好的网格中安排标题栏、菜单栏、工具栏以及工作区域等。网格排版布局常常用于产品的主页或导航页，例如手机的导航页，无论是 iOS 平台与 Android 平台规则图标排列中的隐形网格，还是 Windows Phone 平台鲜明的矩形阵列网格都是利用图形进行网格布局设计的。

图 5-1　iPhone 界面布局

图 5-2　Windows Phone 界面布局

界面中的图形分割常常采取等分的形式，等分分解又分为等形分解与等量分解。如图 5-3 所示，等形分解就是分解后的各单位形状或空间形态相同、面积相同，具有严谨的分解线，造型整齐，秩序感强。等形分解可因基础形的不同以及大小的变化而产生许多不同的分解方法，从而形成不同的视觉效果。等量分解只要求分解后的各单位面积比例一样，不要求形态相同。等量分解的画面结构丰富多变，但由于单位面积相等，在视觉上又给人以平衡、稳定的感觉。

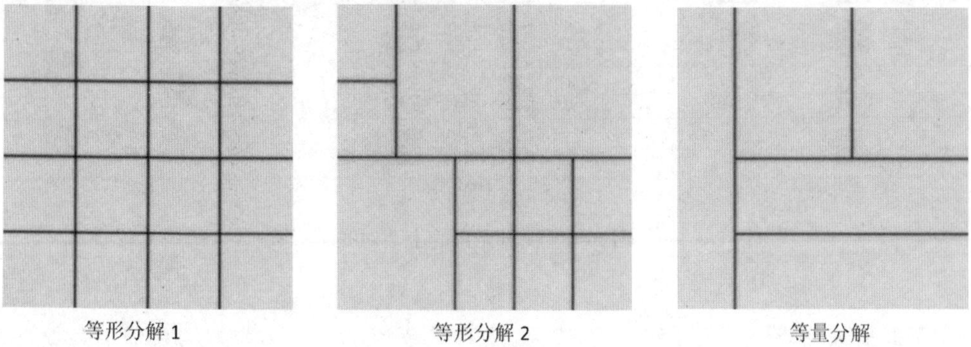

图 5-3　图形等分方式

（二）视觉导向布局

视觉导向布局是以人的视觉流为主导的。此处的视觉流是指人们浏览界面内容的顺序，这是通过对用户浏览页面时进行视线跟踪测得的。一般而言，人们的观看习惯是从左到右，从上到下的。在进行界面布局时，设计师要充分考虑到用户的浏览习惯，遵循视觉流规律，将界面中最重要的内容安排在最方便看到的地方。

据科学统计，人们在对一个页面进行浏览时，视线集中区域呈“F”状。这个区域最容易引起用户的注意。总之，最重要的内容应放置在界面的左上角，这样不管是横向浏览还是竖向浏览，那里都会是最先注意到的地方。竖向浏览的页面，按照内容的重要性从上到下依次排列；横向浏览的页面，按照内容的重要性从左到右依次排列。按照视觉规律对界面中的主要内容和次要内容进行布局，才能达到快速传播的目的。

可以针对不同的需要对以上两种布局方法进行选择。需要注意的是，除了图形的划分，还应强调图形内部的“对齐”问题，不然也会造成界面布局的混乱。

界面元素在位置上的对齐有利于创造和谐的界面组合关系。在内容上，包括界面中各版块的对齐、版块中图标和文字的对齐、文字与文字的对齐、标题栏的对齐等。对齐的方式主要有上下对齐、左右对齐、中线对齐和边缘对齐四种方式。

1. 上下对齐

上下对齐是以界面中视觉元素的上下来对齐的排列方式，分为上对齐、下对齐、上下对齐。上下对齐经常用于竖排版的文字阵列中。

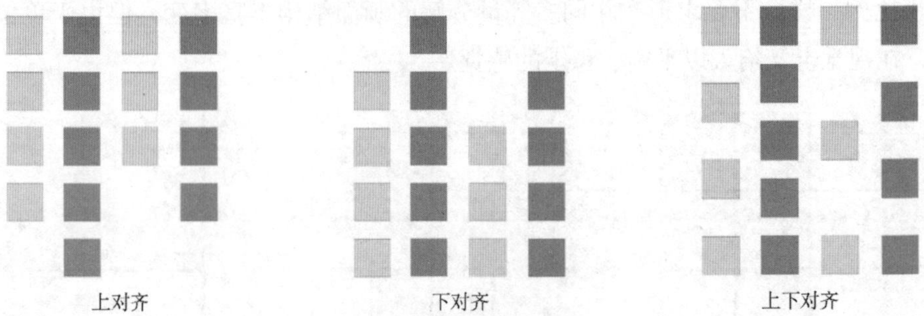

图 5–4　视觉元素的上下对齐

2. 左右对齐

左右对齐是以界面中视觉元素的左右来对齐的排列方式，分为左对齐、右对齐、左右对齐。左右对齐经常用于横排版的文字阵列中。

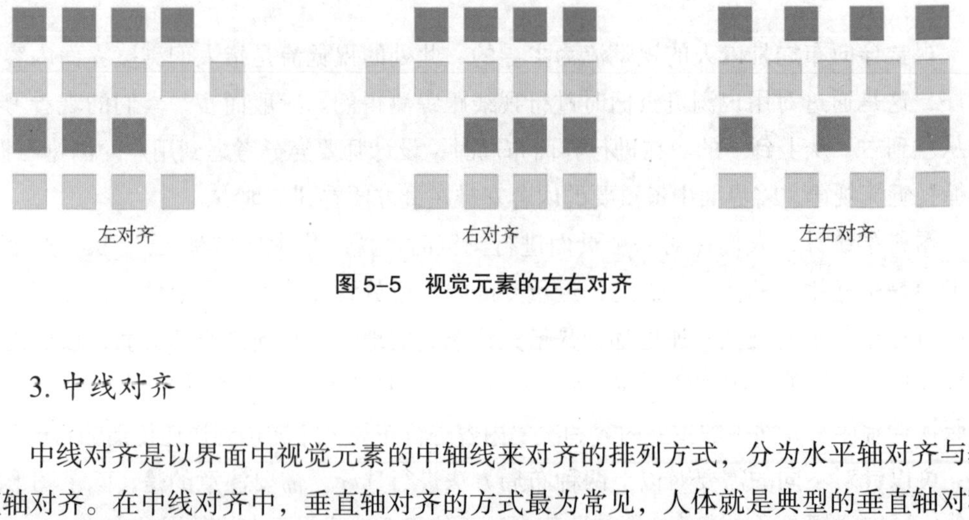

图 5–5　视觉元素的左右对齐

3. 中线对齐

中线对齐是以界面中视觉元素的中轴线来对齐的排列方式，分为水平轴对齐与垂直轴对齐。在中线对齐中，垂直轴对齐的方式最为常见，人体就是典型的垂直轴对称形式。还有许多建筑、装饰都以对称的形式给人以视觉上的平衡感，从而给人带来美的感受。在音乐类应用中，歌词的显示通常采用垂直轴对齐的方式。

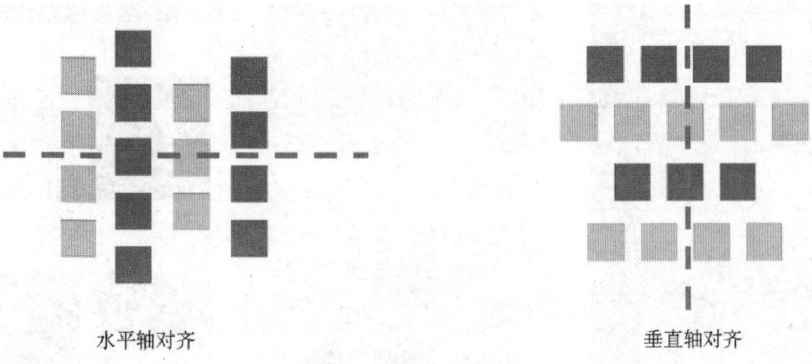

图 5-6　视觉元素的中线对齐

4. 边缘对齐

边缘对齐是以界面中视觉元素的边缘来对齐的排列方式，边缘对齐主要用于大小统一的图形排列。比如在图标阵列中，大小统一的图标就可以采用边缘对齐的方法。但如果图标形状不规则，就适合采用中轴线对齐的方法。

二、界面中的图形与构成理念

数字传媒发展到今天，手机已成为人们使用率最高的界面产品。各种企业、机构都将主战场转向手机端，相对于电脑网页，手机界面由于尺寸的限制而对页面内容的排版要求更高，合理的排版能够增加界面内容的可读性和易读性。设计师需要通过对界面图形的划分对界面信息进行组织安排，其中的取舍在所难免，次要的内容也可以考虑下放到次一级页面，应根据优先级顺序展现给用户一个友好、易用的界面。

手机界面图形布局的主要构成方式有以下几种：

（一）网格式

网格式的排列方式是把整个界面以横竖分割线划分成格子状区域，每个格子展示不同的内容，可以使界面中内容的展示效果统一、规范、清晰，这种形式通常用于同级内容或图标的排列，在首页应用较多，便于导航与查找，例如手机界面的主菜单排列、各种应用的内容分类页等。如图 5-7 所示，美图秀秀的首页设计采用网格式排列，主要功能一目了然；书旗小说的一级页面书架也采用网格形式排列，并且在视觉上做了简单的拟物化处理，看起来既清晰又亲切；英语流利说的一级页面流利吧采用大网格布局，大图大字简单明了，使用户能够快速地查找到自己想要的信息。网格式的优点是简单直观，缺点是层级不能太多。

美图秀秀首页　　书旗小说一级页面　　英语流利说一级页面

图 5–7　网格式界面构成

（二）列表式

列表式有很好的延展性。用户使用手机时通常习惯竖屏观看，这对于横排版的文字来说有很大的局限性。列表式的优势就是可以将内容向下进行无限延展，用户可以通过向下滑动来查看更多的内容，列表式主要用于并列内容较多的排版。这样在布局上整齐美观，浏览起来比较流畅，特别适合需要经常更新的内容页，例如通讯录、新闻页。如图 5-8 所示，微信一级页面通讯录、扇贝单词二级页面扩展包、美团三级页面我的收藏都采用了列表展示形式。列表式的优点是延展性强，缺点是层级比较多，查找比较麻烦。

微信一级页面　　扇贝单词二级页面　　美团三级页面

图 5–8　列表式界面构成

（三）侧滑式

侧滑式是一种隐形的展示方式，它可以实现快速跳转，且不占用固定空间，是目前很多应用都采用的构成方式。如图 5-9 所示，腾讯 QQ、滴滴出行、bilibili 的用户界面都是侧滑式的。侧滑式的优点是可以减少跳转，延展性强；缺点是对用户本身要求比较高。

腾讯 QQ　　滴滴出行　　bilibili

图 5-9　侧滑式界面构成

（四）标签式

标签式也被称作“选项卡”布局，从构图方式上主要分为上标签式和下标签式；当界面是横屏时，也经常会出现左右式标签。标签式在视觉上给人以空间上的层次感，由于它位置相对固定，还可以与其他布局方式相结合，增强操作的便捷度和体验感。如图 5-10 所示，百度糯米首页、大姨吗一级页面姐妹说、支付宝一级页面钱包都采用了标签展示形式。标签式的优点是延展性强，缺点是层级比较多，查找比较麻烦。

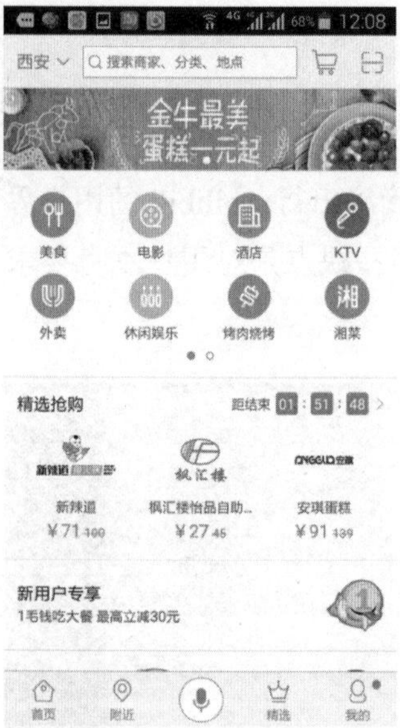

百度糯米首页

大姨吗一级页面

支付宝一级页面

图 5-10　标签式界面构成

（五）大平移式

一次只显示全景图中的一部分内容，通过左右拖动查看其他信息。比如地图或全景图的显示，一屏无法清晰地显示完整效果，跳转界面又会破坏浏览的流畅性和整体感。大平移式能很好地解决此类问题。大平移式的优点是可以减少跳转，缺点是对用户要求比较高，层级不能太多。

（六）不规则式

不规则式是个性化的构成方式，可以是旋转、发射、渐变等形式，在非常规的表现方式下透出俏皮、多变、不拘一格的创新精神。不规则式的优点是个性化、活泼，缺点是延展性较差，对用户要求相对较高。

图形元素将界面划分成不同的区域，除了根据功能需求选用以上不同的构图方式，还要注意，不一定要在图形内部区域将文字或图片内容填得密不透风，恰当的留白更加美观。形式都是为内容服务的，在文字之外多留一点空间，更容易让人们将注意力聚焦在文字上。

三、同一应用在不同平台上的图形重组

由于不同的应用平台使用的规范不同，设计师还需要注意不同平台上的图形重组

问题。比如 iOS 平台的设备没有返回键，就需要在导航栏中添加。不同的平台常用按钮的样式也不同，不重新调整就会使用户产生混乱的感觉。因此，同一应用往不同平台移植时，要根据不同平台的要求重新设计。

第二节　界面的色彩选择

色彩在手机界面的视觉设计中起着举足轻重的作用，设计风格的统一、企业标准色的推广、行业色彩的注入都少不了色彩的调节。既然色彩设计这样重要，那么设计师就必须掌握色彩的语言与搭配技巧，以便配合图形界面进行良好的情感表达。

企业标准色是企业的品牌象征，标准色不但能够加深用户对产品的印象，塑造产品的整体形象，还能够使产品更快地从同类产品中脱颖而出，使用户在看到产品的标准色时直接联想到品牌。比如同样是可乐，红色会让人联想到可口可乐，蓝色会让人联想到百事可乐。

在设计界面色彩时，合理运用品牌标准色同样有利于品牌的推广与传播。在不同层级的页面中设置适当比例的标准色，能够增强用户对手机界面的记忆，进一步增强其对产品的记忆，再配合良好的交互体验，就能使用户建立对产品的情感依赖与信任。

“远看颜色，近看形”。色彩是界面最显著的外部特征，良好的色彩氛围营造有助于用户更好地进入使用情境，通过色彩我们就能够大概判断出软件、网站或者游戏的内容、性质和适用人群。科技类企业通常会选择蓝色等冷色来体现理性与精准，餐饮企业通常会选择橙色等暖色来体现温暖与食欲。在界面交互使用的过程中，色彩还能够指导用户的操作，当操作中出现红色提示时，用户就会考虑是否出现了操作失误。因此，界面中的色彩设计不仅仅具有美化和装饰的效果，还会影响到整个设计的成败。

一、色彩的语言

色彩会说话，你相信吗？人们对色彩的感知比对图形更加直接，色彩是人们首次接触到一款产品时最先抓住其眼球的视觉对象。

在超市的货架前，色彩可能是引导用户选择商品的主要依据。比如不同口味的同一食品会用不同色彩的包装区分开来，红色包装的是麻辣口味，绿色包装的是泡椒口味，黄色包装的是五香口味，消费者无须阅读产品包装上的文字就可以轻松选购。这时的色彩不仅仅是装饰，更是一种符号，能够引导用户的行为。

界面色彩的构建是树立界面形象的重要因素，也是我们享受手机界面美感的重要因素之一。在构建手机界面的色彩世界之前，我们首先要了解色彩，读懂色彩的语言。

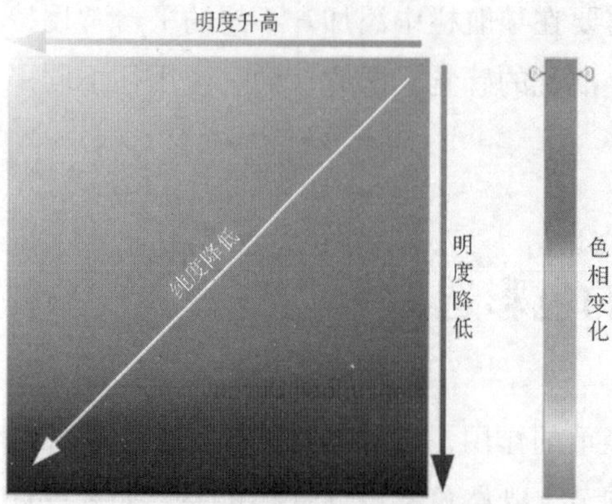

图 5–11　色彩三要素变化示意图

色彩像音符一样，它的语言是可读的，它的“读音”由三个要素组成，分别是色相、明度、纯度（如图 5-11 所示），这也是构成色彩关系的三个最基本的要素。色相是指色彩的相貌，它是色彩最主要的特征。我们平时所说的红、橙、黄、绿、青、蓝、紫，就是七种色相，不同色相的色彩相互调和，就会形成新的色相。色彩的明度就是色彩的明暗程度，明度越高，颜色越亮；明度越低，颜色越暗。明度可以摆脱任何有彩色的特征而独立存在，像我们经常看到的黑白灰设计。同一色相的色彩也会因明度的不同而给人带来不同的视觉感受，色彩的明度支撑着整个界面的“素描关系”，影响着空间结构的表现。在扁平化风格的界面设计中，不同明度、不同色相、不同纯度、不同大小色块的组合常常代表不同的信息主次关系。将平面设计中常用的色彩明度移用到界面视觉设计中，是用来体现层级关系的好方法，可以用色相来显示信息的差异性，用纯度来区分应用程序的前后台。

二、色彩的情感

人的视觉对色彩最敏感，色彩变化牵动着我们的心绪。色彩可以影响我们的心情，调动我们的情绪，表达我们的情感。艺术理论家约翰内斯·伊顿曾说：“在眼睛和头脑里开始的光学、电磁学和化学作用，常常是同心理学领域的作用并行的。色彩经验的这种反应可传达到最深处的神经中枢，从而影响精神和感情体验的主要领域。”交互产品的体验中包含着多种心理体验，不同的色彩搭配也会影响用户产生各种情感。因此，色彩的应用应考虑到文化、感性和理性等多方面的因素。

色彩的表现会很自然地激发用户的感觉、记忆、经验、联想、感情等，甚至使人产生与味觉、听觉、嗅觉等相关的反应，在情感上更是能够起到强化的作用。这些反应被称为色彩心理反应。面对不同的色彩时，人的心理反应是不一样的，因为它赋予了色彩不同的情感，例如冷暖感、软硬感、远近感、膨胀与收缩感、华丽与质朴感等。不同色相、明度、纯度的色彩都会使人产生不同的情感体验。

红色会使人联想到成熟的苹果、火红的太阳、辣椒、鲜血、危险警示灯等。从地域的角度来讲，中国人看到红色时还会想到传统的婚礼和节日。这些色彩与事物的联想可以引发深层次的情感联想，如热情、活力、火辣、炙热、喜庆、自信、性感、能量、危险、禁止等感觉。红色在界面设计中算是比较常用的色彩，因为使用高纯度的红色很容易吸引人们的眼球，所以红色常用于表现喜庆的节日氛围、商场的促销活动，表现活力迸发。明度高的粉红色是女孩子的最爱，而明度低的酒红色则是成熟女人的标志。

橙色会使人联想到橙子、环卫工人的工服，它不像红色那样刺激，但同样具有积极向上的能量感，温暖、醒目，还能让人增强食欲。因此许多餐饮行业在设计界面时都会选用橙色。

图 5-12　红色、橙色主题的界面设计（来源于站酷网站之佳作欣赏）

黄色会使人联想到香蕉、柠檬、蛋黄、权力等。在中国古代，黄色是权力和神圣的象征，是帝王服饰及宫殿的颜色。从感觉上来说，黄色会使人产生活泼、明快等感觉。高明度与高纯度的黄色具有强烈的反射效果，非常鲜艳，甚至刺眼，比较容易吸引人的注意。在针对儿童的设计中，黄色显得俏皮、可爱。

绿色使人联想到植物、环保，看到绿色人们就会想到天然、新鲜、健康。初春的嫩绿色更是给人一种生机盎然的感觉。因此，针对天然无公害食品的设计，绿色是首选色彩。另外，健康医疗类的应用也常使用绿色，因为绿色能传递安全、舒适、希望等含义。

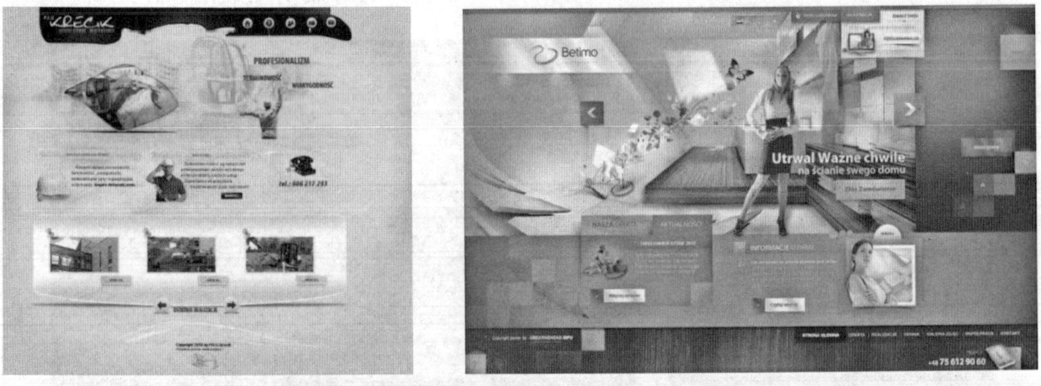

图 5-13　黄色、绿色主题的界面设计（来源于站酷网站之佳作欣赏）

蓝色会使人联想到蓝天、大海、蓝色妖姬，给人的感觉是理性、深奥、平静、冷漠。蓝色的沉稳与低调、理智与精确，长期受到科技产品的垂青，各种宣传册和网站上的“科技蓝”已经让我们目不暇接了。蓝色与橙色分别位于色彩冷暖的两极，在燥热的环境下，蓝色能带给人丝丝凉意。

紫色会使人联想到葡萄、茄子这些天然的紫色食物，同时它是由红色与蓝色混合而成的，因此它兼具红色的性感与蓝色的低调，给人一种魅惑、神秘的感觉。许多女性用品诸如化妆品、护肤品等常使用紫色，随着明度的升高，紫色也会彰显可爱的一面。

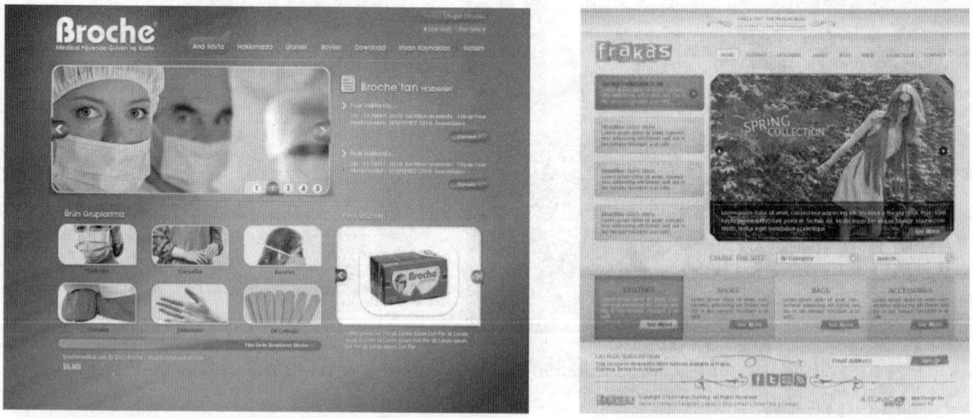

图 5-14　蓝色、紫色主题的界面设计（来源于站酷网站之佳作欣赏）

黑色与白色由于没有任何色彩倾向，所以被纳入了无彩色系。在色彩的冷暖体系中，它们也是中性色。纯净的白色会使人联想到雪花、白云、婚纱、医院等，在心理上给人以清白、纯洁、轻盈、神圣、高雅的感觉。黑色会使人联想到煤矿、黑夜、墨汁等事物，给人带来神秘、沉重、稳定、深奥等感觉，同时容易给人造成心理上的悲伤和恐惧。

灰色由黑色与白色混合而成，也没有独立的色彩特征，属于中性色。灰色会使人联想到水泥、烟灰等，也会给人以朴素、稳重、谦逊等心理感受。正是由于灰色的中立性，人的视觉和心理对它并不敏感，所以有时也会具有抑制情绪的消极作用。

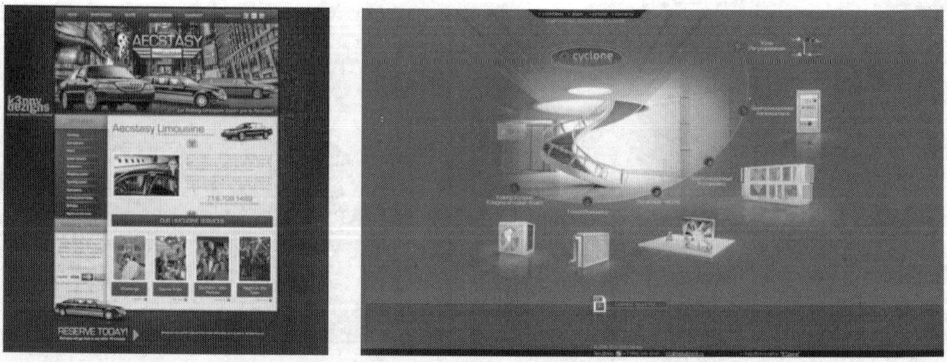

图 5-15　黑色、灰色主题的界面设计（来源于站酷网站之佳作欣赏）

每一种色相的色彩都会因为纯度和明度的不同而给人带来不同的心理感受。总的来说，明度与纯度越高的色彩，就会越鲜亮、越醒目；明度与纯度低的色彩，就会比较柔和、低调。在界面的色彩设计中常常也会用到多色搭配，不同的色彩通过搭配也会使人产生不同的视觉感受。合理的色彩搭配能够使界面功能更加明确、层次更加明晰，也会让用户更加喜爱。关于界面中的色彩搭配技巧和用色规律我们将在下一小节详细介绍。

三、界面中的用色规律

我们在前面已经详细介绍了手机应用开发的前期策划工作，前期的每一项工作对于界面的视觉设计来说都有指导作用，色彩的选择与搭配也不例外，设计师应从用户的审美角度出发进行色彩设计。例如，目标用户是女性群体时，色彩的选择应当针对女性的喜好，或柔和或亮丽；为食品企业做设计时，颜色的饱和度要高，灰暗的界面会影响看客的食欲。设计师在进行色彩设计时要与产品经理沟通，充分考虑市场定位、功能定位、价格定位、目标用户定位、形象定位等诸多因素，尊重行业色彩使用规律，重点迎合目标用户的色彩心理。

图 5-16 是根据不同性别的人群喜好与讨厌的颜色的调查做出的报告图表（此图参考了客户网站分析公司 KISSmetrics 的调查报告图表）。从图中可以看出，不同性别的人群对于色彩的喜好有共同点也有不同点，倘若再加上年龄、职业等因素，那么差异将更多。因此，研究用户的色彩心理对于界面的视觉设计很有意义。在设计风格的表现上，颜色占据了 80% 以上的视觉体验，色彩给人们的印象是迅速且持久的。色彩关系着用户对手机产品的综合评价。在界面色彩设计中，应依据不同消费者的心理需求，采用不同的色彩组合搭配，让用户在第一时间融入使用环境，产生体验兴趣。

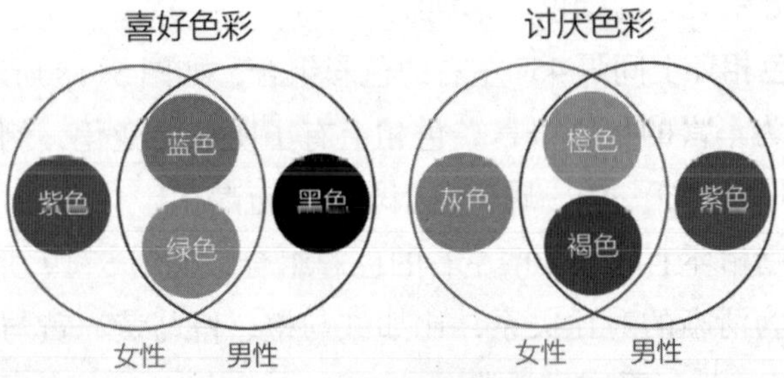

图 5-16　色彩喜好调查

（一）界面中的色彩搭配

界面中的色彩搭配是多种多样的，优秀的色彩搭配没有固定的模式，不是唯一的，但是人们喜爱的界面设计总是符合某种美的规律的，比如界面中的色彩或协调统一；或用色大胆，有张力；或采用流行色，紧跟时尚潮流。统一色调是给用户带来良好印象的最简单有效的方法，不仅有利于用户的心理稳定性的形成，还有利于强化用户对产品的印象。对于屏幕相对小巧的手机产品来说，单纯的色彩会让用户的认知变得简单。即便使用两三种色彩，也最好有一种主色，以免造成杂乱无章的色彩混乱感，从而使用户产生排斥心理。设计师的职责就是把握好色相、明度、饱和度三要素的关系，针对不同的产品设计出不同的色彩搭配方案。

1. 单纯的界面色彩

单纯的色彩搭配（如黑色、白色或是灰色搭配）是目前常见的界面色彩设计方法。这种搭配看起来粗放，实则有一种鲜明的层级效果。目前，扁平、简约的设计趋势使界面在用色上突破了传统，单色设计越来越多地出现在各种类型的应用中。

2. 和谐的界面色彩

设计师为了使界面色彩统一，常常使用同色系色彩进行搭配。差别大的颜色只用作小面积点缀，这种搭配很容易形成视觉上的统一效果，色差小的颜色对比也容易产生视觉上的逻辑层级关系，使内容更加丰富也更加条理化。主色彩的选择应结合市场定位、功能定位等要素，从界面的整体性角度把握色调。辅色应控制在两三个颜色以内，以免画面中出现太多色彩，影响统一的色彩氛围，给用户造成视觉疲劳感。和谐的色彩搭配可以按照颜色在色相环上的位置关系细分为同类色、邻近色、类似色。

同类色是指在色相环上色差很小，夹角在 15° 左右的色彩组合。这种搭配对比柔和，色相相对单纯，很容易产生统一的色彩氛围。图 5-17 是一款名为“脉联 Market”的手机应用，这款 App 主要是针对居家人群对健康食品的购买需求而推出的，界面色彩选用了最能代表健康概念的绿色，单纯统一。

邻近色是指在色相环上间隔 45° 左右的色彩组合，如图 5-18 所示。相比于同类色，邻近色表达出了更为丰富的色彩语言，色相上有了明显的变化，例如橙红与橙黄。但总体来说，色调还是相对统一的，属于色相弱对比范畴。

类似色是指在色相环上间隔 60° 左右的色彩组合，如图 5-19 所示。类似色搭配在色相上表现出了较为清晰的对比关系，比如红与橙、橙与黄、黄与绿、绿与青等。类似色组合既保持了统一性，又丰富活泼。

图 5-17 同类色搭配在界面中的应用

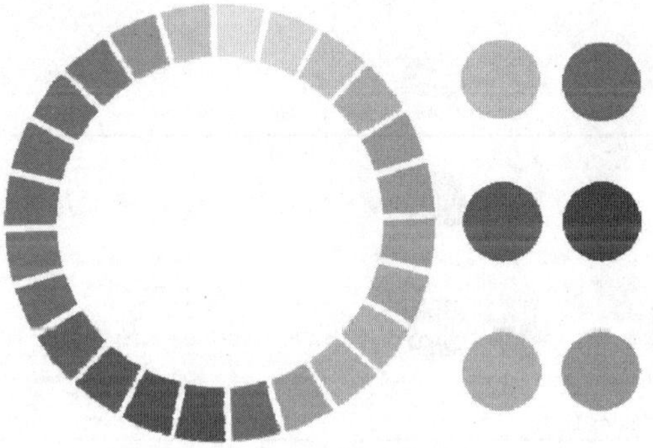

图 5-18 邻近色搭配

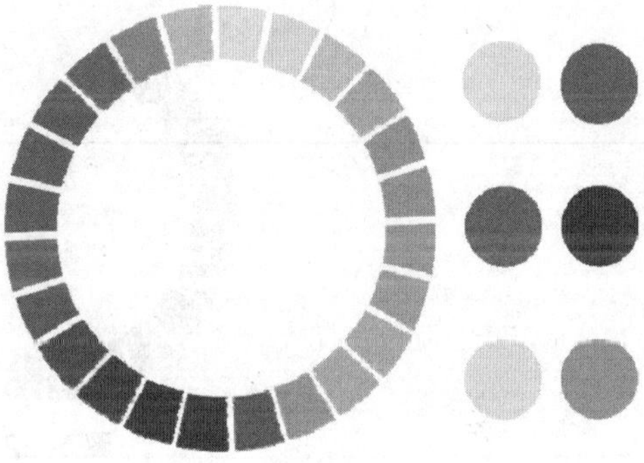

图 5-19 类似色搭配

3. 跳跃的界面色彩

跳跃的色彩搭配即中差色、对比色、互补色的色彩搭配。

中差色是指在色相环上间隔 90° 左右的色彩组合，比如红与橙黄、红与蓝紫、绿与橙黄等，如图 5-20 所示。中差色对比较为明快，属于色相的中对比，能够在视觉上造成小跳跃的感觉。这种活泼的配色方式在界面中经常使用。设计者可根据两色面积的不同来调整主色与辅色的关系。

对比色是指在色相环上间隔 120° 的色彩组合，两色之间跨度大，属于色相的中强对比，如红黄青之间、紫橙绿之间，如图 5-21 所示。对比色组合在界面中会形成跳跃的运动感，让人兴奋起来，在有关竞技体育主题的界面中会产生不错的效果。

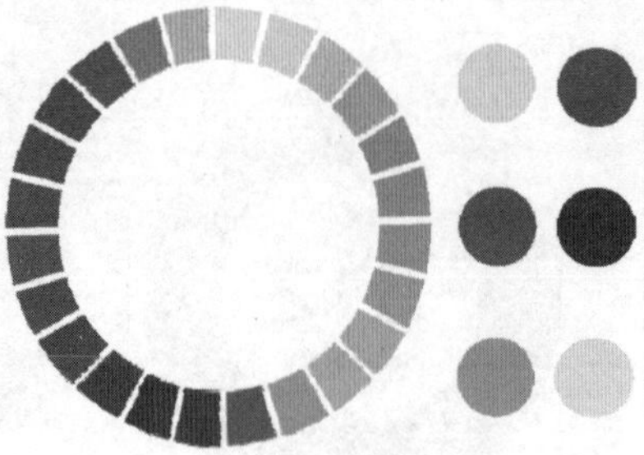

图 5-20　中差色搭配

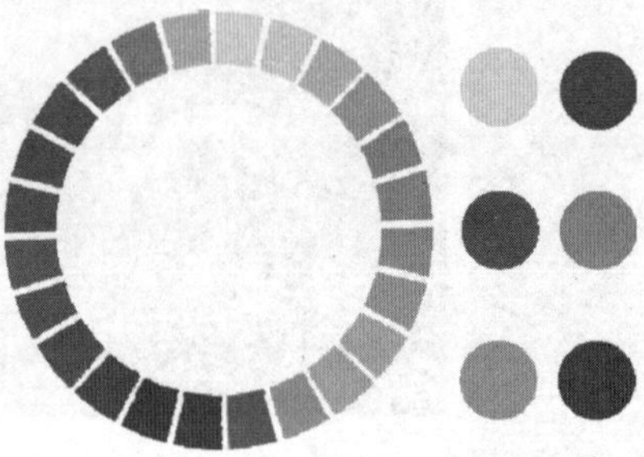

图 5-21　对比色搭配

互补色是指在色相环上间隔 180° 的色彩组合，两色处于色环直径的两端，如红与绿、黄与紫、橙与蓝，如图 5-22 所示。这是一种极端的色彩组合，对比效果最强烈，能够使两色看起来更加鲜明。互补色是构成清晰、明确的界面效果的一个重要的色彩搭配方式。但这种色彩组合视觉冲击力过大，大面积使用容易给人造成视觉和精神上的紧张；界面中的信息会被大块的强烈色彩所掩盖，给查找与阅读带来不少障碍；还会让用户产生视觉疲劳。因此，要谨慎使用大面积的互补色。

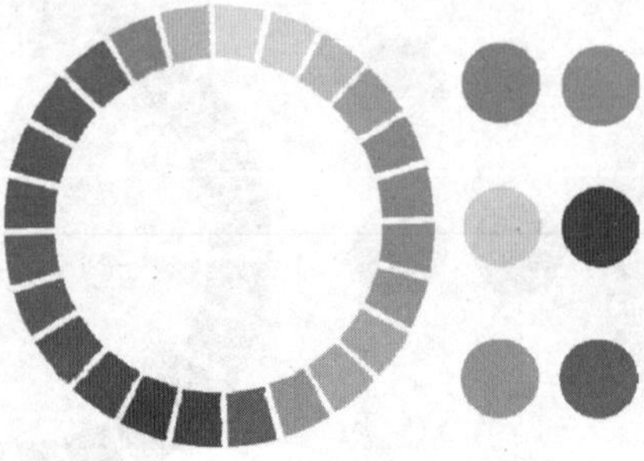

图 5-22　互补色搭配

互补色经常被使用在图标设计中，小面积的互补色搭配可以使图标的视觉冲击力借助色彩凸显出来，图标上的细节也会因颜色的相互衬托清晰可见，能够达到很强的辨识效果。

在跳跃的界面色彩搭配中，除了常用的两三种色彩搭配，还可以尝试使用更多的色彩组合。尤其是在扁平化视觉设计风行的今天，通过艳丽的色彩与用户进行交流已经成为一种时尚，多种色相放在一起，不强调主色与辅色的概念，可以产生一种百花齐放、活力满满的视觉效果。扁平化视觉设计也有它特定的色彩设计法则，比如利用纯色，采用复古风格或同类色。虽然色相千差万别，但可以利用纯度或明度来统一画面。这种流行的趋势，已经得到了大部分人的喜爱。

4. 关注流行色

流行色是时尚的风向标，大多数人都有追随时尚步伐的意愿，服装、饰品、包装的设计师都会关注色彩的流行趋势，界面设计师也应当重视时代的流行色，利用人们的求同心理效应，迎合大众的消费心理。流行现象是现代人消费的显著特征，电子产品作为一种消耗品，更新换代的周期很短，人们也渴望在这种快速的更新中尝试新鲜事物。

（二）手机主题与色彩

手机主题的风格定位与色彩选择有很大的关系，手机主题的风格大致可以分为商务型、亮丽型、可爱型、优雅型、朴素型。

商务型手机主题是商务型男士的最佳选择，他们因为职业、身份等原因偏爱此类主题。商务型主题的色彩端庄稳重，以黑色、灰色、棕色为主，这种色彩氛围给人一种稳定感与信任感，如图 5-23 所示。

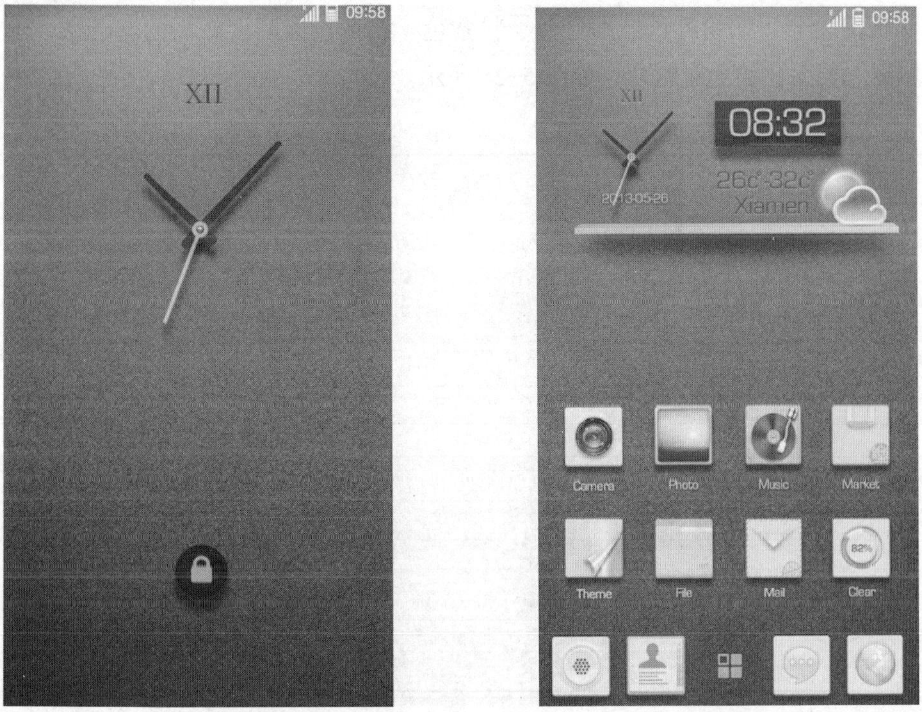

图 5-23　联想手机主题设计大赛获奖作品——Mocha

亮丽型手机主题给人以青春、时尚的感觉，此类主题拥有大量中青年女性用户，色彩丰富，有一种跳跃的律动感，包含多种色相的高纯度色彩，如图 5-24 所示。

图 5-24　联想手机主题设计大赛获奖作品——Ribbon

可爱型手机主题给人以甜美、活泼的感觉，用户多为青少年女性，在用色上多选用高明度的色彩，如粉红色、粉蓝色、粉紫色、淡黄色等明度较高的淡色系，形成一种高明度、弱对比的色彩组合，如图 5-25 所示。

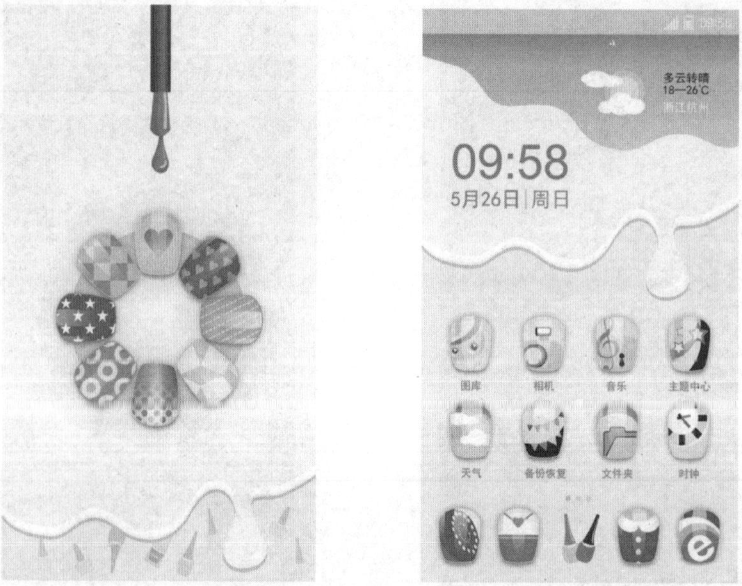

图 5-25　联想手机主题设计大赛获奖作品——阳光女孩炫彩美甲

优雅型主题给人以柔美、典雅的感觉，是淑女和轻熟女的最爱。颜色上以充满神秘色彩的紫色为主，向红色与蓝色两种色相延伸，创造出不同的视觉效果，如图 5-26 所示。

图 5-26　联想手机主题设计大赛获奖作品——星际

朴素型给人以平静、低调、温和的感觉，这类手机主题能够让使用者的心沉静下来，颜色也主要使用纯度较低的各种层次的灰色，如图 5-27 所示。

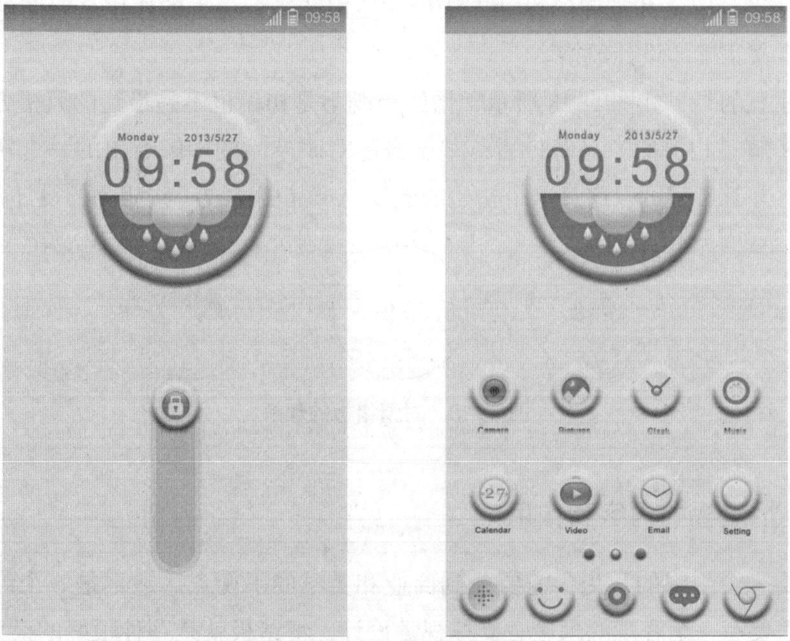

图 5-27　联想手机主题设计大赛获奖作品——Pure

总之，优秀的界面色彩设计是能够增加手机产品附加值的要素之一。随着手机产品的日渐增多，同类产品之间的竞争也日渐激烈，人们在注重手机产品实用功能的同时，开始重视产品外观对精神需求的满足。各种个性化定制应运而生。人们在产品中注入自己喜爱的元素，以达到一种表现自我的目的。色彩作为这些个性化元素中最显著的一个，成为用户体验视觉设计时关注的焦点。

不管是手机 App 的色彩设计，还是手机主题的色彩设计，都没有不可撼动的规则，都要从用户的需求出发。设计师应掌握好色彩的属性和色彩的情感表达，关注国际流行色的变化趋势，适时改变界面色彩的表现策略。在研究色彩设计规律的基础上，尝试创造更有新意的色彩搭配。

第三节　情绪板基础与制作流程

一、情绪板基础

（一）情绪板的定义

情绪板（Mood Board）是由能代表用户情绪的文本、元素、图片拼贴而成的，是常用的表达设计定义和方向的设计方法论。使用情绪板最大的作用是要明确客户真正的需求并定义正确的设计风格。

值得注意的是，如图 5-28 所示，情绪板既不是初稿也不是最终的风格方向，而是设计师在了解了相关的产品背景后，基于自己对于产品的理解给出的一个较为初始的设计建议，并且希望可以通过这个初始的建议与产品侧达成一些相关的设计共识。

图 5-28　对情绪板的理解

（二）情绪板的内容和作用

设计是一个主观的行为，需要找到商业和美学的平衡点。它不是一个纯艺术的表现，因此需要有一个客观的理论去支撑视觉设计，情绪板就是一种很好的设计方法。

情绪板的内容和作用如图 5-29 所示。

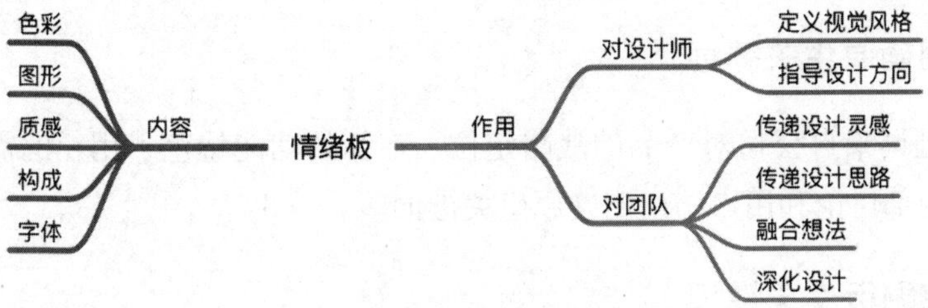

图 5-29　情绪板的内容和作用

（1）内容：情绪板可以帮助我们定义视觉设计相关的五大内容，分别为色彩、图形、质感、构成和字体。

（2）作用：情绪板最重要的作用是定义正确的设计风格。对设计师而言，情绪板是定义视觉风格和指导设计方向的依据；对团队而言，情绪板可以在团队之间传递设计灵感与设计思路，从而使想法充分融合，深化设计。

二、情绪板的制作流程

情绪板制作一般分为六步，如图 5-30 所示。

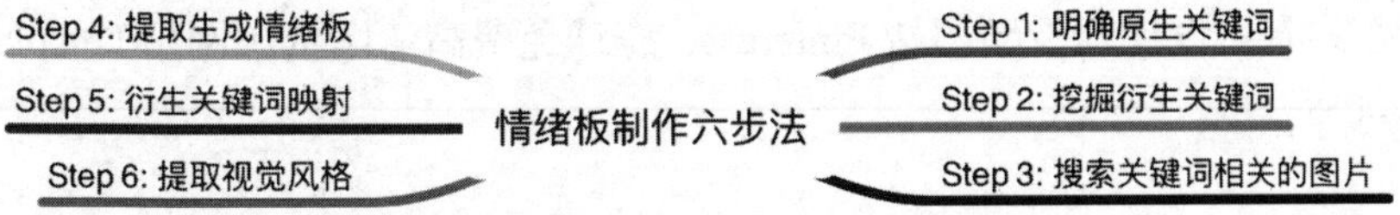

图 5-30　情绪板制作六步法

六步法的具体执行流程如图 5-31 所示，每一步都为下一步奠定了研究和分析的基础，成为视觉设计有力的理论支撑。

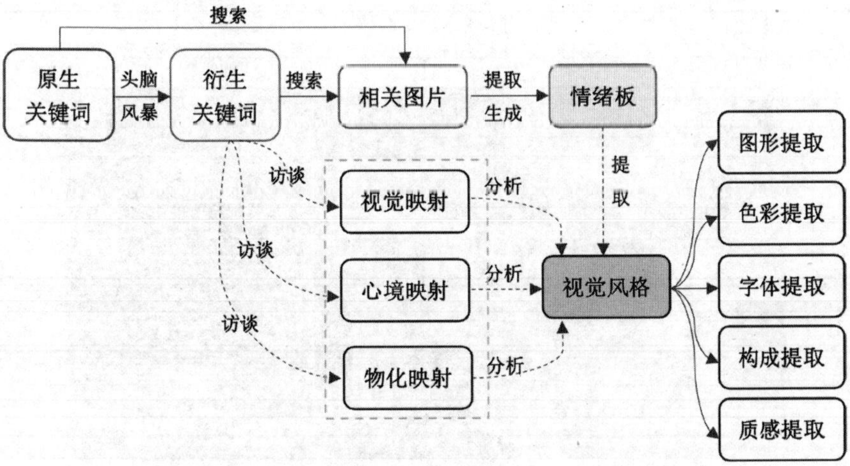

图 5-31　情绪板制作六步法具体执行流程

（一）明确原生关键词

原生关键词来自公司对产品的战略定位、产品的功能特色、用户的需求特征，我们一般通过内部讨论和用户访谈明确原生关键词。

（二）挖掘衍生关键词

挖掘衍生关键词是对原生关键词的发散和提炼，主要通过头脑风暴或用户访谈得出。例如要做一款产品，衍生关键词提炼为“简洁”“时尚”和“舒服”，如图 5-32 所示。以下的其他步骤也以此为例讲解。

图 5-32　衍生关键词

（三）搜索关键词相关的图片

确定好衍生关键词后，利用网络等方式收集与关键词相匹配的图片素材，常用的图片搜索方式有：设计师猎酷网站 Pinterest、全球免费高清图资源网站 Unsplash、摄图网、觅知网等。

（四）提取生成情绪板

将收集到的图片素材，按照衍生关键词进行分类并提取生成情绪板，如图 5-33 所示。

图 5-33　生成的情绪板示意图

（五）衍生关键词映射

将衍生关键词按照视觉映射、心境映射和物化映射三种关系进行收集整理，得到用户理解的“抽象关键词”所对应的“具象定义”，可以用表格的形式进行整理，第一行为衍生关键词，第二行为衍生关键词所对应的词典定义，第三行、第四行和第五行分别对关键词进行具象定义，这样可以更好地理解，具体如图 5-34 所示。

		简洁 succinct	时尚 fashion	舒服 comfortable
词典定义		指（说话、行为等）简明扼要，没有多余的内容	是流行文化的表现。一个时期内社会环境崇尚的流行文化，特点是年轻、个性、多变和公众认同和仿效	身心安恬称意。生命的自然状态及心理上的需求得到满足以后的感觉
用户定义	视觉映射	整齐、明亮、干净、大方、白色、条理清楚、棱角分明、硬、素、冷色、直接便捷	多彩的颜色、欧美范、黑色、个性、主流、复古、简单、干净、大方、潮、另类、shining、摇滚、嘻哈	软的、粉色、米色、可爱、灯光柔和（黄光）、温暖、空旷、绿色、柔和、全棉
	心境映射	清静、早晨雨后、空气清爽、空旷	低碳、慢生活、气场大、街拍、大暴雨天	慵懒、量身定制的、平静、心境开阔、放空的状态、运动、休息、休闲、散步、睡觉、放松、素颜
	物化映射	玻璃、iPhone、一片式连衣裙（无车线）、运动服、google首页、扎马尾辫的女生、没胡子的脸、白板、清澈的水、天空、蓝天白云、白纸、空饭碗、ol装扮、1	配饰、热门词、日本料理、生菜沙拉、ZARA、女人、*VOGUE*时尚杂志、畅通无阻的路、香奈儿秀、帅哥、打牌、T台、iPhone、铆钉鞋、高跟鞋、墨镜	运动服、床、沙发、海绵、拖鞋、轻音乐、咖啡厅、软软的垫子、椅子、电风扇、沙滩、阳光草地、西湖边、家居服、地毯

图 5-34　衍生关键词映射

（六）提取视觉风格

根据第四步生成的情绪板图片，再结合衍生关键词的分析结果，从图形、色彩、字体、构成、质感五方面进行视觉风格的提取，从而形成视觉设计。

图形提取：通过对图形的分析，基本几何图形具有肯定、纯粹的特点，可以很好地体现“简洁”“舒服”和“时尚”的特征，例如圆形，如图 5-35 所示。

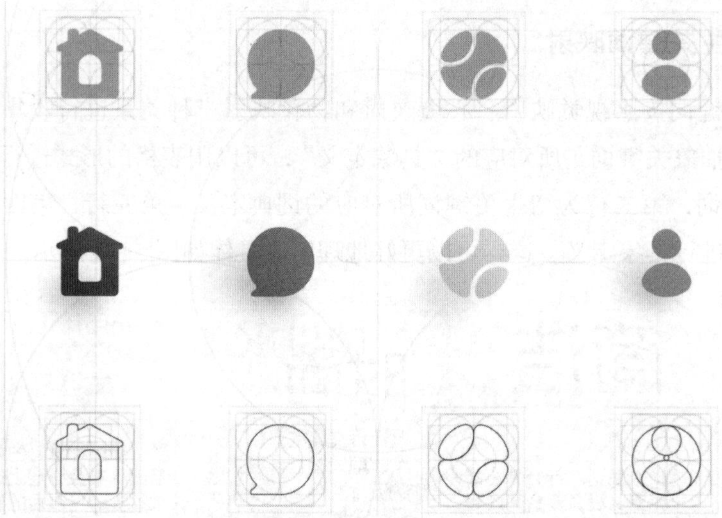

图 5-35　图形提取

色彩和质感提取如图 5-36 所示。

图 5-36　色彩和质感提取

字体提取：通过对字体进行分析，中文字体端庄匀称、字形方正，例如：思源黑体、方正兰亭黑、苹方等；英文字体线条简洁、字形严谨，例如：Helvetica、Avenir、DIN 等，都比较符合“简洁”“舒服”和“时尚”的特征。

构成和质感提取：通过分析，列表型、瀑布流式、留白等的视觉表达直观而强烈，给人简洁明快的感觉，如图 5-37 和图 5-38 所示。

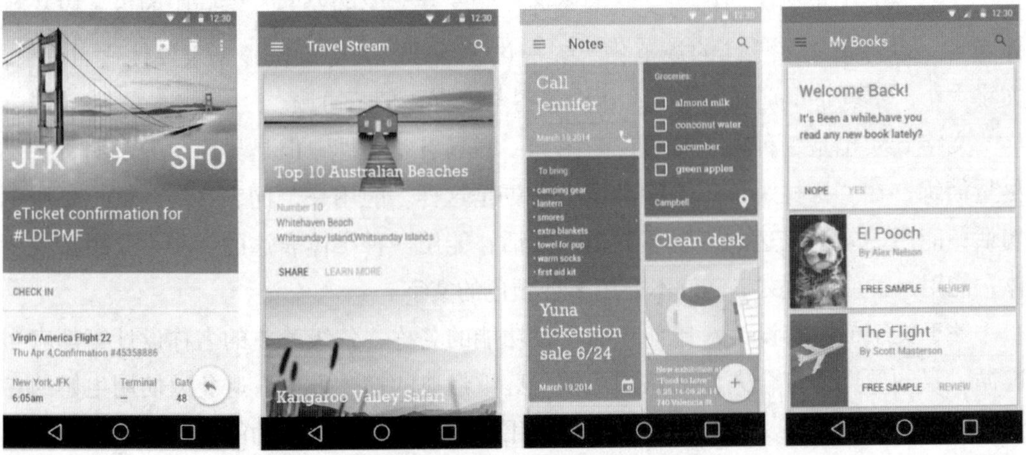

图 5-37　视觉效果呈现（一）

图 5-38　视觉效果呈现（二）

第四节　文字使用技巧

文字是交互界面中人机协调的敏感边缘区域，也是人机关系中的重要桥梁。除了图形、色彩外，它是使用者关注的第三个焦点。

在界面中，能够让用户完成交互的是各种形式的按钮，这些按钮中有些是图标，有些是文字，有些是图标与文字的组合。尽管优秀的图标具有很强的辨识度，但人们还是习惯配合适当的说明文字使用，这样更适合不同层次的用户，便于用户快速查找信息。文字的美观性与协调性需要从整体上把握，特别是在图标与文字组合的设计表现上，对齐尤为重要。图标与文字的对齐、文字与文字的对齐、字间距的设置应从整体考虑，以保证文字设计的规范化、统一化。字号的大小可以根据重要性适当调整，文字太小，不利于识别，但太大，也会显得与图标比例不协调。

文字其实也是一种视觉符号，与图标一样具有审美性，但是界面中的说明文字要尽量简练，在“身材娇小”的移动设备中更是这样。能用一个词表达的，就不要用一句话；能用一句话表达的，就不要用一段话；能用一种字体表达的，就不要用多种字体；能用一种颜色的文字，就不要用多种颜色的文字。

关于文字的内容设计，比如界面中各功能的名称、各级菜单的名称设计等都应当遵循一定的原则，符合人们的认知习惯，尊重经典的描述方式，避免因使用生僻的专业术语而让用户疑惑。比如在各类购物应用中都有“购物车”功能，这个词就非常符合我们的认知习惯，即使是第一次接触网购的用户也能轻松理解该功能的含义。对于文字的内容，也可以根据不同用户的年龄层次、身份特点设计不同的语言，一些针对潮人的应用就可以适当使用流行词汇。

一、如何选择字体

初步接触界面设计的设计师，经常会为字体、字号、字距所困扰。在他们不断调整页面和页面之间、段落与段落之间的文字后，会出现各种不统一，越错越改，越改越错，最终导致界面文字杂乱无章，视觉效果达不到预期要求。

字体既可以成就设计，也可以毁掉设计。界面中的字体不能过于繁杂，应当简洁易懂。要减少菜单文字、图标文字以及按钮上的文字笔画上的细节，去装饰性。说明文字尽量使用同一个字体，强化界面的统一性。

在一般情况下，一个项目设计中最好只使用一种字体样式，最多不超过两种字体。字体变化太多，会显得杂乱、不专业。iOS 系统常用的字体有华文黑体、冬青黑体。在 Android 系统中，常用方正兰亭黑简体。虽然字体单调，但可以通过放大字号来强调文案的重点。

大段的文字应选择适于阅读的通用字体，装饰性强的字体不适合正文而适合标题。在处理标题或短小文本时，可以选用较为新颖的字体；而在处理文本内容较多的正文时，还是选用微软雅黑之类的常用字体更合适。现代主义的观点认为，字体应该像一个“透明的容器”，人们应当关注文字的内容而不是文字本身。扁平化的界面视觉设计迎合了这一观点，在字体选择上也是力求简洁，多采用无衬线字体。无衬线字体，就是笔画中没有额外的装饰，而且笔画的粗细差不多。如图 5-39 所示，常用的中文无衬线字体有黑体、微软雅黑、幼圆等，中文衬线字体的典型代表是宋体。

无衬线体　黑体
无衬线体　微软雅黑
无衬线体　幼圆
衬线体　宋体

图 5-39　无衬线字体与衬线字体

在色彩上，扁平化设计常常采用明亮的色彩搭配，要想在色块中凸显文字，就要格外注意颜色的使用，一不小心就会因为对比度的问题而影响清晰度，造成辨识障碍。我们可以寻找一些比较锐利的字体，首先在字形上减少毛躁效果，另外在色彩上适当加大与背景的对比度，既要考虑到审美需求，也要便于阅读。

二、字体的大小、距离和颜色

界面中的文字除了字体，还要考虑到排版，也就是说，字符大小、距离和颜色都要具有规范性，这样才能达到视觉美观和阅读方便的效果。界面中字体的大小、距离、对齐方式、大小写、色彩、留白等都会影响到页面的整体布局，合理地调整这些要素才能使界面清晰、直接、易读。

在手机 App 的设计中，导航主标题的字号通常为 40px—42px，内文根据不同的层级选用 32px、26px、20px 等字号。在这里需要注意的是，移动端与桌面端相比，不同层级字号的差别要小一些，因为我们的大脑会根据环境来判断重要性。移动端屏幕小，一屏展示的可阅读文字数量有限，文字大小的差异性会被放大。在桌面端，标题可以是正文大小的 2—3 倍，而在移动端通常不超过 1.5 倍。不同类型的 App 正文字号也会有所区别。像新闻类的 App，由于需要突出文字的可读性，正文字号会选择 36px，并根据需要选择性加粗。

列表是 App 常用的展示形式，通常列表中的正文字号为 32px，副文案为 26px，小字为 20px。副文案及小字不仅要在字号上与正文有所区别，同时也可以弱化明度与纯度，这些做法都是为了突出重要信息，增强界面内容的层次感。36px 或更大的字号还可以运用在界面的重要按钮中，比如微信中的“进入公众号”，这样再配合色彩的对比，就大大突出了按钮的引导性。图 5-40 为微信中的文字使用。

图 5-40　微信中的文字使用

大家有没有发现，刚才提到的字号都是偶数。因为在开发界面的时候，字号大小换算是要除以二的，字号一旦产生小数，在字体渲染时可能会因为像素对不齐而造成模糊感。所以，在选择字体大小的时候最好选择偶数的字号。

我们在观看段落文字的时候，习惯按从上到下、从左到右的顺序，这种观看顺序形成了无形的视觉流，视觉流的流畅程度是我们拥有畅快的阅读体验的基础。文字的各种间距决定了视觉流的流畅度，文字的节奏也是阅读的节奏。这些节奏表现为字间距、行间距。

行间距是行与行之间的距离，行距太小，看的时候容易串行；行距太大，会造成不必要的空间浪费。另外，需要注意的是，行距与行宽有关，行宽越大行距就越大，反之亦然。研究表明，舒适阅读的理想行宽是65个字符左右，不过对移动端来说，行宽都比较小，竖屏观看的手机行宽仅仅为20—30个字符。因此，设计时应适当缩小行距。文字间合理的间距应当是字母间距小于字间距，字间距小于行间距，行间距小于段间距。

在移动端界面设计中文字颜色的选择也很重要，我们要根据不同的背景设计不同的文字颜色。从明度的角度来看，背景大致可以分为深色和浅色，黑色和白色是最常用的文字颜色，但在界面中一般不用纯黑和纯白。界面中的文字通常分为主文、副文、提示等，在白色的背景下，文字颜色多选用不同程度的灰色，图5-41是几种常用的文字颜色。重要的文字与背景应形成强烈的对比效果，次要的文字对比效果减弱，这样就会让读者觉得层次分明。不要使用阴影、渐变这些复杂的视觉效果，那样只会制造麻烦。

图 5-41　界面中常用的文字颜色

三、树立文字群概念

在界面中，单独的文字或词组常常被看作一种符号，而段落文字则被看作一个图形，这个图形是由点、线、面构成的：字符是点，句是线，段落是面，这个图形就是文字群。可以把文字群看作一个矩形，在手机界面中，文字群的宽度由屏幕宽度决定，高度则由内容的长短来决定。有时候还可以根据视觉需要编排成不规则的、自由的形状。文字的图形特性在界面中表现得更加突出和多样化，界面可以让文字动起来。“读”文字慢慢转化为“看”文字，文字传递信息的方式已经不局限于文字含义，而是通过形态、含义、色彩的综合作用传递信息。通过这种有意识的文字编排，利用文字群的形式表达，最终完成与用户的交流。

第五节　控件样式设计

一、拟物化风格

拟物化风格是一种设计风格，它让数字交互界面看起来像真正的物体。它通过使用真实世界的语言和元素，如按钮、旋钮、阀门、滑块和锁来吸引用户的注意力。同时，它可以通过使用色彩、形状和尺寸来表达物体的功能和意图，有助于用户快速理解、使用和管理数字界面，给用户很强的提示，物理外观设计告诉用户应该如何使用，如图 5-42 所示。

图 5-42　拟物化风格

设计特点：

（1）通常采用矩形、正方形等几何形状，形状的处理直白简单。

（2）采用完整的画面，不分割。

（3）重视细节，通过细节表达出拟物化的效果。

（4）表现出简单、大方、清晰的特点，多以线条勾勒出轮廓，表面多以曲线表示，以较为复杂的色彩呈现出立体深浅效果。

优点：拟物化设计增强了用户对界面的亲和度和理解度，用户依据直觉便可以获取图标所表达的信息，可以快速上手。

缺点：过于追求逼真的外观以吸引用户，反而忽略了功能和使用体验。相对复杂的阴影渐变弱化了图标所要传达的有用信息，容易让用户产生审美疲劳。

二、扁平化风格

扁平化风格是一种极简设计，延续“少即是多”的理念，避免了复杂的色彩和图形，使界面更加简洁，易于理解和使用。在设计手法上摒弃高光、阴影等产生透视感的制作方法，通过简化和抽象的设计元素直观传递信息内涵。这样的设计方法更容易突出主题内容，引导用户更加关注内容本身，如图 5-43 所示。

图 5-43　扁平化风格

设计特点：

（1）元素极少：采用简约风格，简洁大方，不加入多余的装饰元素，以简约朴素为主。

（2）用色极少：色彩以简单单调为主，清新脱俗，淡雅婉约。

（3）重圆滑线段：圆角元素会给设计带来更加轻快及柔美的感觉，使页面更易读。

（4）重视层次及空间感：特别是空间感，它在设计上采用了比较大的空白间隔，以暂时的空白把元素分隔开，使它们彼此空前联系。

（5）弱化阴影与立体效果：要求元素在页面上更加平滑、安静、自然，这就要求使用较少的阴影及立体效果，以表达出轻盈的感觉，凸显出元素的重要性和清晰性。

优点：风格简约而不简单，突出重点内容，弱化阴影、渐变等一切对用户产生干扰的因素，使用户快速获取信息。

缺点：降低了图标之间的识别度，可能会增加用户理解的难度，降低可读性。

在实际的设计中，通常会将拟物化、3D和扁平化设计结合。如图5-44在扁平化的各种苹果系统图标中，指针式时钟icon仍然保留着。

图5-44　苹果系统时钟图标

三、新拟物风格

新拟物风格是在扁平化设计的基础上增加了立体感，通过投影、叠加高光、纹理、材质、阴影等效果，使之类似于浮雕的效果，使得外观更加美观。颜色多为朴素的纯色，通过少量的色彩点缀出重点，如图5-45所示。

图5-45　新拟物风格

设计特点：

（1）重视科技元素，注重与科技的结合，将设计与科技的结合发挥得淋漓尽致。

（2）强调简约精致，追求极致的简洁感，力求精简且不失美感。

（3）注重技术的融合，将多种技术合理融合，使设计更趋于完美。

（4）追求时尚感，力求将时尚概念融入设计中，使设计更有型、更富有时尚感。

（5）重视创新性，在设计中加入创新的想法，使设计更具特色，更具创新性。

优点：新颖，给用户新鲜的感觉。

缺点：由于新拟物风格更多通过阴影等立体感区分按键和背景，对比度和层级效果区分不明显，辨识度较低，不利于有效引导用户。

四、玻璃拟态风格

玻璃拟态风格是一种比较新的设计风格，它结合了反光玻璃、抽象图形以及自然的形式，生成的效果是梦幻的，拥有特有的流畅性和光滑的外观。这种风格的设计方法通常是模糊的背景加半透明的页面元素。通过调整元素透明度，展现出丰富的层次和磨砂玻璃的质感，整体看上去轻巧又富有时尚感，如图5-46所示。

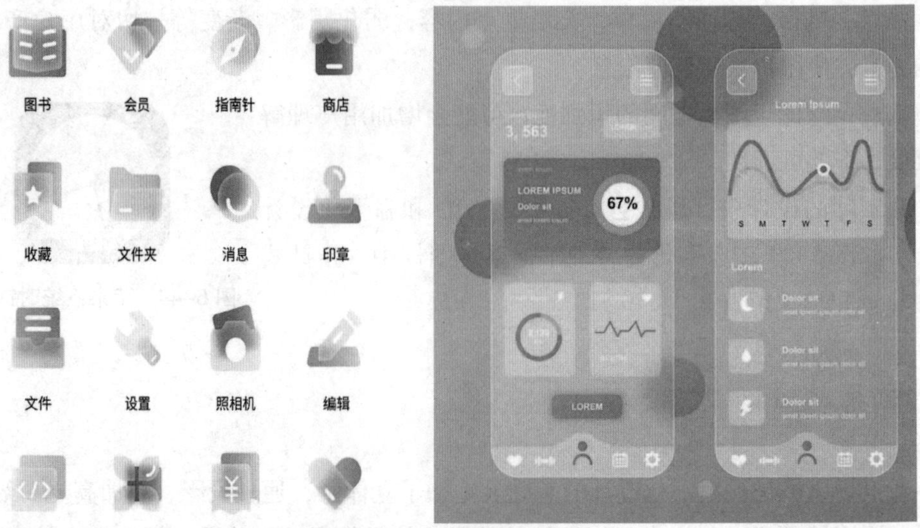

图 5–46　玻璃拟态风格

设计特点：

（1）可以使图片和文字之间更加融合，提高美感。

（2）可以使图片的边缘虚化，使图片看起来更轻，让人感觉更轻松自然。

（3）可以使图片变得更宽敞，给人以透明感，使图片更加精致，更具有现代感。

（4）可以使图像变得扭曲，更有动感，给用户一种看起来比较新颖的感觉。

优点：鲜艳的色彩突出了模糊的透明度，物体飘浮在空间中，通过前后关系表现出了丰富的层次感。

缺点：如果在关键信息上使用这种设计风格，则无法保证设计的可读性，所以这种风格尽量不要应用于过于单调或过于复杂的背景。

第六节　界面中的图标设计

图标，英文为 icon，起源于希腊语“eikon”，原意为图像，字典中将其解释为宗教图腾，该词源自古代宗教，在希腊语中也常常被翻译成简笔画、绘画和图形符号。在应用于界面之前，图标设计本身就是平面设计中的重要课题，它能够展现出设计师的综合能力，衡量一个团队的专业水准。随着科技的发展与网络的普及，人们的生活重心开始转向电子平台，平台上有众多程序等待我们体验，图标就成为我们开启一个程序的第一步，因此图标设计的好坏直接影响到我们是否有兴趣打开这个程序。

图标是交互设计流程中的重要组成部分，它往往是一种好的应用体验的起点。优秀的图标设计应当是某种应用最精确的视觉概括。图标在设计时应满足一些设计原则——易用性、可视性、审美性、规范性，必不可少。文化内涵也是需要设计师参考的一个原则。总之，好的图标设计便于用户理解记忆，能够让用户在初次使用时就可以通过经验与图标良好的指示性完成操作。

一、图标设计原则

一个图标设计要想成功，不仅仅要考虑到美观的因素，还应当考虑到它的实用性。用户对图标含义的理解是否准确？用户对应用的印象是否深刻？图标的引导性是否能给用户带来流畅的交互体验？针对这些问题，我们总结了图标设计的基本原则，即易于识别、方便记忆、保持一致、注意兼容。

（一）易于识别

图标在移动设备界面中承担着功能概括、操作导向等任务，直接影响着用户的操作体验。因此，在设计中应当尽量简洁、直观，避免抽象、复杂，尽量使用容易使用户产生正确联想的图形元素，例如，照相功能用相机表示，闹钟功能用时钟表示，信息功能用信封表示，音乐空间用音符表示等。这些具象联想符合人们的思维习惯，能够引起用户的共鸣，方便用户准确地理解图标含义。

说到识别性，文字所表达的含义应该是最准确的，但是使用不同语言的人很难用同一种文字沟通，人们的认知水平也参差不齐，有时候文字可能就变成了一种认知的障碍。但是图标不同，它的语言是无国界的，图标比文字更直观，也更美观。我们的生活早已离不开图标的指引，通过图标，我们能够在初次进入的商场中顺利找到洗手间、楼梯、安全出口等。优秀的图标能成为文字的延伸，在视觉上具备强烈的可识别性，这就要求设计师用更加准确的造型来强调图形形象，用富有创意的形式来增强它的独特性。

（二）方便记忆

移动设备中往往蕴含着复杂的功能系统，随着硬件以及存储容量的不断提升，存在于设备中的这个系统会越来越庞大，功能也会越来越多。不同的功能要使用不同的图标来表示，以免用户在使用时产生混淆。同时，在手机应用数量众多的今天，为了自己的应用在众多类似应用中凸显出来，除了易于识别，还应当强调特色。特色的建立可以从风格上入手，也可以从图形创意上下功夫，还可以从色彩搭配上考虑。总之，独特的图标设计一定能给用户留下深刻的印象。

（三）保持一致

图标设计的一致性原则是指：同一款应用的工具栏图标风格要一致；同一款应用在不同平台上的图标要一致；在同一平台的不同应用之间图标规范要一致；在手机主题设计中不同功能的启动图标风格要一致。

相对于丰富多彩的App启动图标，系统中的工具栏图标往往容易被人忽视，它们看似简单，甚至有些模式化，但它们在移动界面的设计中却起到了画龙点睛的作用。界面的完美统一，不仅仅是首页的整齐划一，还要保持各级界面及图标的相对统一。图5-47与图5-48分别是三星Galaxy S5与魅族MX4的快捷设置图标，看上去有很多相似之处，但细节的处理还是有所差别。首先，有些相同功能的图标采用了不同的设计，比如屏幕旋转、移动数据、GPS、移动热点等。其次，对于选中后状态的处理，二者利用图底关系做了不同的设计，三星Galaxy S5选择亮起正形，魅族MX4选择亮起负形。

图5-47　三星Galaxy S5快捷设置图标

图5-48　魅族MX4快捷设置图标

应用程序的启动图标设计要与整个应用界面相契合，启动图标、闪屏界面、应用界面、工具栏图标的风格要一致。这样的一致性才能充分发挥启动图标的引导作用，让它与应用程序组成一个完整的形象。如图5-49所示，“叽里呱啦儿童英语”的启动图标选用鹦鹉作为主要设计元素，用弧线及少量直线分割图形，以7种高明度色彩均匀填充，风格上有鲜明的扁平化特征。在形象上通过头身比例突出的可爱的小鹦鹉、脱口而出的“A、B、C”点明该应用的主要功能。随后的闪屏界面与启动图标相互呼应，并做了延伸设计，在导航界面中“磨耳朵”“看动画”“玩单词”“读绘本”的图标设计都沿用了扁平化风格，但填充时加入了微妙的渐变及投影，在简约的基础上丰富了视觉效果。

图 5-49 “叽里呱啦儿童英语”——启动图标 / 闪屏界面 / 导航界面

试想一下，如果启动图标是扁平化风格，而导航界面又是写实的拟物化风格，那必然会给人格格不入的感觉。同一级图标的风格和大小要保持一致，对齐也不能忽视，这样才能在视觉上达到真正的统一。

在手机主题设计中，强调图标风格的一致性有时也会导致图标设计走入困境，尤其是在主题性很强的图标设计中，一味追求风格统一必然与人们公认的高识别性图形形成矛盾。图 5-50 中的这组图标设计，如果没有文字提示，我们很难正确理解“设置”及“文件”图标。我们能够感受到作者极力将大家公认的图形与自己的“风格”相结合，并且取得了不错的效果，但他还是遇到了棘手的问题，这也许就是设计者永远都无法回避的共性与个性的平衡问题。如果不能准确地通过图标传达功能含义，使用户产生困惑，那就使图标失去了导向意义。当然，图标可以附加简要的文字说明，这也是目前设计中常用的方法，略有疑惑的图标配上文字后就能让人一目了然了。

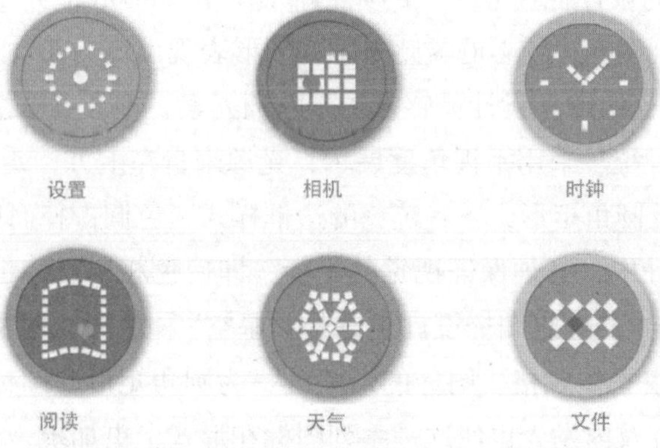

图 5-50 主题图标设计

（四）注意兼容

图标的兼容原则主要考虑到同一图标有时会在不同的环境下显示不同的大小，设计时如果只考虑在某一尺寸下的显示效果，就有可能会导致其在别的尺寸下显示时产生模糊感。因此，注意图标的兼容要求设计师反复测试、不断调整，尽可能使作品在任何环境下都能呈现出醒目的视觉效果。

此外，我们还要考虑图标在不同背景上的使用效果。很多人都喜欢不定期地更换背景图案，各个商店内的主题多种多样，我们无法掌控图标的使用环境，所以我们只能积极地适应，让作品尽可能适用于多种背景环境。经验告诉我们，明暗对比强烈的图标能够更好地适应不同的背景，明暗对比较弱的图标容易受到背景的干扰，影响辨识度，尤其是颜色跳跃、对比强烈的背景会使弱对比的图标难以辨识。

二、系列图标的设计

格式塔心理学告诉我们，当大量视觉信息进入我们的眼睛时，眼睛会把形状、大小、肌理、颜色、方向上近似的视觉元素归为一类，进而简化对视觉信息的识别。系列图标的设计也应当遵循心理学原则，系列中每个图标的样式、风格、大小、颜色都应该有共性，这样才能形成系列化图标。

图标样式包含图标的造型、透视的角度和方向。对系列图标来说，透视角度必须一致。在拟物化的设计中，图标通常为立体化造型，透视角度的统一就显得尤为重要。透视可以分为平行透视、成角透视、斜角透视三种方式，一致性的透视角度形成系列图标的基本规范。扁平化风格的图标设计虽然不强调透视与视角，但是经常使用简单的投影效果，因此要注意投影的角度、距离、大小、色彩等参数的统一。

设计离不开联想与想象，联想的基础在于某一相关事物，我们可以把它看作灵感的来源。系列图标的设计往往有统一的灵感来源，比如海底世界系列图标、甜品系列图标、可爱动物系列图标，统一的灵感来源使图形表现出统一的时空背景。

在图 5-51 中，这组图标设计灵感来源于欧洲元素，饱含着浓浓的复古情怀。图标采用三维软件绘制，统一采用平视角度展示，光源来自左上方，是典型的拟物化设计。图标的形状统一为反圆角矩形，还有统一的边框样式，色调古朴而稳重。

在系列图标设计中，必须保证视觉的平衡，即使色相丰富，也要在明度或纯度上协调统一。图 5-52 中的这组图标设计主题是“星空”，色彩相对丰富，但是以蓝紫色调为主，有些许的扁平化风格。图标的形状统一为圆角矩形，图标底部有风格统一的斜线包边装饰，渐变及内发光也使这一系列图标在形式上更加统一。

图 5-51　手机系列图标设计——罗马记忆

图 5-52　手机系列图标设计——星空

图 5-53 是中国风系列图标设计，视角表现为俯视，光源来自正上方，材质上主要采用木质纹理，灵感均源于中国传统元素，掌中乾坤（浏览器）、一叶知秋（日历）、天工开物（设置）、暗夜萤火（手电筒）……带我们品味深厚的文化。

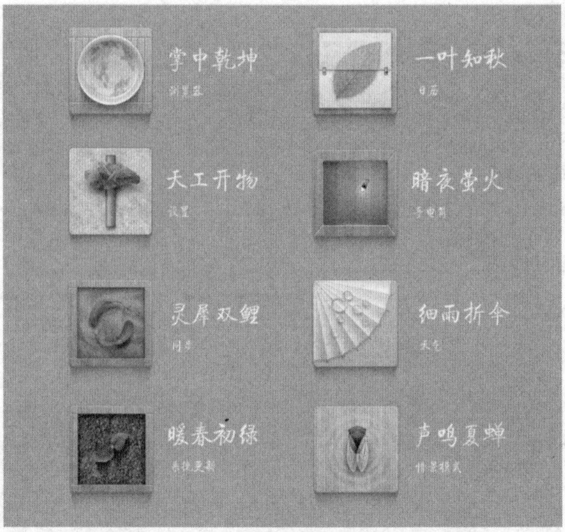

图 5-53　手机系列图标设计——华晓

在系列图标的设计中，色彩的选择、色彩氛围的掌控、图标的样式和大小都需要规范。如果是有规定形状的外框，就严格统一标准。如果系列中的每个图标形状不同，也应当限定高度与宽度的范围。在色彩上应当交相呼应，一色多用的方法经常在系列图标设计中使用。利用主题色调来统一色彩也不失为一种好方法，色彩在界面中的使用规律同样适用于系列图标的用色。

三、启动图标

启动图标是 App 给用户的第一印象，一定要抓住用户的眼球，让用户在应用商店第一眼看到它的时候就有想要下载的冲动。启动图标可以是夸张的，可以是可爱的，也可以是神秘的。总之，设计师有责任让它变得充满魅力。如果启动图标的视觉效果不够美观，可能就吸引不了很多只看"颜值"的用户。

设计启动图标时，建议大家先在速写本上或是利用数位板在电脑上进行草图创作。正式制作之前先画草图并不是增加负担，而是为了提高效率，少走弯路。把想到的点点滴滴的方案都记录下来，有些可能需要深入研究，有些则可以直接放弃。还是那句话，好设计是改出来的。所以接下来要不厌其烦地反复推敲，不断修改。画草图的过程可以使你对整个设计更有感觉，具体说就是更有兴趣、信心、把控力。如果不绘制草图，直接进入正式制作，极有可能导致制作过程不那么顺利，各种不确定情况会让你束手无策，难以施展才能。

在草图设计阶段，要扫描在纸上绘制的草图，将其导入软件里，进行更细致的制作。软件能够使我们所绘制的图标尺寸与预期的分毫不差，在对齐、对称、复制等方面也为我们提供强大的支持。目前，技术的问题都不是问题，大家可以通过学习攻破技术难关，通过使用各种软件基本上能够达到我们设想的效果。常用的图标绘制软件有 Adobe Photoshop、CorelDRAW、Adobe Illustrator 等，还有 3ds Max、Autodesk Maya 等三维设计软件。软件的选择主要是由设计师的使用习惯以及作品设计要求来决定的。软件只是完成设计师构想的一种工具，最终呈现出的图标视觉效果才是最重要的。

启动图标的设计主要有以下几个步骤：

（一）了解产品

启动图标是产品的形象，因此一定要体现出产品的精髓，考虑到产品的主要功能、主要特色、主要消费群体。在这一阶段还可以参考前期调研的资料，力求让图标有着直观的形象，与产品紧密地联系在一起，对竞争产品 logo 的分析与借鉴也必不可少。相关的成功产品是如何与大众沟通的？它们的亲和力是怎样体现的？分析和探讨这些问题，能够帮助我们少走许多弯路。当然，一味模仿是不可取的，用户对于“山寨”的东西总是有些嫌弃的。只有取其情感交流的精髓而独创外在之形式，才可能让自己的设计更胜一筹。

（二）元素选择

1. 准确隐喻

图标构成元素的选择是图标设计成败的关键环节，它肩负着图标表意的主要责任，元素选择不准确，就会造成理解障碍。正确的元素选择会让用户直观、准确地理解图标含义，主动消除用户疑虑，给用户良好的体验感。我们在应用商店中会看到几十个相机类应用，其中 80% 以上都采用相机镜头为元素进行再设计，如图 5-54 所示。这就是非常恰当的设计元素，以至于众多设计师宁愿在经典的夹缝中寻求生路，也不愿意另辟蹊径。

图 5-54　以相机为元素的图标设计

启动图标元素的选择要做到隐喻准确，符合大多数人认知的元素才是最佳选择。前期可以做相关调研工作，不能凭自己的想象揣摩用户的心理。尤其是针对较大用户群体的产品，不能只考虑部分用户的喜好，而是要综合考虑多数用户的需求，选择具有大众认知和审美的元素。不要选用容易产生歧义的元素，争取让用户看到图标元素时，就自觉联想到该应用的主要功能。比如看到以钟表为元素的图标时，大家都会不约而同地想到时间和闹钟功能。因为钟表是大家在生活中司空见惯的物品，在人们心中钟表与时间之间已经建立了密不可分的联系。这样的元素放在界面中是再合适不过的了。

2. 少胜于多

有时启动图标的设计元素一个不够用，需要多个元素。设计者应当在数量上有所控制，一般元素不要超过三个，越少越明确，元素过多会让图标变成小幅图画，显得杂乱。另外，如果选择两种或两种以上的元素，一定要有主次之分，不可平均分配，要通过体积、色彩、位置等凸显主要元素，次要元素辅助表意，切不可喧宾夺主。图5-55是两款地方性医疗应用软件的启动图标，左图使用元素较多，有文字、十字、楼房、手臂；而右图只使用了十字和地名首字母两种元素。通过对比可以发现，使用较少元素的图标更为醒目，且方便记忆。

图 5-55　两款医疗应用启动图标对比

3. 巧用文字

在图标设计中能用图形说明的不要用文字，尤其是那些只起辅助作用的说明性文字。因为图标面积很小，字符多，字号就小，会影响辨识度，让人无法看清，这就毫无显示的意义了。所以，如果文字短小则可以考虑作为主要设计元素；如果太过繁杂，最好还是放弃使用文字，使用简单有效的图形，英文的首字母、中文的首字也是目前的热门设计元素。比如手机淘宝的“淘”图标，它已经不是一种描述性文字了，而是品牌的符号。目前这种使用首字的应用有很多，如图5-56所示。但也需要注意文字的设计感，毫无设计地利用首字必然会让设计落入俗套。

图 5-56　以文字为主要元素的启动图标设计

（三）色彩的选择

启动图标的主色彩最好与界面主色彩保持一致，以营造一种统一的色彩氛围，强化产品的整体性。此时，如果界面的整体视觉设计已经完成，那么图标色彩的选择就不难决定了。若界面中色彩单纯统一，那么启动图标也可以用一种色彩表现；若界面色彩以一种为主、多种为辅，那么图标也可以这样搭配。总之，启动图标的色彩搭配要考虑到界面整体的色彩设定，还有图标自身的对比度与美观性。

图 5-57 至图 5-59 是一款活动招募类软件“攒人儿”的启动图标设计过程，该软件的主要功能是让活跃度高的用户发布活动邀请，游客或活跃度较低的用户在浏览首页时，可以快速精准地找到其感兴趣的活动，并迅速参加到面对面的交流活动之中。

图 5-57　“攒人儿”启动图标手绘草图

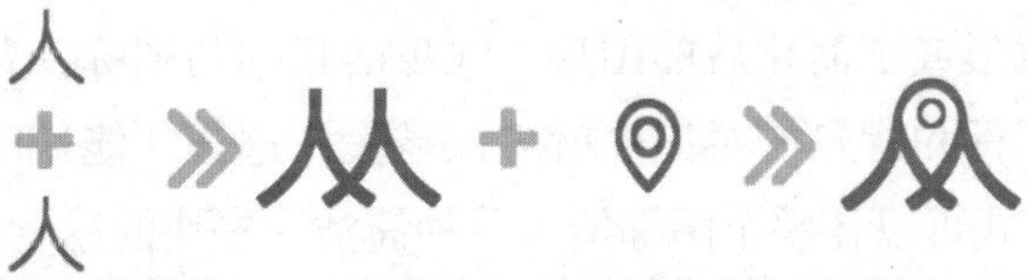

图 5-58　“攒人儿”启动图标设计演化过程

图 5-59　“攒人儿”启动图标

设计思路从“人”开始，两个“人”字的组合空出的一个定位图标的形状，激发了设计师的进一步想象，最终将定位图形与两个人形相结合，形成了一个看似张开双臂的友好形象。在色彩上选择了该应用的主题色彩——红色，在鲜艳醒目的同时体现了热情、积极、充满活力的理念。由于图形由线条组成，视觉冲击力不够强烈，因此做了反向处理，白色的图形在红色的背景上更加醒目。

四、工具栏图标

工具栏图标是用户进入 App 后进行各种交互时使用的小图标，比如分享、查找、扫一扫等各种功能，利用小图标可以让表述简洁化，节省时间和空间。移动应用三大平台的系统都各自有一套规范的工具栏图标，大部分常用功能都包含在内，但是针对不同的应用常常还是会找不到合适的工具栏图标，这时就需要重新设计。

工具栏图标相对于启动图标，需要更加简洁的图形语言表述。因为工具栏图标有很多个，有层级的概念，而且只能占据更小的面积；而启动图标只有一个，可以相对丰富。工具栏的图标不是为了装饰界面，而是为了引导用户完成操作，所以必须体现非常严谨的对应关系。

我们可以在网上下载一些免费的工具栏图标，这对学习来说是不错的选择。从优秀的工具栏图标设计中我们可以感受到图形的简化，以及它遵循的方法和设计理念。下面是几种常见的工具栏图标形式。

（一）用线条勾勒

线条是表现造型最常用的元素。用单线勾勒，就是先将图形元素简化，再用线条勾勒其轮廓，这样就形成了简化后的图形。线条的粗细与图标、背景的对比度有一定关系。线条越细，图标和背景的对比度就应该越大，这样才能让图标在界面中显得醒目。用线条勾勒的方式可以让整个图标给人一种简洁、轻快的感觉。

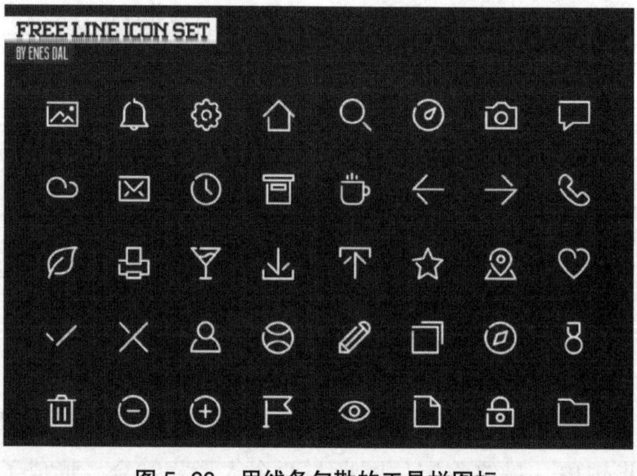

图 5–60　用线条勾勒的工具栏图标

（二）用剪影诠释

除了用线条勾勒，用“面”的形式来表现工具栏图标更为常见。剪影是图形平面化的主要形式，也是一种高度概括的表现方式，它在保留表达目标的基础上进行合理删减。简单地说，就是简化图形。将所选图形平铺，不做任何修饰和效果，诸如高光、渐变、反光、投影，只需保留最重要的细节，不必要的地方一概删除，直接表达所需要表现的对象。

图 5-61　用剪影诠释的工具栏图标（来自 dryicons.com）

首先，不管是用线条勾勒还是用剪影诠释，都是高度概括图形的表现方式，最终都要将图形几何化、符号化。对于直接表达的表现对象，要充分利用三角形、矩形、圆形等几何图形完成从具象到抽象的转化。其次，就是要系列化，细节样式要统一，对于线条的宽度、线条拐角是直角还是圆角、圆角的弧度是多大、图形的角度和方向，都应当有严格的规范。

要使图标形式统一，除了造型之外，色彩的统一也很重要。一般情况下，工具栏图标的颜色都是单色的，除了常用的各种明度的灰色，应用的主题色也是不错的选择，这样有利于整个界面颜色的协调统一。也有一些 App 的工具栏图标分组使用了不同的颜色，这种搭配对设计师的专业水平要求较高，运用得不好，容易使整个界面陷入混乱。

“攒人儿”的工具栏图标采用单线勾勒与剪影相结合的方式，如图 5-62 所示，根据类别与层级的不同，有些是圆形图标，有些是圆角矩形图标，还有些保持了拟物后的原本轮廓。色彩选用了该应用的主题红色。

图 5-62 “攒人儿”工具栏图标设计

第七节　特殊页面设计

我们都知道，一个 App 包括很多页面，一般把除内容页面之外的其他页面都叫作特殊页面，这些特殊页面可以是闪屏页，可以是启动页，也可以是引导页。

先引入两个概念，即应用程序冷启动和热启动。冷启动是指应用尚未运行，系统创建进程并初始化应用。而热启动是指应用已经运行，但是在后台被挂起。一般热启动没有任何的特殊页面出现，大部分是直接进入 App 主页。

一、闪屏页面

冷启动时间会稍微长一点，在此期间可能会看到白屏或黑屏，或感受到明显的启动延迟，这种情况从用户角度上来说是无法接受的，所以就出现了闪屏页面。闪屏是应用每次冷启动过程中展示给用户的一个过渡页面，用于减缓用户在打开应用时等待的焦虑情绪。可以这么说，是善意欺骗用户以掩盖启动慢的事实。由于闪屏通常是一张背景图片，无法拥有交互，也不能动态修改，无法承载营销需求，所以系统还需要启动页面。如图 5-63 所示，从左到右分别为 QQ、京东和淘宝的闪屏页面。

图 5-63　闪屏页面

二、启动页面

当我们打开一个手机应用时，通常不是首先看到该应用的主页面，而是会先进入品牌形象页，或几页广告，或新版本的功能介绍，我们把它们叫作启动页面。启动页面替代了原本转圈圈的等待图标。程序的运行需要一个过程，但枯燥的等待会让人产生放弃的想法，启动页面让我们的等待变得有趣甚至有价值。启动页面是一个很好的广告位置，用户只要点开应用就会看见，如果感兴趣可以点击了解，没有耐心的用户也可以点击跳过。首次打开应用时，启动完成后还会有一些关于操作方法的介绍，以便用户更快地熟悉操作环境与操作方法，比如一些隐藏的标签页如何打开，点击与长按某个按钮的区别是什么，等等。

我们可以这样理解，启动页面就是覆盖整个屏幕的一张图片，在程序加载完成后隐藏。以下是手机产品启动页面设计的两种常见方式。

（一）使用产品 Logo 和宣传口号

启动页面使用产品 Logo 是目前常见的设计形式。有时是静态图像，有时是动画演示。这种方式很自然地加强了品牌宣传，配合宣传口号的展示，可以增进与用户的情感交流，从而增强用户的品牌认同感。除了以上元素，应用版本、版权、进度条有时也作为辅助元素出现。图 5-64 是京东的启动图标与启动页面，品牌形象、Logo、“多快好省”的口号组合成了简单明了的启动页面，大面积的品牌色彩让整个页面更加统一。图 5-65 是去哪儿旅行启动图标与启动页面，在启动页面中将启动图标做了反向处理，广告语“总有你要的低价”充满了诱惑，等待瞬间变成期待。

图 5-64　京东启动图标与启动页面

图 5-65　去哪儿旅行启动图标与启动页面

（二）营造产品的情调氛围

启动页面持续的时间不过几秒，设计师也可以抓住这宝贵的几秒钟时间来营造产品氛围，这种氛围应当与产品气质相一致，通过一张画面去诉说一个故事或一种情怀。微信的启动画面就是选用了一张人类最近一次在太空中远眺地球的景象，如图 5-66 所示。作为一种人际沟通工具，这张图表达出了人类内心的孤独，以及地球家园的美好。整个画面营造出的孤寂氛围与进入首页之后的喧闹形成了鲜明的对比，这也许正是设计师的用意所在。

图 5-66　微信的启动页面

三、引导页面

当我们下载并安装完一个新的 App 后，或者更新 App 版本后，打开产品，首先会出现一页或者多页图文并茂的页面，或者只有文字和纯色背景搭配，通常用于介绍应用的核心概念、功能玩法、使用场景、重大变更等，这样的页面就叫作引导页。

为什么要有引导页面呢？原因如下：

一是受传统 PC 时代软件说明书的影响。PC 时代的一个软件，用户往往不知道如何操作，甚至需要上专门的课程学习某个软件才行，比如 Microsoft Office 办公软件系列。因此，每个软件一旦销售必然配备使用说明书，以帮助用户学习。但是，在移动互联网时代，对于轻量级的 App 来说，配备使用说明书没有必要，所以使用引导页这种轻量级的方式可能更合适些。

还有一个原因是移动设计者认为用户可能希望了解这个产品到底能干什么、怎么用，所以通过设计制作引导页来回答用户内心的这些问题。

引导页在首次打开出现后就不再出现了。但是清除用户数据之后，再次打开应用也可以看到引导页。引导页一般 3—5 屏左右，不宜过多，最后一页一般是“立即开启”或其他按钮，部分应用最后一页也可以通过左划来进入应用程序，如图 5-67 所示的京东引导页面。

图 5-67　京东引导页面

四、闪屏、启动和引导页面之间的关系

前面分析了闪屏、启动页和引导页，那么这三种特殊页面到底有什么关系呢？因为热启动不会出现这些特殊页面，所以这里我们可以用冷启动流程图来为读者进行更清晰的解释。一般来说，闪屏页面和启动页面是属于一组的页面。

首先我们开始使用一个 App，冷启动状态下会进入闪屏页面，此时系统会判断 App 是否第一次启动，如果是第一次启动，则加载引导页，否则加载启动页，页面通过一定的交互方式后进入 App 主页面，此时启动流程结束，如图 5-68 所示。

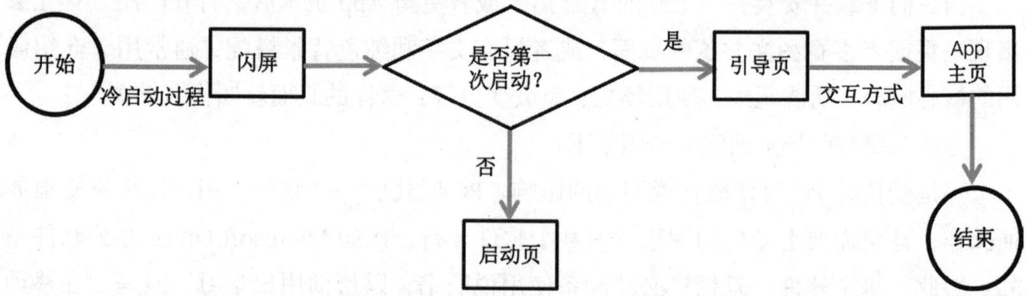

图 5-68　冷启动流程图

虽然 Apple 也曾经在《iOS 人机交互手册》这本书里建议尽量不要展示闪屏或其他启动体验。然而，闪屏、启动页和引导页现在已经成为一个应用程序的标配，一起组成了现在常见的启动流程。同时用于展示品牌性格和广告营销入口，所以现在的应用程序还是会去设计制作这些特殊页面。

五、空状态页面

空状态页面是指当没有任何内容可以显示时，显示一个空白页面，这个空白页面可以提供一些有用的信息，例如提示用户如何正确地使用产品，提醒用户什么样的内容会出现在该页面上。使用空状态页面，可以帮助用户更好地理解和使用产品，让他们不会因为没有内容而感到困惑。如图 5-69 所示为空状态页面的设计范例。

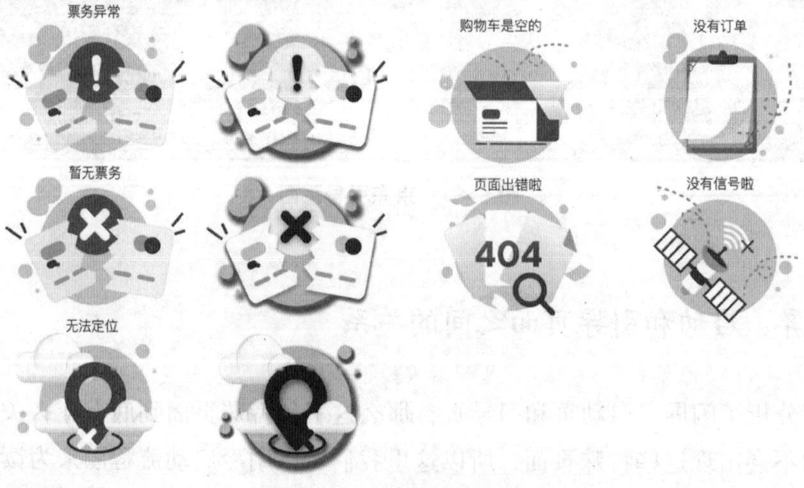

图 5-69　空状态页面设计

思考题

1. 说说手机界面排版与纸媒有什么不同。

2. 谈谈你喜欢的界面设计风格。

3. 按照情绪板设计流程为自己的移动产品进行情绪板设计。

4. 实践创新：设计一组玻璃拟态风格的主题图标。

5. 选择一款你正在使用的手机应用，为它重新设计一个启动页面。

6. 根据第三章的选题各组完成如下任务：（1）制定色彩规范、文字规范；（2）产品Logo设计；（3）页面的高保真原型设计；（4）设计空状态页面。

第六章　移动产品原型设计之 Axure RP

本章内容思维导图

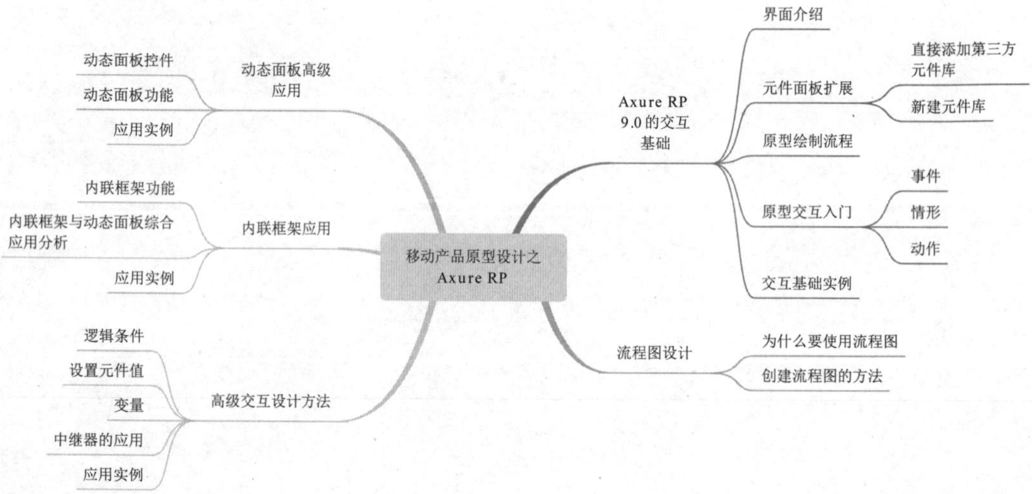

本章要点

1. 了解 Axure RP 9.0 软件的基本属性
2. 掌握流程图绘制的方法
3. 理解交互设计中的事件、情形、动作的关系
4. 掌握动态面板的嵌套、动态面板与内联框架的综合应用
4. 学会使用变量，简化页面交互
5. 能够使用中继器制作表格或商品列表等
6. 灵活和综合运用所学元件功能

扫码查看
第六章彩图

Axure RP 是一款用于快速原型设计的软件，可以用来帮助设计师快速验证交互设计思路、构建原型，并实现可视化交互、模拟页面跳转、添加动态效果等功能，有利于设计师及时发现产品设计问题，提高产品质量。Axure RP 让使用者可以在目标设备

上像使用真实产品一样测试带有交互效果的线框图，这可以使决策层减少很多不可预见的风险投资。

第一节　Axure RP 9.0 的交互基础

Axure RP 是美国 Axure Software Solutions 公司的旗舰产品，是一个专业的快速原型设计工具。使用 Axure RP 能够进行线框图、流程图的绘制，能够快速、高效地创建产品的功能、内容、页面布局、交互逻辑等，这款软件同时支持多人协作设计和版本控制管理。

Axure RP 的受众群体包括产品经理、用户体验设计师、交互设计师、界面设计师、商业分析师、信息架构师、可用性专家、IT 咨询师、架构师、程序开发工程师等。

一、界面介绍

使用者通过了解软件界面的功能区划分，为掌握其强大的制作高保真原型的能力打下扎实的基础。软件工作环境如图 6-1 所示。

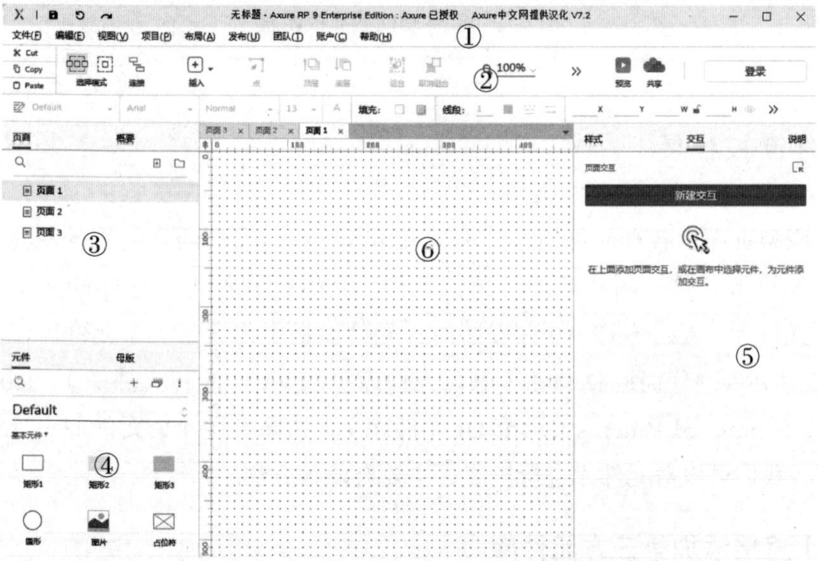

图 6-1　软件工作环境

①菜单栏：软件中的具体功能。

②快捷工具栏：常用的操作功能。

③页面 + 概要面板：页面类似大纲界面，方便厘清原型框架及页面逻辑关系；概

要能够显示页面中所有的元件。

④元件＋母版面板：调用所需的元件及制作常用的母版界面。

⑤页面交互、页面样式、页面说明：用于制作交互效果、编辑元件样式和对页面进行注释说明的界面。

⑥页面制作区面板：绘制原型的区域，可理解为画画用的画布。

以上这些面板可以根据需要选择显示或不显示。操作路径：视图→功能区，用户可以通过勾选或取消勾选，来显示或隐藏相应面板，如图6–2所示。还可以自由改变界面功能布局，只需要使用鼠标按住对应的功能标题便可拖动和改变位置。

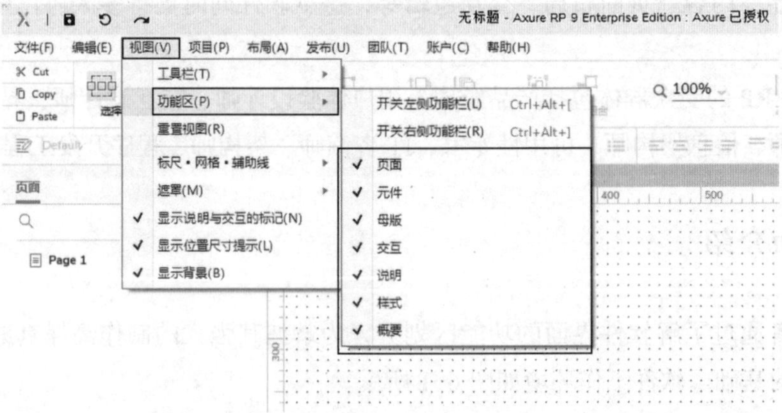

图6–2　软件功能区面板调整

二、元件面板扩展

因为原型页面由各种元件组成，所以在Axure中，我们经常使用的就是各种各样的元件，如矩形元件、图片元件、按钮元件、文本框元件等。这样的多个元件可以组成一个元件库。Axure RP 9.0在安装时，元件面板中内置了4个元件库供用户使用（如图6–3所示），分别是Default（默认元件库）、Flow（流程元件库）、Icons（图标元件库）、Sample UI Patterns（示范UI元件库）。如果上述4个元件库不能满足使用者的需求，我们可以对元件库进行扩展，主要有两种方法。

（一）直接添加第三方元件库

操作路径：元件面板→添加元件库（+），如图6–3所示。然后在文件资源管理器中，找到所要添加的第三方元件库即可。

注意：只有添加第三方元件库之后，才可以在选项中对其进行编辑元件库、打开源目录、移除元件库等操作（如图6–4所示）。

图 6–3　添加元件库

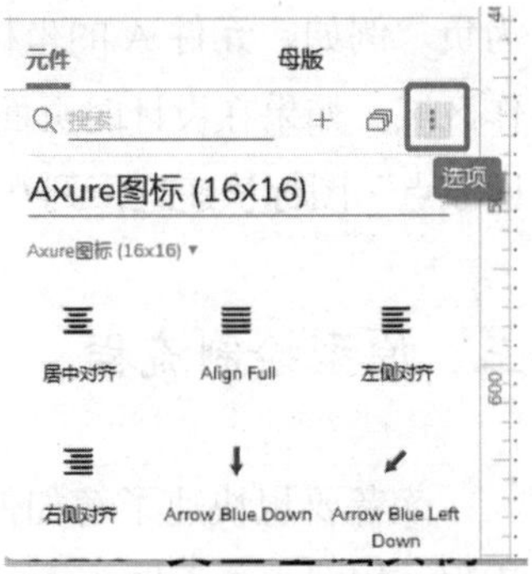

图 6–4　编辑元件库

（二）新建元件库

如果以上元件库均不能满足使用者的需求，我们还可以自定义元件库，通过新建元件库创建自己绘制的元件。

操作路径：文件→新建元件库，如图 6–5 所示。新建后即可编辑绘制元件，绘制完成后保存（Ctrl+S），Axure 则会保存一个文件类型为 .rplib 的文件。

将该文件直接存储到 Axure 安装目录中 \DefaultSettings\Libraries 的文件夹下，这样，每次打开 Axure 时，就会自动加载本元件库文件。

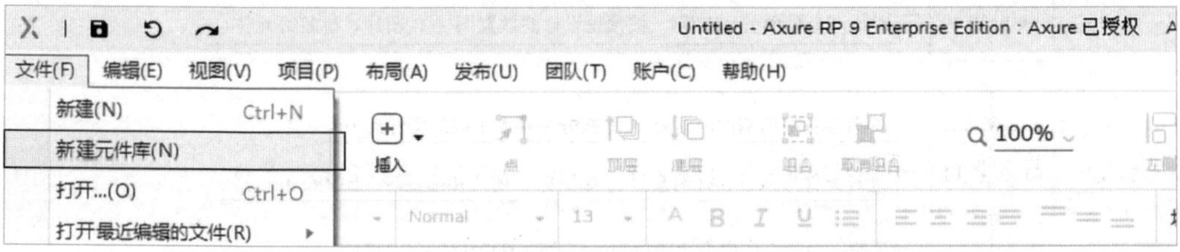

图 6–5　新建元件库

在学习原型设计制作流程之前，有必要介绍一下 Axure RP 9.0 制作区的坐标系统（如图 6–6 所示），该系统和我们以前学过的坐标系统有一定区别。

从图 6–6 中可以看出，页面制作区域以（0，0）为中心点，Y 轴方向向下为"+"，向上为"–"，X 轴方向向右为"+"，向左为"–"。使用坐标定位元件的好处是可以准确定位元件的位置。在制作区域内，元件坐标（x，y）均为正，要是超出制作区域就

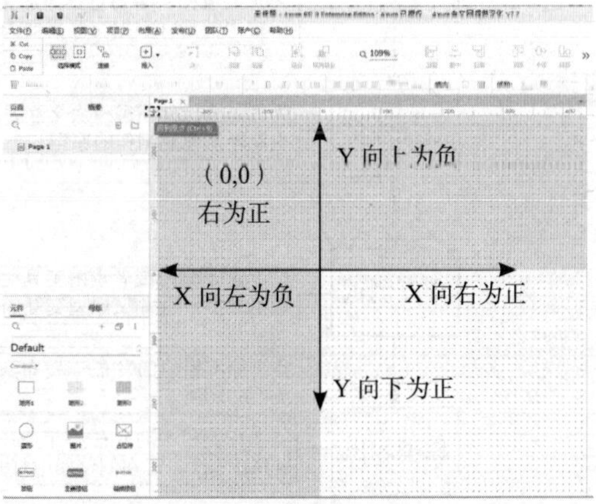

图 6–6　软件坐标系统

为负。例如，元件 A 的坐标为（100，-100），这就说明该元件在 Y 轴方向上超出了制作区域。如果在设计时页面制作区域处于负坐标位置，可以点击编辑区域的左上角“返回原点”图标快速返回到 0 坐标位置，同时也可以通过快捷键“Ctrl+9”快速返回。

三、原型绘制流程

读者要想快速了解如何制作出一个可交互的高保真原型，首先需要了解原型绘制流程，如图 6-7 至图 6-10 所示。

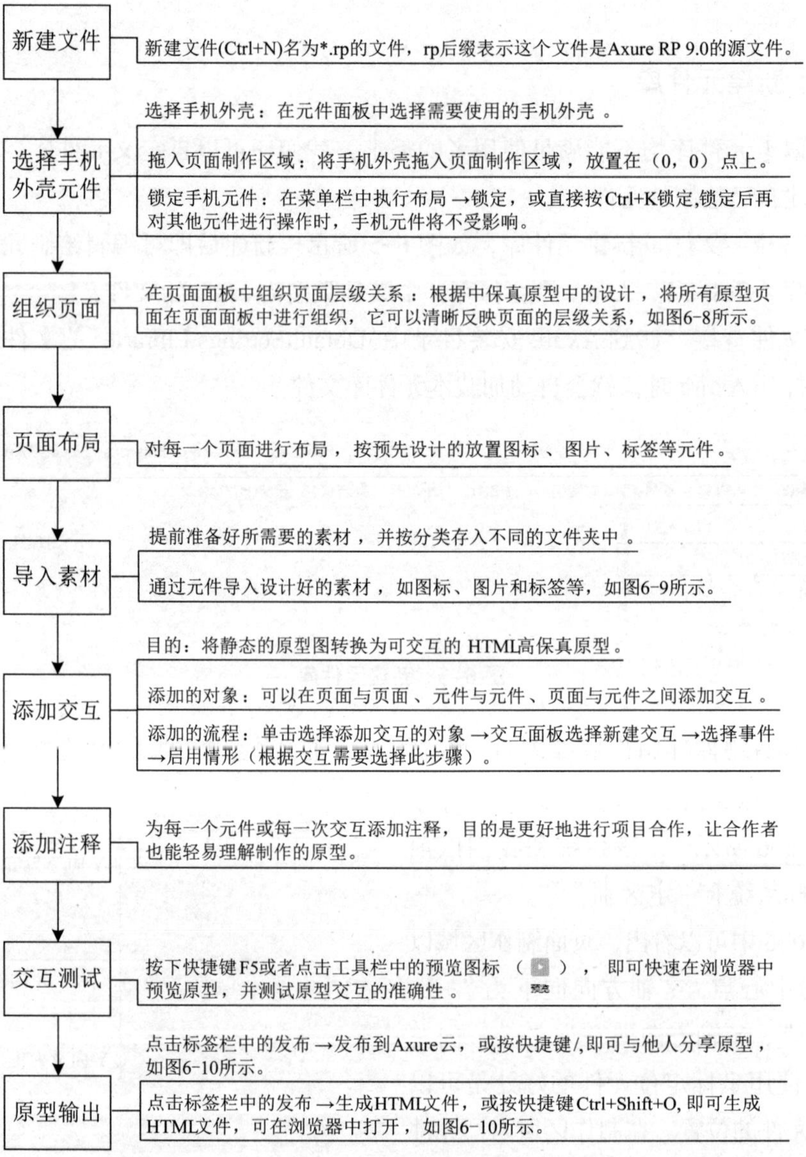

图 6–7　原型绘制流程

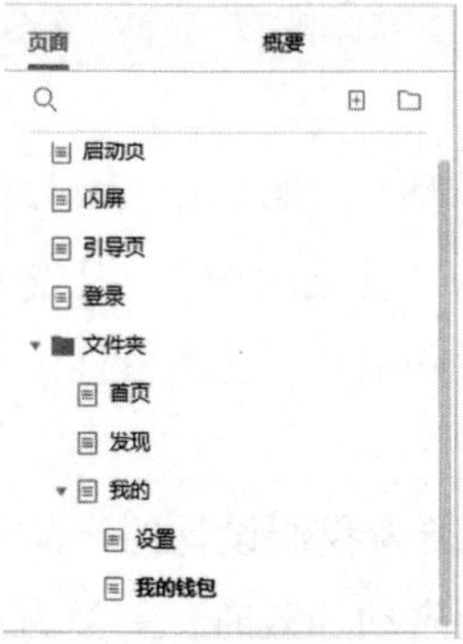

图 6-8　页面层级

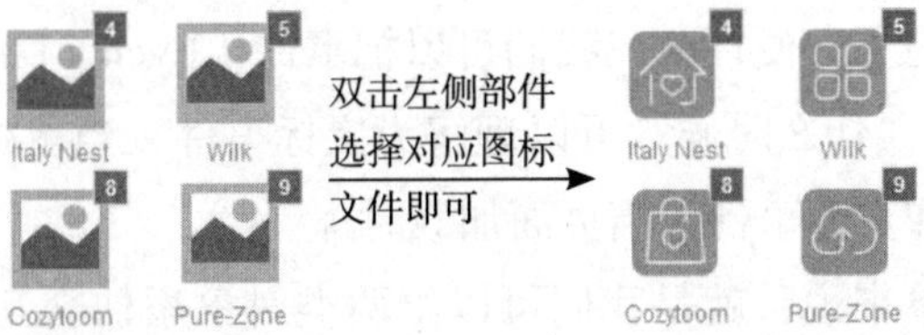

图 6-9　导入素材

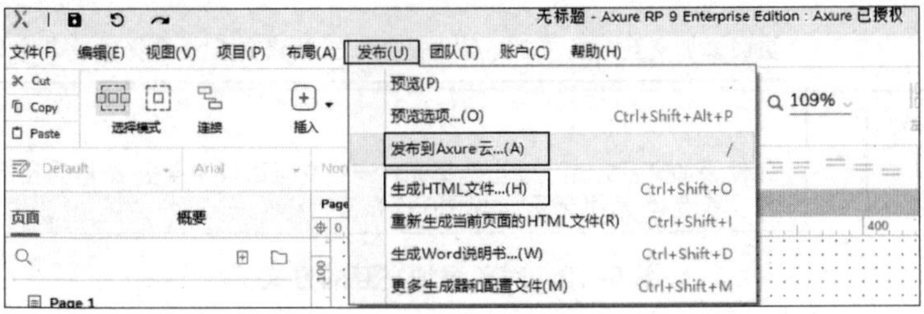

图 6-10　原型输出

四、原型交互入门

在 Axure RP 9.0 中，交互定义了一个元件或者页面的动态行为。创建交互（Interactions）包含以下三个模块：事件（Events）、情形（Cases）和动作（Actions）。创建的交互是由事件触发的，情形组成了一个个事件，事件是用来执行动作的。

三个模块的关系总结如图 6-11 所示：一个产品的交互包含多个事件；一个交互事件包含一个或多个情形；一个情形包含一个或多个动作。

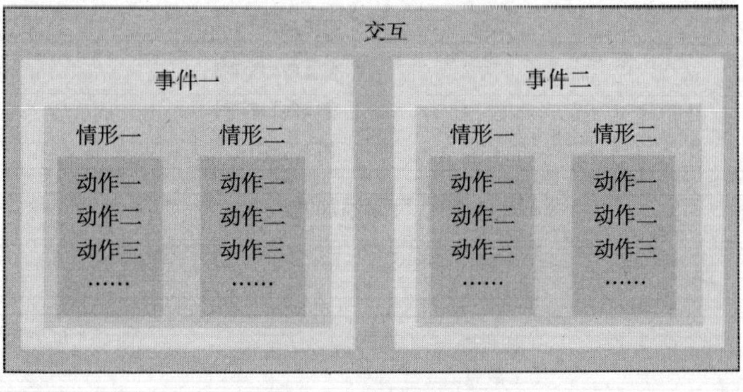

图 6-11　模块关系图

（一）事件

所谓的“事件”，从字面意思上讲，就是“做一件事情”，那么什么时候做这件事情呢？为了方便理解，我们可以把事件（Events）理解为“什么时候”。从交互的角度来理解，“什么时候”可以理解为鼠标事件（当鼠标有动作时）、文本事件（当文字改变时）和页面事件（当页面加载时）。

简单来说，就是我们可以给两类对象添加交互，一类为我们设计的产品页面（线框图），页面的交互行为是可以自动触发的，例如当页面启动加载时；一类为页面内部的所有元件，元件的交互行为一般是由用户直接触发产生的，并非自动触发，例如用户点击或滑过某个按钮或改变某个文字，具体如图 6-12 所示。

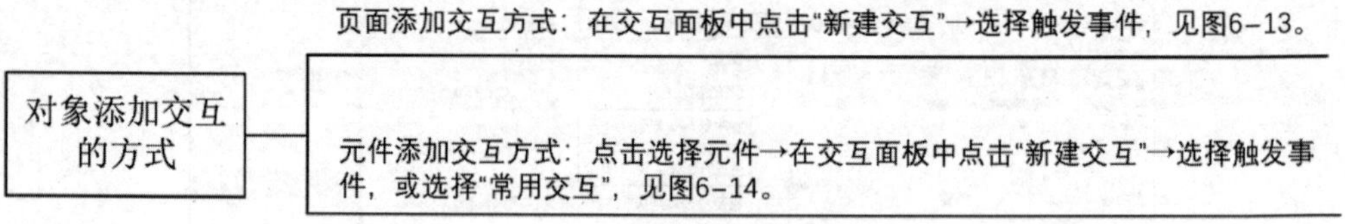

图 6-12　对象添加交互的方式

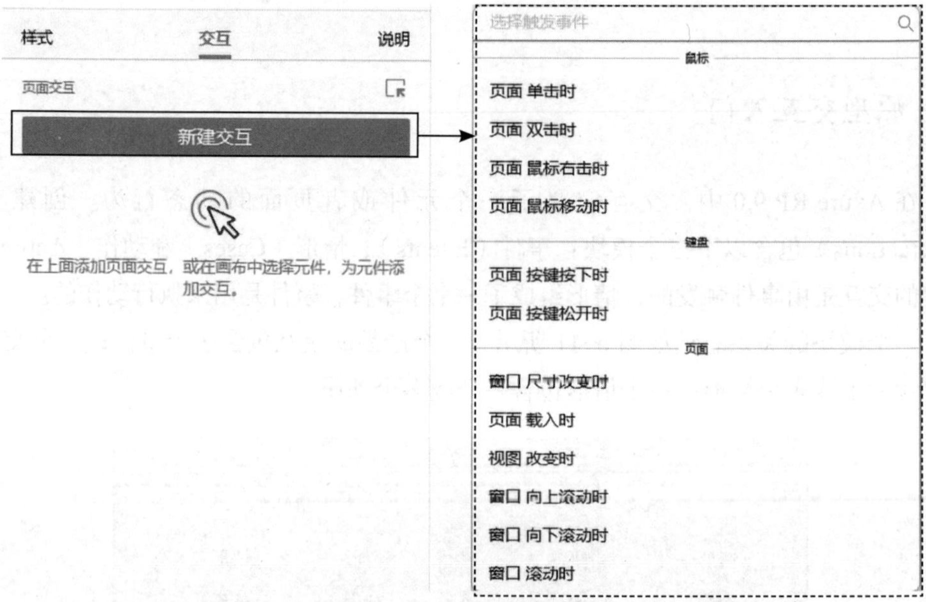

图 6-13　页面添加交互方式

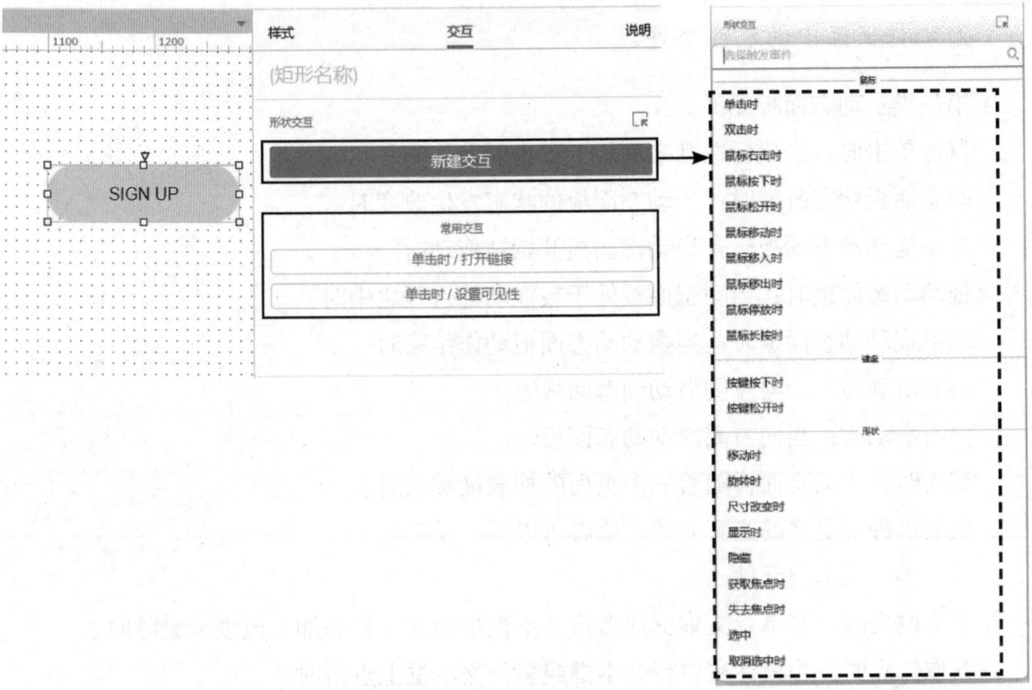

图 6–14　元件添加交互方式

1. 页面交互中的页面事件

页面单击时：单击页面背景时。

页面双击时：双击页面背景时。

页面鼠标右击时：右键单击页面的背景时。

页面鼠标移动时：当光标在页面上移动时连续触发。

页面按键按下时：按下键盘键时。

页面按键松开时：释放键盘键时。

窗口尺寸改变时：调整浏览器窗口大小时。

页面载入时：Web 浏览器中加载页面时。

窗口滚动时：当浏览器窗口向任何方向滚动时。

窗口向上滚动时：当浏览器窗口向上滚动时。

窗口向下滚动时：当浏览器窗口向下滚动时。

视图改变时：当前自适应视图由于浏览器窗口大小调整而改变，或者通过设置自适应视图操作或原型播放器中的自适应视图下拉列表来设置视图。

2. 元件交互中的元件事件

第一类：动态面板元件

鼠标单击时：当鼠标在动态面板上单击时。

动态面板状态改变时：当动态面板的状态发生改变时。

开始拖动动态面板时：当动态面板开始被拖动时。

拖动动态面板时：当动态面板处于被拖动的过程之中时。

结束拖动动态面板时：当拖动动态面板动作结束时。

向左滑动时：当向左侧滑动动态面板时。

向右滑动时：当向右侧滑动动态面板时。

载入时：当动态面板随着一个页面的加载被载入时。

更多事件：更多的交互方式，读者可以举一反三。

第二类：文本类元件

文字改变时：当单行文本框或多行文本框中的文字被添加、改变或删除时。

获取焦点时：当鼠标在单行文本框或多行文本框上点击时。

失去焦点时：当鼠标离开（可以理解为在文本外区域点击后）时。

第三类：形状图片类元件

鼠标单击时：当鼠标单击元件时。

鼠标移入时：当鼠标移入元件时。

鼠标移出时：当鼠标移出元件时。

更多事件：更多的交互方式，读者可以举一反三。

以上多种类型的交互方式，需要我们根据实际情况来添加，以便达到交互设计的目的。

（二）情形

从图 6-11 的模块关系图中，读者大体能对情形有所了解。情形是对动作设置条件的，这个条件可以没有，也可以为多个，根据不同的交互需求而定。也就是说，事件与情形的关系为一对一或一对多。

综上分析，情形通常用于以下两种情况（如图 6-15 所示）：

（1）每个交互事件包含一个情形，只需对当前情形添加条件，可以添加一个条件或多个条件，并执行匹配所有或匹配任何，最后添加动作。

（2）每个交互事件包含多个情形（情形 1、情形 2 等），需要用逻辑条件来判断需要执行的具体的交互，逻辑条件判断为 If 语句的嵌套（If…Else If… 这将在第五节中详细讲解），同样需要为每个情形添加条件，可以添加一个条件或多个条件，并执行匹配所有或匹配任何，最后添加动作。

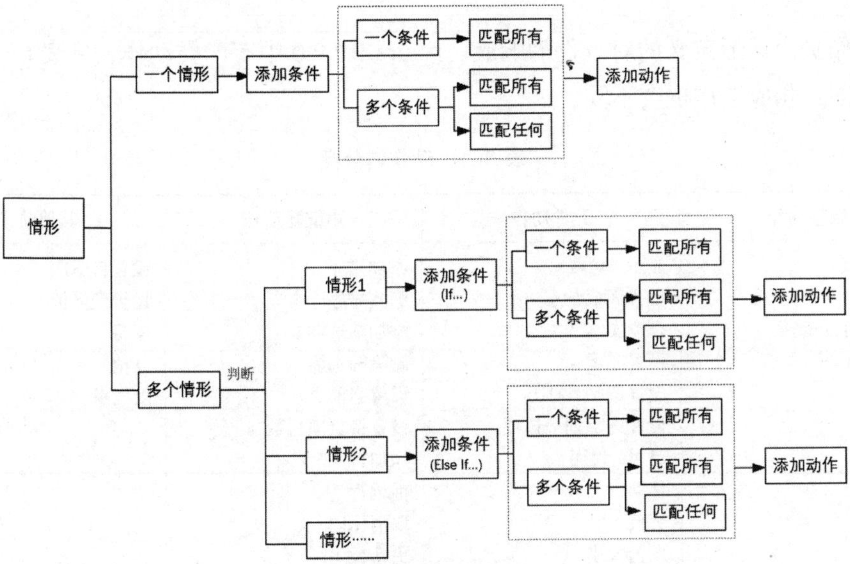

图 6-15　情形的使用

具体操作路径见图 6-16，多个情形只需要再次点击“启用情形”，其余步骤与一个情形操作路径相同。

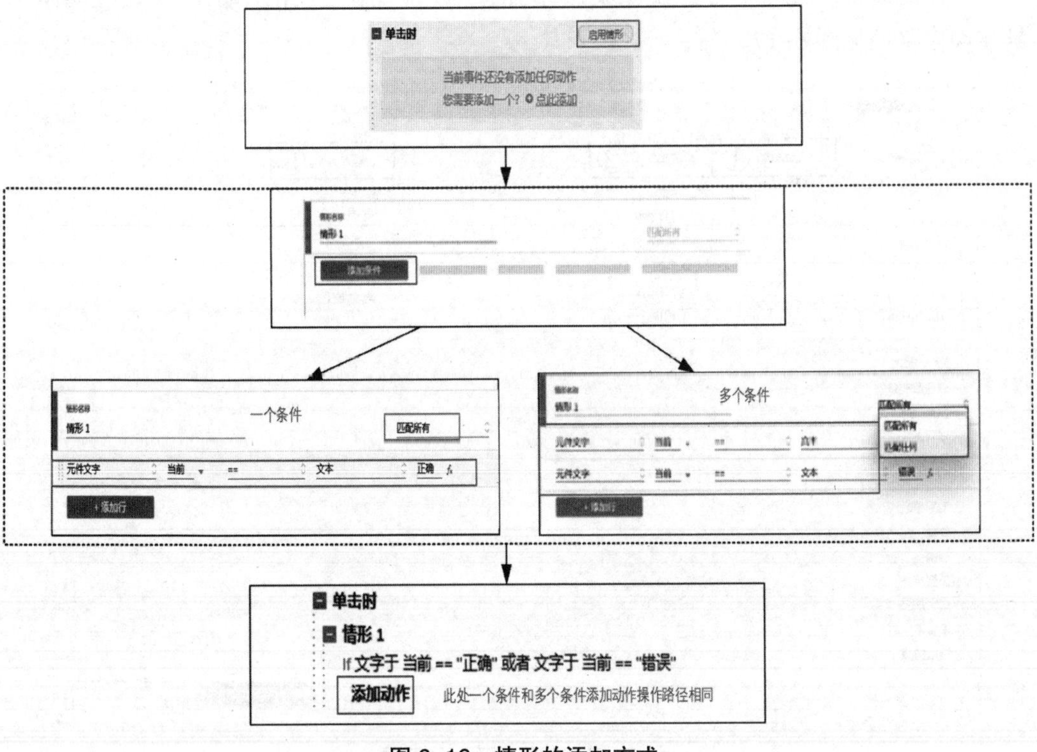

图 6-16　情形的添加方式

（三）动作

动作是由情形定义的对事件的响应。Axure RP 9.0 中有四类动作，见表 6-1，其中元件不同，相应动作也会不同。

表 6-1　动作的分类

链接动作	元件动作	中继器动作	其他动作
打开链接 关闭窗口 框架中打开链接 滚动到元件	显示 / 隐藏 设置面板状态 设置文本 设置图像 设置选中 / 勾选 设置选定列表选项 启用 / 禁用 移动 旋转 设置大小 前置 / 后置 设置不透明度 焦点 展开 / 折叠树节点	添加排序 删除排序 添加筛选器 删除筛选器 设置当前页 设置每页项目数 添加行 标记行 取消标记 更新行 删除行	设置自适应 设置变量值 等待 其他 触发事件

动作的添加和配置，分三步完成，分别是“添加动作”“组织动作”“设置动作”，具体操作路径见图 6-17。

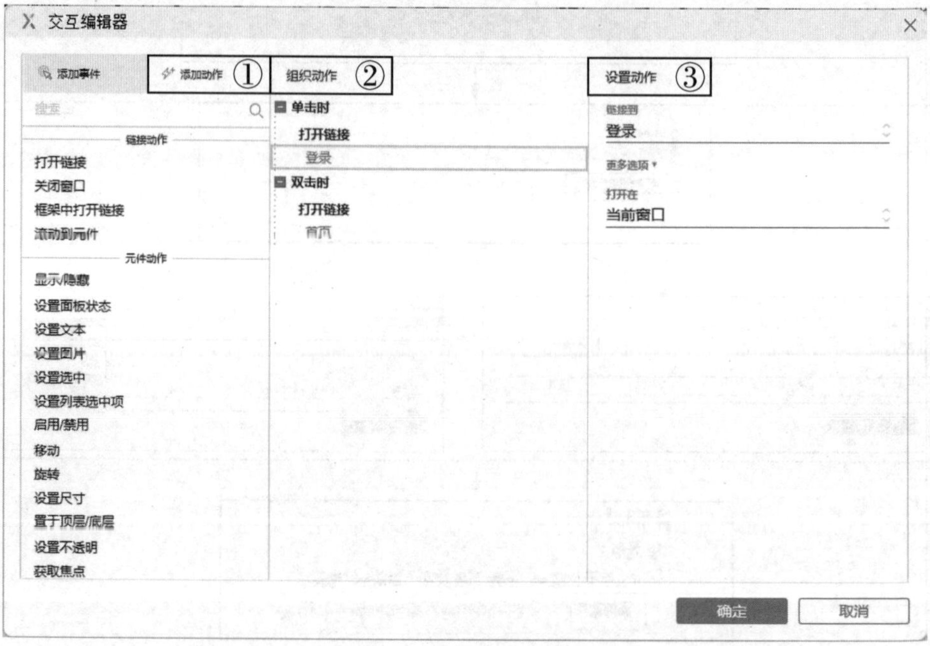

图 6-17　动作的添加和配置

①添加动作：点击“添加动作”，动作下相应出现链接动作、元件动作、中继器动作和其他动作供选择。

②组织动作：添加和设置的动作会在组织动作中呈现，可以调整动作执行的顺序。点击鼠标右键，可实现动作的上下移动、删除、粘贴、复制、剪切等功能。或选中动作，直接拖拽上移或下移调整顺序。

③设置动作：对动作进行的详细设置，简单来说，就是对哪个对象执行选定的动作、怎么执行。

这三步完成后，点击“确定”按钮，即完成动作添加。

五、交互基础实例

实例名称：用户手机号登录。

实例介绍：制作一个可用手机号码和密码登录的界面，此案例仅以任意手机号码登录为例，密码不作具体设置，主要展现登录界面的简化版操作流程，不作为登录界面设计的唯一制作流程，读者可在此基础上举一反三。

制作关键点如图 6-18 所示。

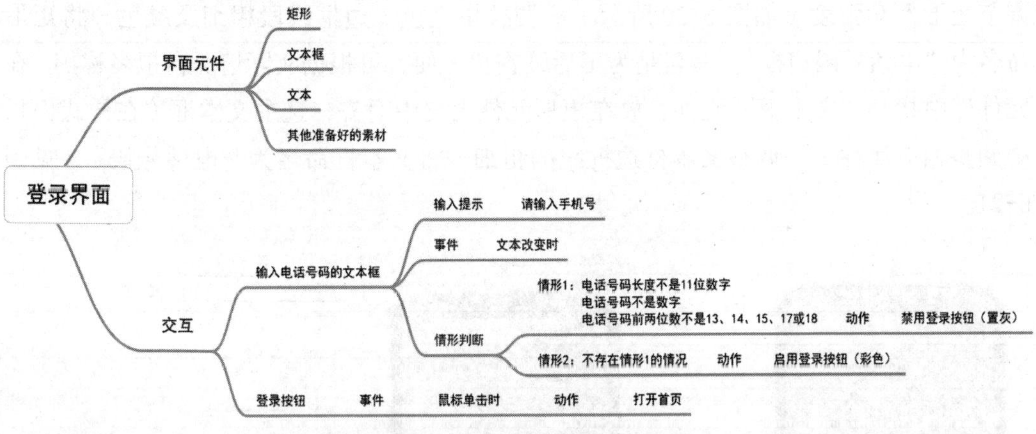

图 6-18　用户手机号登录制作关键点

操作路径：

Step 1：用户登录界面设计

在元件库中找到手机外壳，将手机外壳拖入页面制作区，并锁定，如图6-19所示。

图 6–19　手机外壳制作

Step 2：界面元件布局

这里重点描述输入手机号、密码及登录按钮的制作，其他界面中的元素根据前期的设计，用准备好的素材进行相应的优化，以达到实际使用需求即可。

输入手机号制作：在元件库中找到“矩形”元件，拖入手机外壳中，根据界面设计情况将矩形放在合适的位置，选中矩形→点击矩形左上角黄色倒三角形状进行拖拽，调节矩形倒角弧度（如图 6–20 所示）→调整填充色、边框线段粗细及颜色→将矩形命名为“电话号码边框”（命名是为了后续查找方便，可根据实际情况自拟名称）。在元件库中找到“文本框”元件，放在矩形元件内居中对齐，选中文本框（在样式面板中调整相应属性）→调整文本框边框线的粗细→将文本框命名为“电话号码”，见图 6–21。

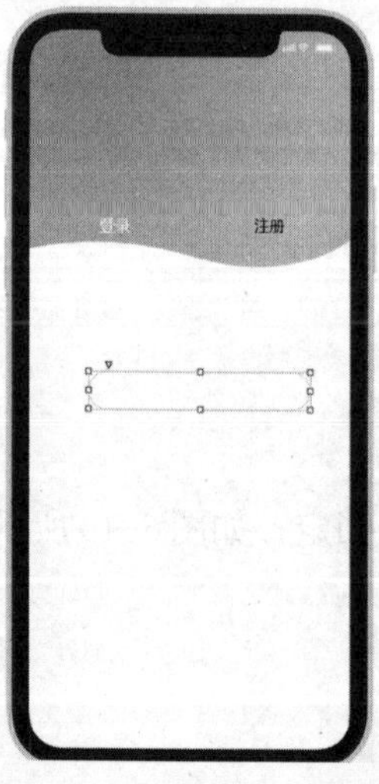

图 6–20　电话号码边框制作

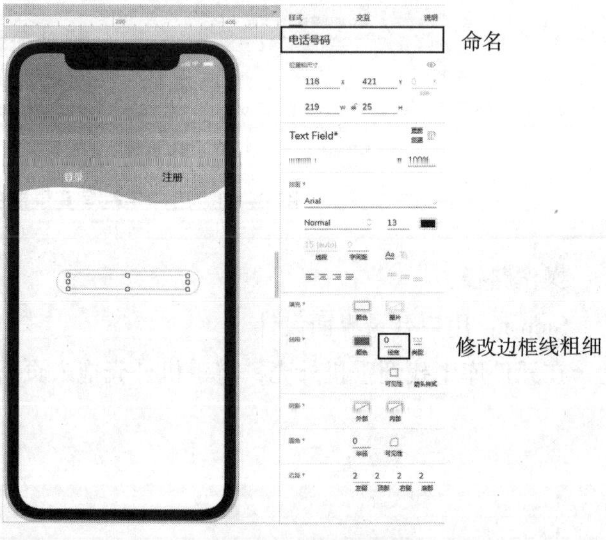

图 6–21　电话号码制作

输入密码制作：将制作好的手机号元件复制、粘贴在合适位置，并逐一修改元件命名即可完成输入密码的制作。

登录按钮制作：在元件库中找到“矩形”元件，将矩形放入手机外壳中调整到合适位置，在右侧样式面板中调整颜色、边框线等基本属性，见图 6-22。

其他元素制作：根据前期设计情况，将准备好的素材拖入手机外壳中，调整位置，并制作完成界面中的其他元素，见图 6-23。

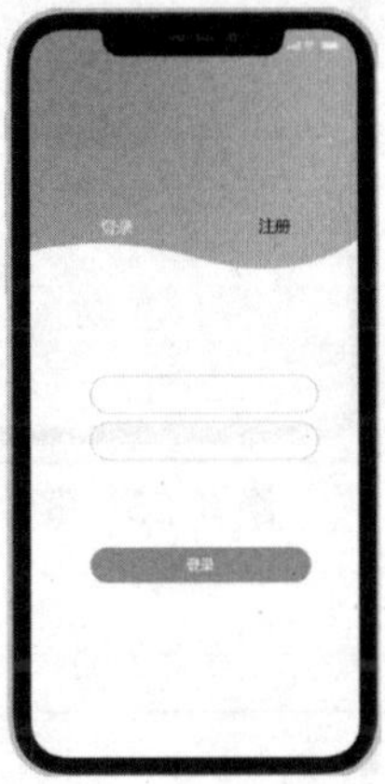

图 6-22　登录按钮制作

图 6-23　其他元素制作

Step 3：界面交互设计

（1）“电话号码”文本框交互

基础设置：选中名为“电话号码”的文本框，在交互面板中修改相关设置，将类型选择为电话，提示文本为“请输入手机号”，输入时隐藏提示，最大长度为 11，见图 6-24。

事件：选中名为“电话号码”的文本框，在交互面板中点击“新建交互”，选择“文本改变时”，即当“请输入手机号”的文本发生改变时，见图 6-25。

情形：由于用户在输入过程中可能会出现错误，所以需要对情形进行判断，因此需要点击启用情形。情形 1：输入有误的情况，通过添加条件列举可能出现的错误，条件为电话号码长度不是 11 位数字，即元件文字长度当前的值≠ 11；电话号码不是数字，即元件文字当前不是数字；电话号码前两位数不是 13、14、15、17 或 18，即 [[This.text.substr（0，2）]] 不是 13、14、15、17 或 18 中的一个，如果匹配任何一条，则“登录”按钮就置灰，无法点击。添加情形 2：不存在情形 1 的情况，则“登录”按钮为彩色，可以点击。具体操作见图 6-26。

动作：如果情形 1 判断符合上述添加条件的任何一条，则禁用“登录”按钮。按钮会处于置灰状态（详见登录交互设置）。否则情形 2 为真，则启用“登录”按钮，按钮为彩色，可以点击（详见登录交互设置）。

图 6–24　输入提示

图 6–25　事件设置

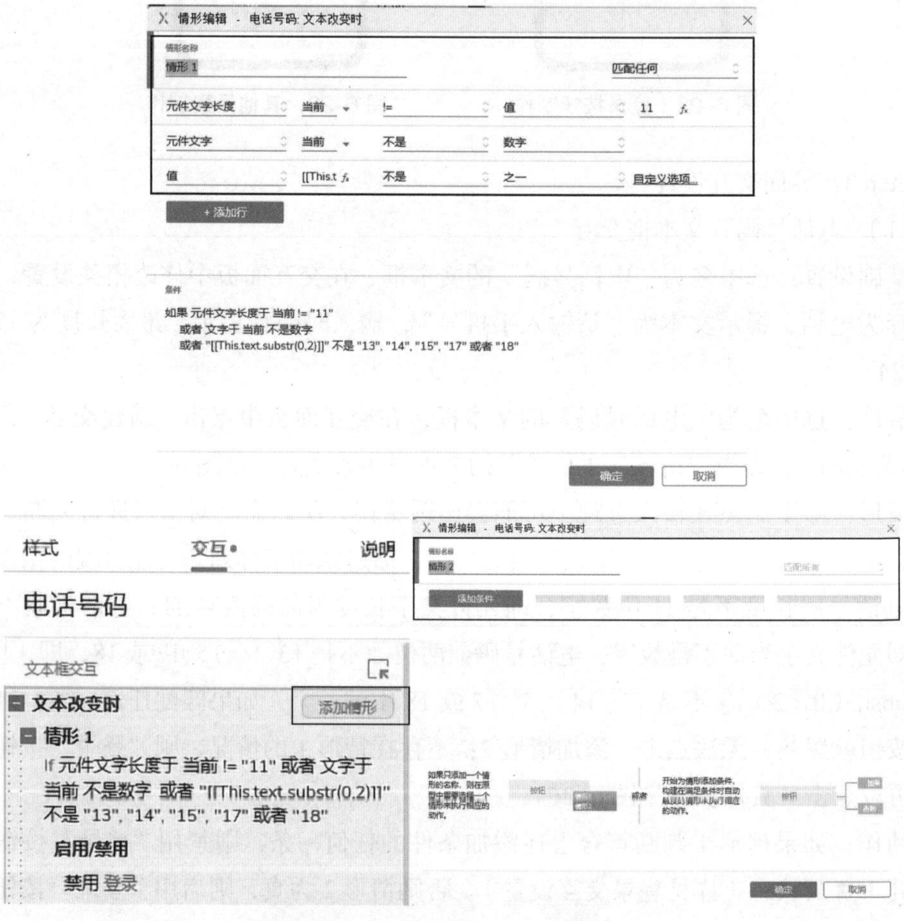

图 6–26　情形判断与交互设置

（2）“输入密码”文本框交互

基础设置：选中名为“输入密码”的文本框，在交互面板中修改相关设置，将类型选择为密码，提示文本为“请输入密码”，输入时隐藏提示，最大长度为 16，见图 6–27。由于密码是每个用户已经设置好的，所以在这里不作过多限制，仅限制长度。

图 6–27　“输入密码”文本框交互设置

（3）“登录”交互

基础设置：“登录”按钮有两种状态，启用和禁用。出现情形 1，禁用“登录”按钮，按钮呈灰色；出现情形 2，启用“登录”按钮，按钮呈彩色。因此，需要设置“登录”按钮的样式。选中“登录”按钮，在样式面板中将颜色填充为蓝色，即启用时为蓝色。在交互面板中点击元件禁用的样式，将填充颜色选为灰色，即禁用时为灰色，见图 6–28。

事件：选中名为“登录”的按钮，在交互面板中点击“新建交互”，选择“单击时”，见图 6–29。

动作：页面跳转到首页。

所有设置完成后，按下快捷键 F5，则可以预览此实例。

图 6–28　“登录”基础设置

图 6-29 “登录”交互设置

第二节 流程图设计

在 Axure 中，流程图其实也是页面。页面有两种类型：流程图页面和线框图页面（线框图页面即为正常的产品设计页面）。流程图是由一些图框和流程线组成的，其中，图框表示各种操作的类型，图框中的文字和符号表示操作的内容，流程线表示操作的先后次序。

一、为什么要使用流程图

千言万语，不如使用一张图，图能更好地表现设计的过程和方法，让人一目了然。使用流程图的原因如下：

（1）可以清晰地表达不同页面间的交互和层级关系。

（2）可以清晰地表达多个情形的逻辑关系。

（3）可以清晰地表达对任何事件过程和步骤的描述。

（4）方便与客户或合作者进行沟通与交流。

二、创建流程图的方法

（一）流程图元件（Flow）

为了便于识别，流程图中不同的形状代表的含义不同，见表 6-2。

表 6-2　流程图元件含义

形状	代表的含义
圆角矩形	“开始”与“结束”
矩形	行动方案或动作
菱形	逻辑判断
平行四边形	输入与输出
箭头	逻辑执行工作流方向

在元件库中，我们只需要将用到的元件拖入工作区域即可。流程图元件的每一条边都有一个连接点，用来匹配连接线，连接元件。当连接元件时，两个元件的连接点会自动连接起来。流程如图 6-30 所示。

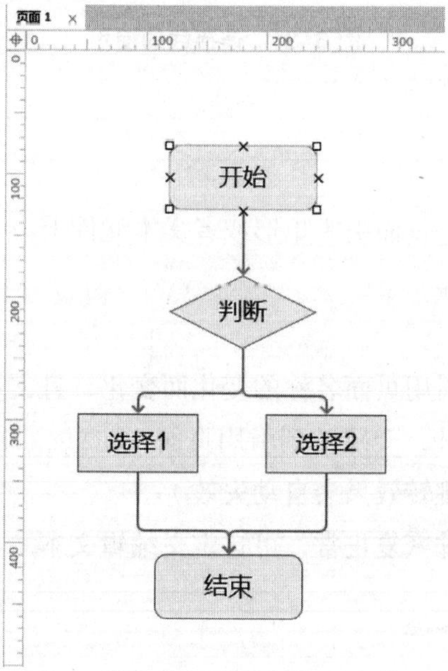

图 6-30　流程图

连接线模式：要连接流程图中的不同形状，首先将选择模式改为连接线模式，在工具栏中单击连接线图标或者按下快捷键 E，见图 6-31。

连接元件：选择连接线模式，用鼠标指向形状元件上的一个连接点，并单击拖拽，当连接到另一形状的连接点后，松开鼠标，即可完成连接。

修改连接线属性：如需改变连接线的线宽、颜色、箭头形状等，在工具栏中找到相关属性即可修改。如修改箭头形状，选中连接线，在工具栏中选择箭头形状，见图 6-31。

给连接线添加文字：在绘制流程图时，如需要给连接线添加提示文字，若拖放一个标签元件到连接线会导致连接线变形，正确的方法是双击连接线后再输入文字，见图 6-31。

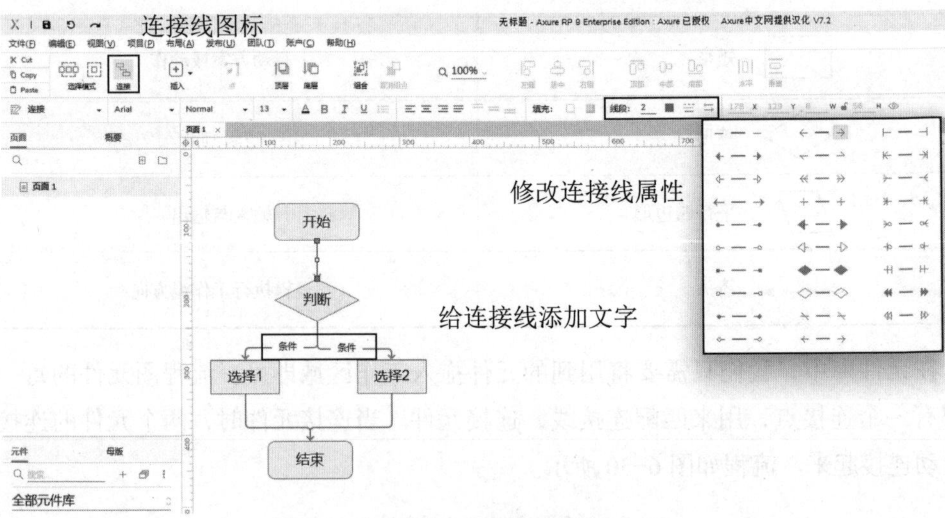

图 6-31　连接线的使用

（二）引用页面

引用页面，可以将一个页面引入矩形或者文本元件上。

1. 引用页面的效果

（1）元件文本会跟随引用页面名称的变化而变化，且文本不可自定义更改。

（2）预览时，点击元件，会跳转到引用页面（注意：如果组件本身设置了“点击”事件，则“引用页面”的跳转效果会自动失效）。

（3）消除引用后，元件恢复正常，可自定义编辑文本。

2. 引用页面的操作路径

（1）鼠标右键点击引用页面。

（2）在右侧交互面板中，点击引用页面（默认是隐藏的需要点击显示全部）。在引用页面弹出框中，点击页面进行引用关联，见图 6-32。

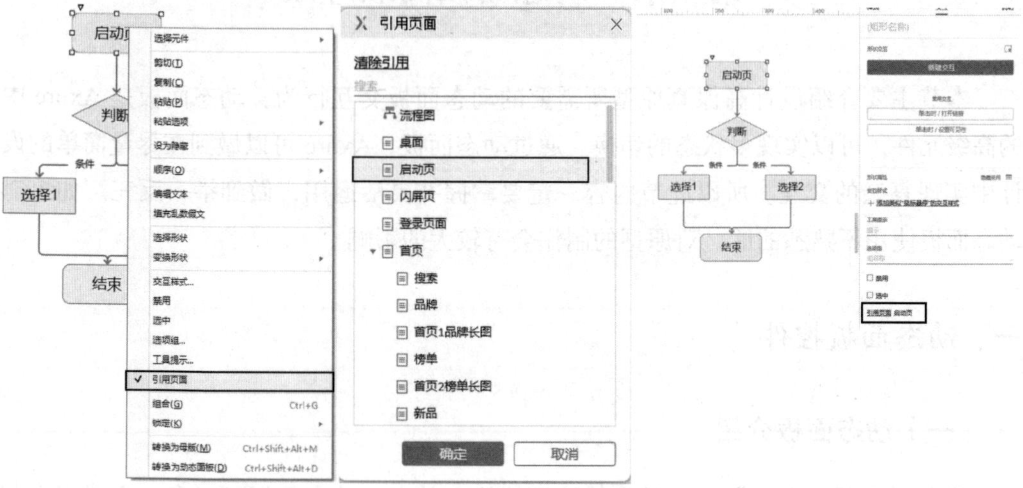

图 6-32　引用页面的操作路径

（三）生成流程图

要生成基于页面层级关系的流程图，具体操作路径如下，见图 6-33。

（1）在页面面板中，点击想要生成流程图的主页面（注意：需要有子页面才能生成流程图，如该页面下无子页面，则无法生成流程图）。

（2）鼠标右键单击，执行列表选项中的“生成流程图”命令，弹出生成流程图的设置窗口。

（3）在生成流程图设置窗口中，选择图表类型为“向下”或“向右”，点击确定。

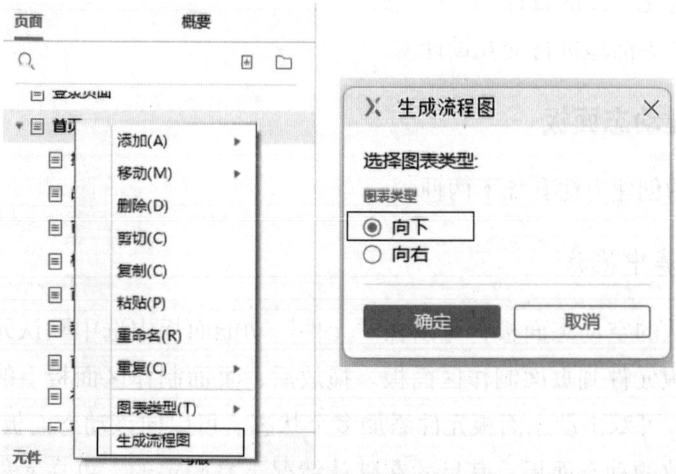

图 6-33　生成流程图的操作路径

第三节　动态面板高级应用

本节主要介绍设计高保真原型所需要的动态面板交互行为，动态面板是 Axure 中的高级元件，可以实现多状态的切换。通过动态面板，Axure 可以做到在尽量简单的设计中实现复杂的交互。所以此节内容一定要掌握并灵活运用，做到举一反三。如果对动态面板使用不熟悉的话，对原型的制作会有较大的影响。

一、动态面板控件

（一）动态面板介绍

动态面板是一个容器，可以将其他元件放入其中。动态面板可以有一个或多个状态，每个状态都是一个独立的空间，可以分别放置不同的元件集合，并且只能看到其中一个状态。动态面板显示哪个状态可以通过“设置面板状态（Set Panel State）”动作进行动态设置，这使得动态面板非常适合创建需要在两个或多个状态间切换显示的内容，例如跑马灯和幻灯片。简单理解，动态面板就是通过事件控制，让面板里展示不同的内容。动态面板的位置在元件面板 Default 中，图标为

。

（二）使用动态面板的优势

（1）可以对同一页面下多个动态显示的内容进行管理。

（2）可以减少设计的页面数。

（3）可以优化产品的设计。

（4）可以更灵活地进行交互设计。

（三）创建动态面板

动态面板的创建方法有如下两种：

1. 从元件库中拖放

要创建默认的空动态面板，可以在“元件”功能面板中选中默认元件库，拖拽一个空的动态面板元件到页面制作区面板。拖放后，页面制作区面板上的空动态面板有一个空的状态，可双击动态面板元件添加多个状态。可以向该动态面板添加新的元件。从元件库中拖放的动态面板，其尺寸在默认情况下是固定的，可在元件样式面板中调整动态面板的大小。如果想让动态面板根据所含元件自动调整大小，可在元件样式面板中启用“自动适应内容尺寸”功能。

2. 从已有元件中创建

可以针对页面绘制区域中已有的元件快速创建一个新的动态面板。在页面绘制区域上选中一个或多个元件，单击鼠标右键，然后在快捷菜单中选择“转换为动态面板”。此操作将创建一个打开“自动适应内容尺寸”功能的动态面板，选定的元件将自动迁移到动态面板的默认状态中。

（四）管理动态面板

1. 在页面制作区面板中管理

双击页面制作区面板中的动态面板即可进入状态编辑模式，编辑模式下页面制作区面板周围出现青色边框和工具栏指示。页面制作区面板顶部显示当前动态面板中的状态名称，点击下拉列表可以打开状态管理器菜单，见图 6-34。

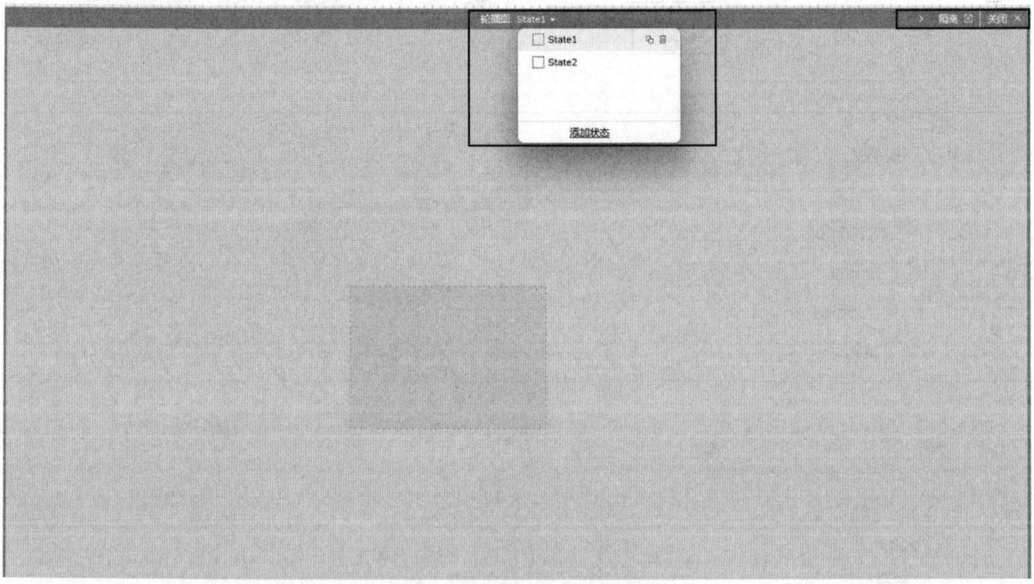

图 6-34 动态面板的管理

在编辑模式下，可以在动态面板的状态下添加、重复和删除状态，可编辑状态中的元件。还可以通过单击画布右上角的“隔离”来切换动态面板以外元件的可见性。

要编辑动态面板状态本身，需单击页面制作区面板顶部的当前状态名称。在出现的下拉列表中，可以执行以下动作：

（1）单击状态名称将页面制作区面板中的内容切换到对应状态下。

（2）单击状态名称右侧的“重复状态”图标增加一个内容完全相同的状态。

（3）单击状态名称右侧的“删除状态”图标将状态删除。

（4）单击下拉列表底部的“添加状态”添加一个新状态。

（5）上下拖动状态名称将状态重新排序（默认最顶端的状态可见）。

2. 在概要面板中管理

在概要面板中选择一个动态面板状态或其中包含的一个元件，以打开状态以便在页面制作区面板中编辑。要快速将现有元件移入或移出动态面板状态，可以在概要面板中拖动它们。

向动态面板添加新状态，将鼠标悬停在其名称上，然后单击右侧的“添加状态”图标。同样，可以通过将鼠标移到状态名称上，并单击右侧的“重复状态”图标来复用状态。选择一个状态，鼠标右键单击可以实现删除、添加状态、重复状态、向上移动、向下移动的功能，见图 6–35。也可以通过上下拖动状态对动态面板的状态进行重新排序。最上面的状态是默认情况下可见的状态。

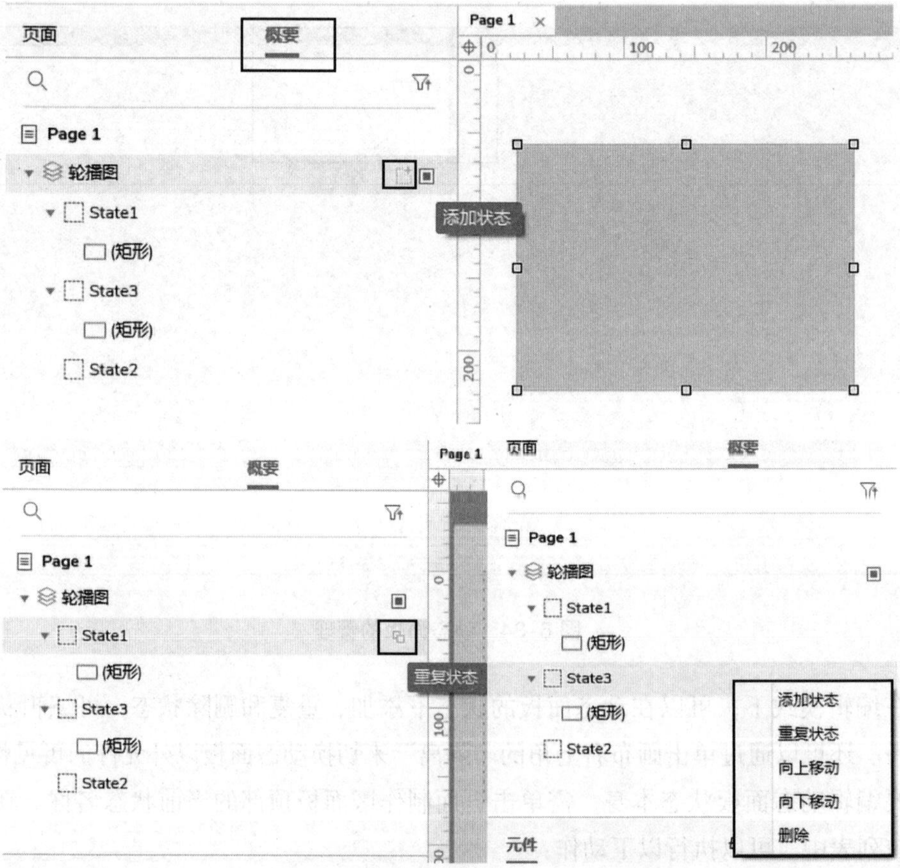

图 6–35　概要面板中动态面板的管理

二、动态面板功能

动态面板是 Axure 的重点，常用的功能有设置显示 / 隐藏、拖动效果、多状态效果等。这些效果都在元件交互面板里，我们选择动态面板后，屏幕上才会完整地显示动态面板的交互事件，事件列表如图 6-36 所示。

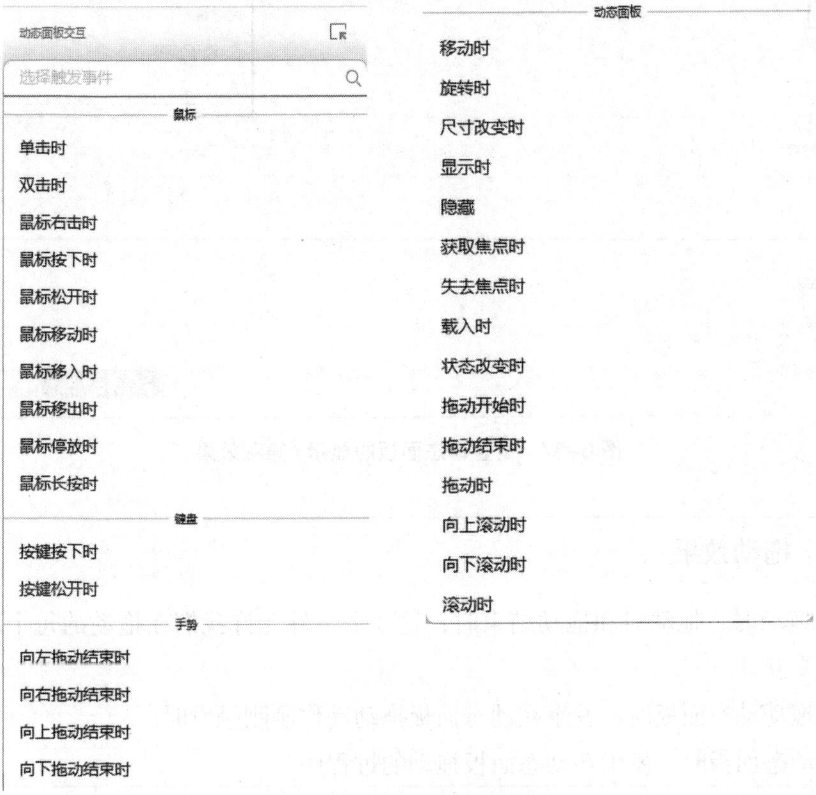

图 6-36　动态面板的交互事件

一般来说，与动态面板的交互，大部分都是通过按钮来触发的，只有一小部分是通过对动态面板的操作来实现的，如动态面板下的事件。下面将简单地举几个情景案例来帮助学习者理解动态面板的交互，具体会在综合案例中进行详细讲解。

（一）显示 / 隐藏效果

情景：动态面板的初始状态为“隐藏”，当载入页面时显示动态面板。

操作路径：载入时→显示 / 隐藏→选择要显示的动态面板→设置显示时的动画和时长，如图 6-37 所示。

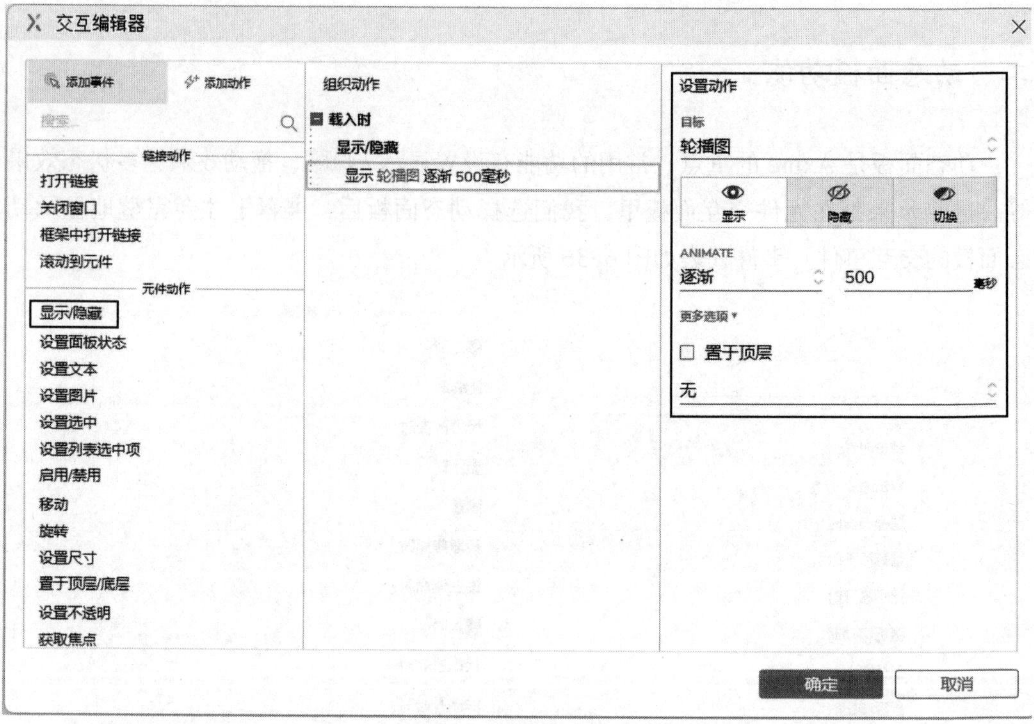

图 6-37　设置动态面板的显示 / 隐藏效果

（二）拖动效果

开始拖动时、拖动时和拖动结束时，这 3 个事件允许我们在拖动的每个阶段添加动态面板交互。

开始拖动动态面板时：发生在动态面板拖动动作刚刚触发时。

拖动动态面板时：发生在动态面板拖动的过程中。

结束拖动动态面板时：发生在动态面板拖动结束时。

情景 A：手机的滑动解锁功能。

情景 B：手机页面的纵向浏览功能。

情景 C：手机页面的横向换页功能。

以情景 C 为例制作 App 启动时的横向换页效果。

操作路径：点击选中动态面板→拖动时→添加情形判断→情形 1，如果当前面板状态是 State 1→设置面板状态到 State 2，并设置进入动画。添加情形→情形 2，如果当前面板状态是 State 2→设置面板状态到 State 3，并设置进入动画。添加情形→情形 3，如果当前面板状态是 State 3→设置面板状态到 State 1，并设置进入动画。具体设置界面如图 6-38 所示。

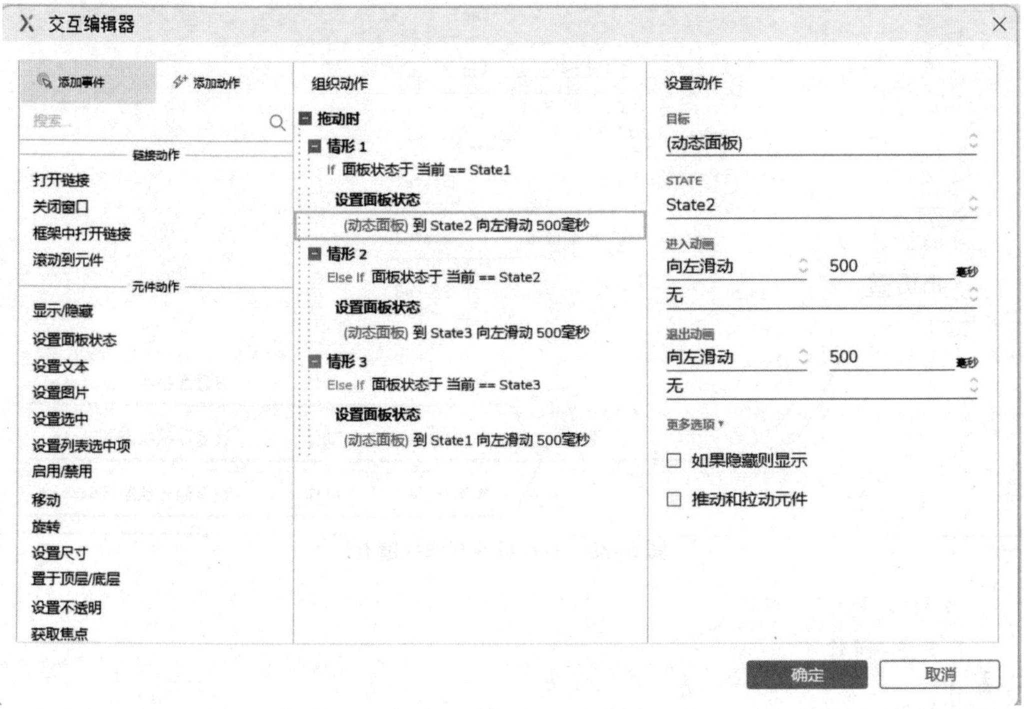

图 6–38　手机横向换页效果的操作路径

（三）多状态切换效果

动态面板的不同状态能实现图片轮播效果、图形转动效果、文本切换效果等。多状态切换效果也是动态面板中用得最多并且最灵活的效果。

情景 A：Tab 页签。

情景 B：菜单。

Tab 页签多状态切换交互效果将在下文中详细讲解。

总结：到现在我们应该理解了动态面板的相关知识点，那么下面就进行实战训练吧。

三、应用实例

（一）Tab 页签效果

介绍：Tab 页签动态面板可用于创建一个 Tab 页签。例如，Tab 有 3 个页签，当鼠标选中某个页签时，页签颜色发生变化，同时页签下的内容切换到对应的某个状态。

制作关键点：见图 6–39。

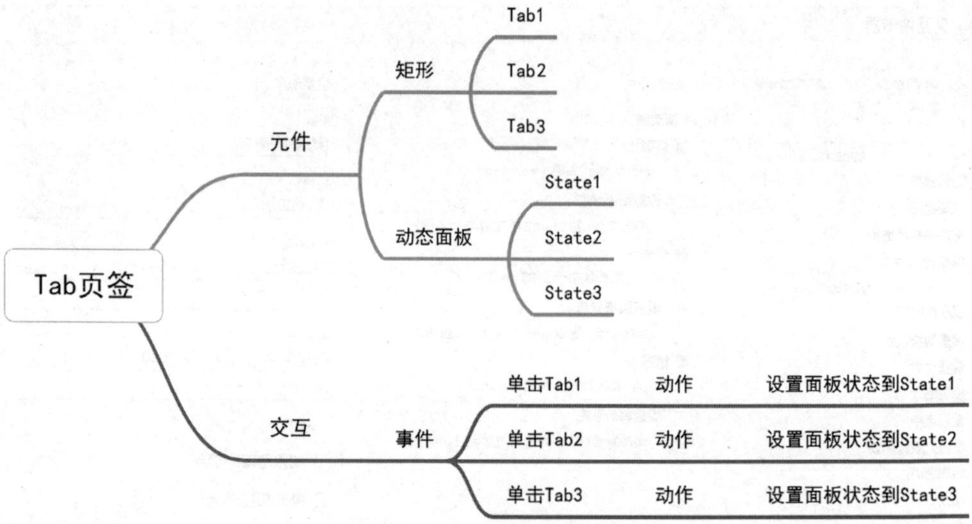

图 6-39　Tab 页签制作关键点

1. 元件制作

Step 1：从元件面板中将矩形拖入页面制作区域面板，双击该矩形元件，输入内容文字“Tab1”，在样式面板中调整填充颜色和线宽。将该矩形复制 2 份，等距排列，分别修改文字为“Tab2”“Tab3”，并修改颜色，见图 6-40。

Step 2：从元件面板中将动态面板拖入页面制作区域面板，并调整到合适大小，与 Tab1 对齐。双击动态面板，在 State1 中拖入矩形，调整矩形的颜色与大小（大小与动态面板大小一致）。在动态面板标签栏中点击“重复状态”，即可复制 State2 和 State3，分别修改 State2 和 State3 中矩形的颜色，见图 6-41。

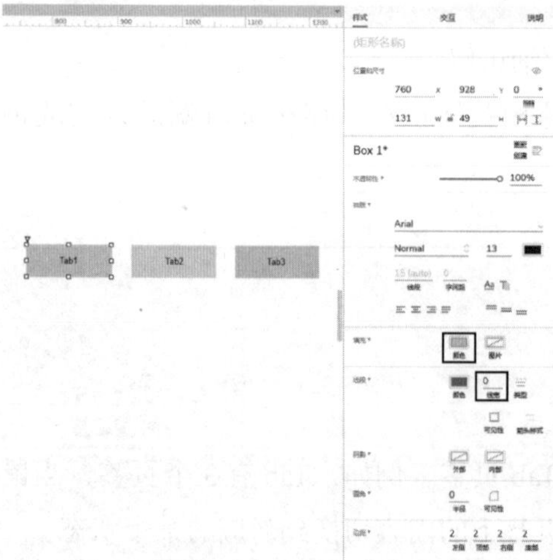

图 6-40　Tab 页签

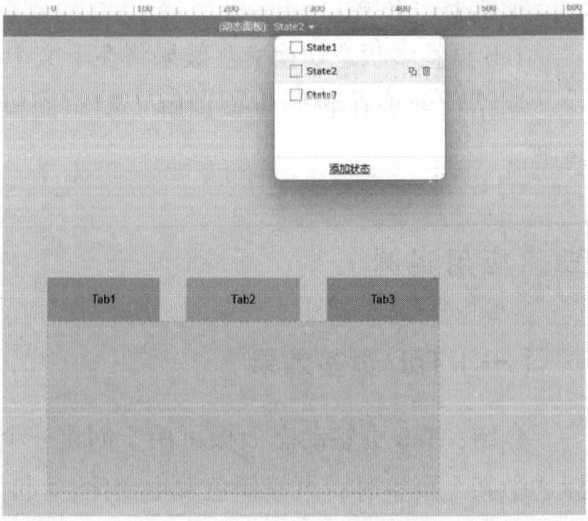

图 6-41　Tab 页签动态面板

2. 交互设计

选中 Tab1 矩形，在交互面板中，点击新建交互→单击时→设置面板状态到 State1，动画可根据需要选择；选中 Tab2 矩形，在交互面板中，点击新建交互→单击时→设置面板状态到 State2；选中 Tab3 矩形，在交互面板中，点击新建交互→单击时→设置面板状态到 State3，见图 6-42。

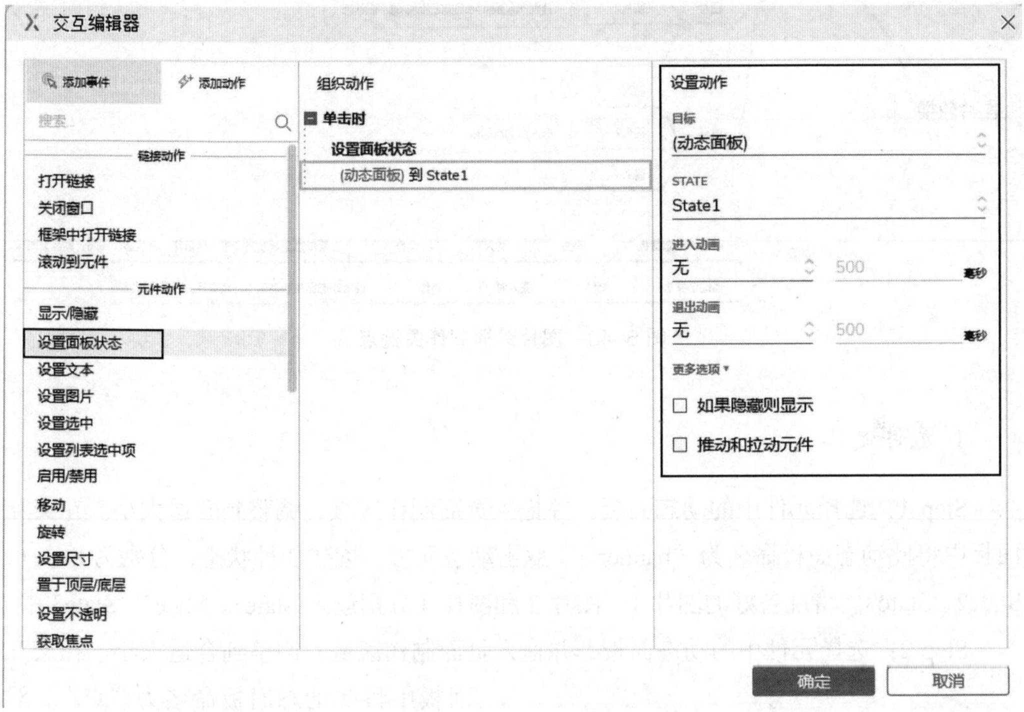

图 6-42　Tab 页签交互设计

（二）图片轮播

介绍：图片加载时自动以 3000 毫秒的速率循环播放。

制作关键点：见图 6-43。

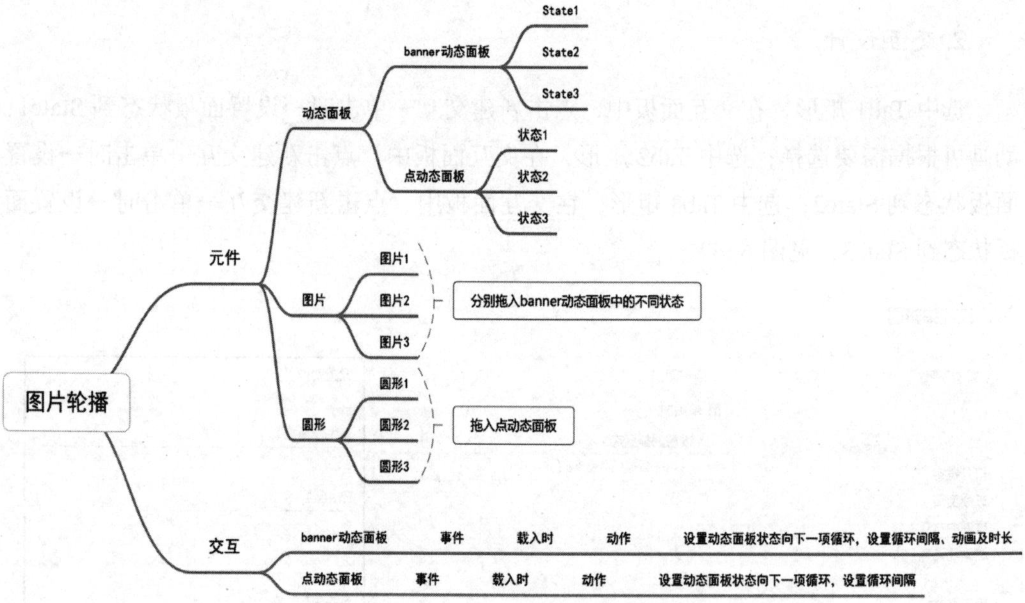

图 6-43　图片轮播制作关键点

1. 元件制作

Step 1：选择元件中的动态面板，并拖入页面制作区域，调整到合适大小。在交互面板中将此动态面板命名为“banner”。双击动态面板，创建 3 种状态，分别为 State1、State2、State3。将准备好的图片 1、图片 2 和图片 3 分别放入 State1、State2、State3 中。

Step 2：选择元件中的动态面板，并拖入页面制作区域，调整到合适大小。在交互面板中将此动态面板命名为“点”。双击动态面板，创建 3 种状态，分别为状态 1、状态 2、状态 3。在状态 1 中放入 3 个相同大小的圆形，并等距排列，填充颜色为“●●●”。复制状态 1 中的圆形到状态 2 中，修改颜色为“●●●”；复制状态 2 中的圆形到状态 3 中，修改颜色为“●●●”，见图 6-44。

图 6-44　图片轮播元件制作

2. 交互设计

Step 1：选中 banner 动态面板，在交互面板中，点击新建交互→载入时→设置面板状态→下一项→勾选向后循环→选择向左滑动地进入动画，时间为 250 毫秒→设置循环间隔为 3000 毫秒→勾选首个状态延时 3000 毫秒后切换，见图 6-45。

Step 2：选中点动态面板，在交互面板中，点击新建交互→载入时→设置面板状态→下一项→勾选向后循环→进入动画不作设置→设置循环间隔为 3000 毫秒→勾选首个状态延时 3000 毫秒后切换，见图 6–46。

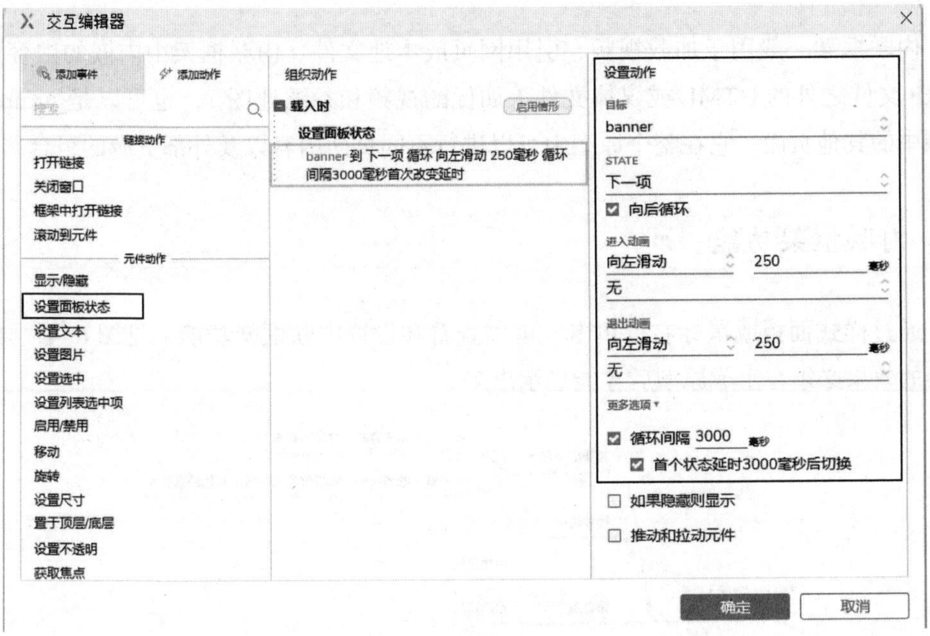

图 6–45　banner 动态面板交互设计

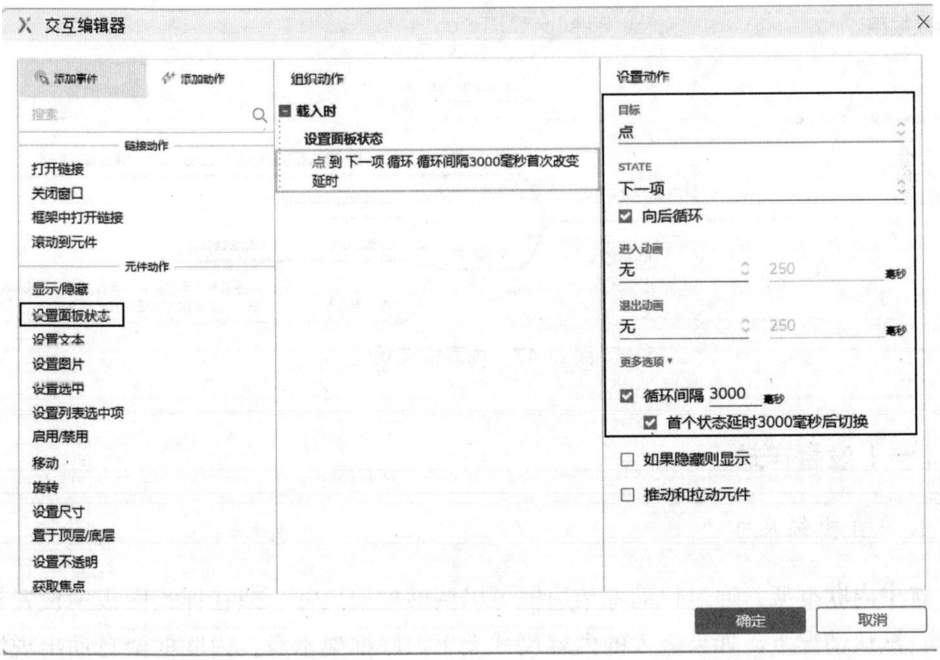

图 6–46　点动态面板交互设计

第四节　内联框架应用

内联框架一般用于加载视频、引用网页或本地文件。内联框架中内嵌的内容可以是 RP 文件之外的 HTML 或媒体文件（如优酷视频和谷歌地图），也可以是 Axure RP 原型中的其他页面。它在整个原型中可以进行不同页面内容以及外部资源的组合。

一、内联框架功能

通过样式面板或鼠标右键单击，可以查看和设置内联框架功能，见图 6-47。内联框架的效果必须在生成原型后才能显示出来。

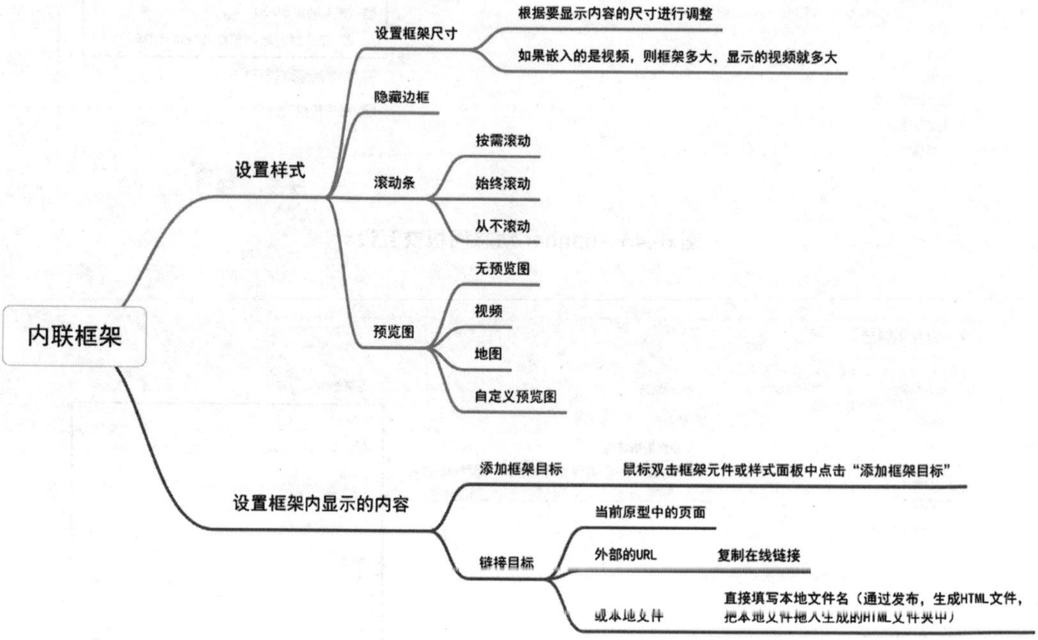

图 6-47　内联框架功能

（一）设置样式

1. 设置框架尺寸

选中内联框架，通过拉动框架边框可以调整框架尺寸，或在样式面板中设置框架尺寸。默认情况下，如果嵌入的内容尺寸大于内联框架本身，内联框架自动出现滚动条。如果嵌入内容高于框架，显示垂直滚动条；如果嵌入内容宽于框架，显示水平滚动条。如果嵌入的是视频，则框架多大，显示的视频就多大。

2. 隐藏边框

默认情况下，内联框架在页面制作区域面板和浏览器中都显示边框，边框的样式由 Web 浏览器控制。如需隐藏边框，鼠标单击选择内联框架，在样式功能面板中勾选“隐藏边框”复选框即可，见图 6–48。

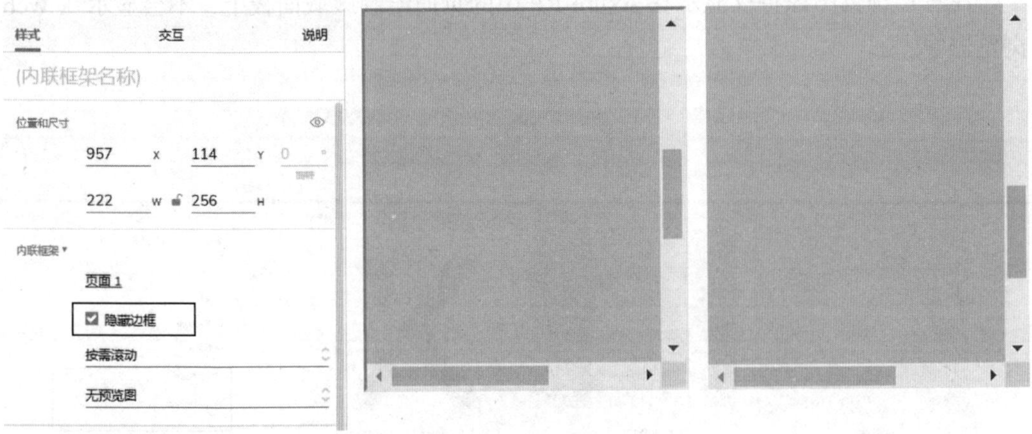

图 6–48　内联框架隐藏边框设置

3. 滚动条

在样式面板中设置滚动方式：按需滚动、始终滚动、从不滚动，见图 6–49。

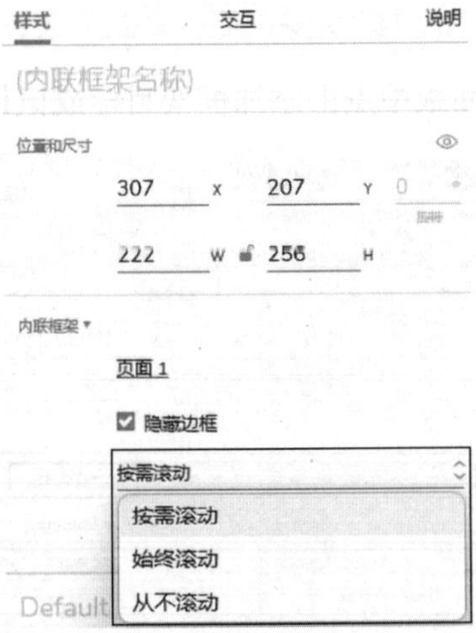

图 6–49　内联框架滚动条设置

4. 预览图

只有页面加载到Web浏览器，内联框架元件中嵌入的内容才被动态加载。因此，嵌入内容不会出现在Axure RP中的页面绘制区域面板上。为了在原型制作过程中标识框架内容，可以通过给框架提供预览图像来提示它的内容。

选择一个内联框架元件，在样式功能面板的“预览”下拉列表中选择以下选项之一：无预览、视频、地图、自定义预览（允许导入自己的图像），见图6-50。

注意：预览图像将仅显示在Axure RP中的页面绘制区域面板上，不会显示在Web浏览器中。

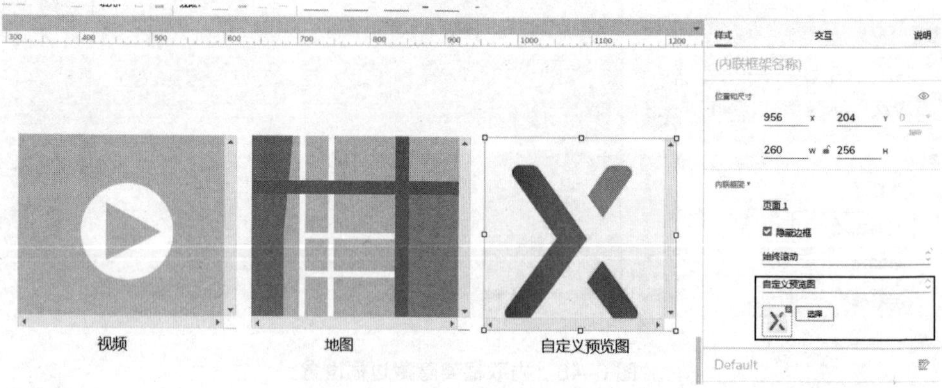

图6-50　内联框架预览图设置

（二）设置框架内显示的内容

1. 添加框架目标

选中内联框架，在样式面板中点击添加框架目标或鼠标双击内联框架，见图6-51。

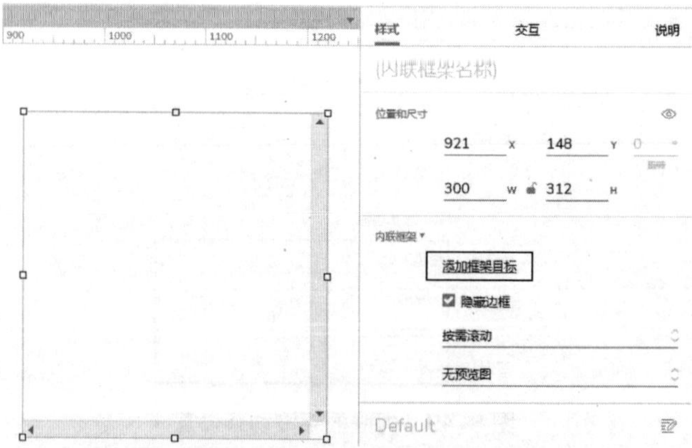

图6-51　内联框架添加框架目标的方式

2. 链接目标

（1）链接一个当前原型中的页面，此选项是链接到当前设计的任何一个页面，点击需要链接的页面即可，见图 6-52。

（2）链接一个外部的 URL 或文件。链接到外部任何 URL，输入可以被链接到的网址即可；链接到本地文件，直接填写本地文件名。原型文件通过发布，生成 HTML 文件，把链接的本地文件直接拖入生成的 HTML 文件夹中即可被查看到。

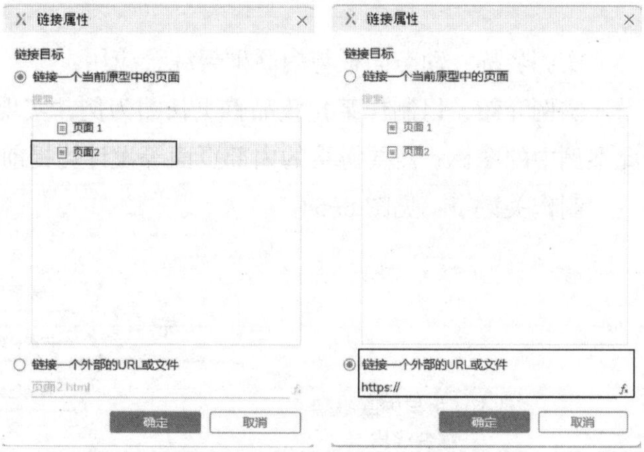

图 6-52　内联框架链接目标的方法

二、内联框架与动态面板综合应用分析

动态面板的特点是显示的内容在固定区域内，超出该区域的部分将不显示，如果要显示就会出现滚动条。但在移动终端平台中，本身屏幕就相对比较小，所以一般是不显示滚动条的。

内联框架的特点是内容超出显示区域后将在横向和竖向上显示滚动条。

通过分析以上两个元件的特点，我们不难想到，如果将内部框架置于动态面板内部，但是保持横向和竖向的滚动条在动态面板外部，就可以让任意长度、大小的内容自动实现滚动效果而不显示滚动条，如图 6-53 所示。

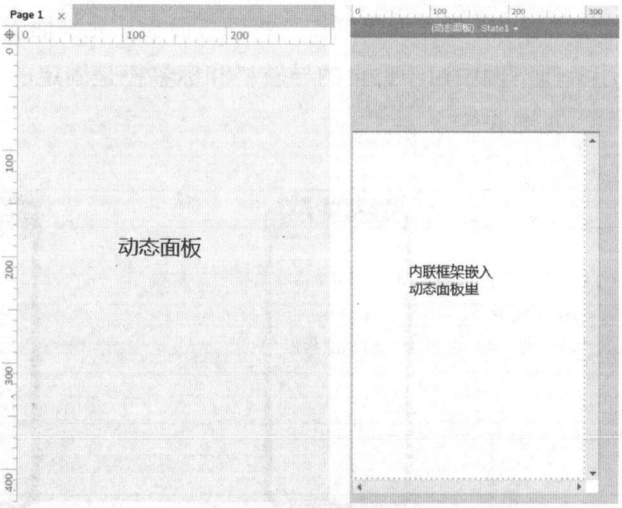

图 6-53　内联框架与动态面板的结合

三、应用实例

实例名称：动态面板与内联框架综合应用。

实例介绍：以制作某化妆品首页长图为例，实现长图的手部滑动或鼠标滚动效果，此案例中的图标、需要链接的内部页面等设计均提前完成，不作重点讲解。

制作关键点：见图 6-54。

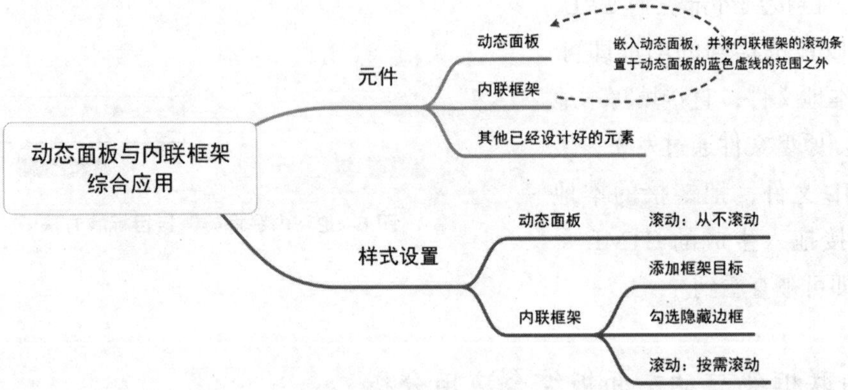

图 6-54　动态面板与内联框架综合应用制作关键点

操作路径：

Step 1：动态面板制作。将动态面板从元件面板中拖入手机壳内，并调整到合适大小，此案例中由于首页的导航栏和标签栏是固定的，所以动态面板无须覆盖到上述位置，见图 6-55。

图 6-55　动态面板的制作

图 6-56　内联框架的制作

Step 2：内联框架嵌入动态面板。双击动态面板，该动态面板下只有一个状态，进入该状态的编辑区域，将内联框架从元件面板中拖入动态面板，并将内联框架的滚动条置于动态面板的蓝色虚线的范围之外，见图 6-56。

Step 3：样式设置。点击动态面板，在样式面板中选择从不滚动。选择内联框架，在样式面板中点击“添加框架目标”，选择已制作好的“首页长图”。勾选“隐藏边框”，滚动方式选择“按需滚动”，见图 6-57。

按下快捷键 F5 可对原型进行预览，见图 6-58。

图 6-57　样式设置

图 6-58　预览效果

第五节 高级交互设计方法

要想轻松精通Axure这款工具，高级交互功能是必须学会的，这样才能随心所欲地制作出想要的任何交互效果原型。学过这一节后，必须掌握条件逻辑、熟悉元件的属性、理解如何设置和应用变量、如何使用中继器等。

一、逻辑条件

我们在讲情形操作时提到过逻辑条件，逻辑条件会让我们的交互变得更加灵活。我们要做的工作就是添加逻辑条件和选择对象，这一操作相对比较简单。

可以在设计的任何交互中加入逻辑条件，条件可以基于原型中控件上输入的值，也可以基于某个变量值。

（一）If...Then...Else逻辑语句

当一个事件包含多个情形时，可以使用逻辑条件来确定哪些情形下动作会被执行。可以通过构建If/Else序列来实现这一点。在Axure中不需要使用者自己编写语句，我们只需要设计清楚逻辑关系，然后根据逻辑关系进行逻辑条件的添加。在Axure中，情形、逻辑条件和语句的关系如图6-59所示。

If...Then...Else是最常见的逻辑语句，它的运用让交互变得更加简单，从图6-59中可以看出，Then关键词是省略掉的，If语句是可以嵌套的。在同一时刻，动作1、动作2和动作3只能执行一个，也就是说，Axure中的多个情形在同一时刻只能执行一个，要想执行满足条件的多个情形，则可以不使用If语句的嵌套。Axure默认的是If语句的嵌套，而不是严格的顺序执行。

默认情况下，事件下的第一个条件情形是If语句，而后面的所有情形都是If/Else链中的其他事例。我们可以将Else If情形更改为If情形。在交互面板中，鼠标右键点击情形，选择“切换If/Else If”，则可以将系统默认的Else If切换为If，如图6-60所示。

这里If后面的逻辑条件可以是单独的一个条件，也可以为多个条件，多个条件的关系可以同时满足也可以只满足其中的一个。在多个条件中，用“并且”和“或者”关键词来表示，例如A并且B，就是同时满足A条件和B条件；而A或者B，则是满足A或B中的任何一个条件。

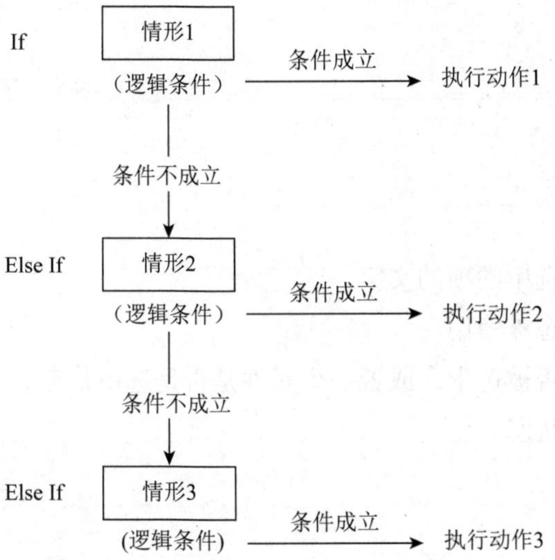

图 6-59　情形、逻辑条件和语句的关系

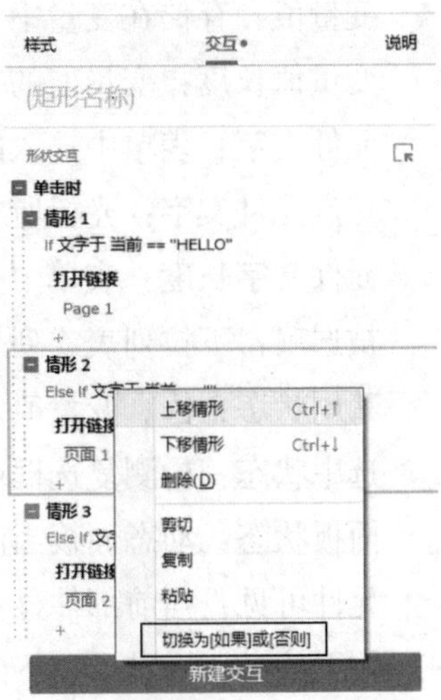

图 6-60　切换条件

（二）条件生成器

条件生成器就是添加条件的界面，可以添加一个条件，也可以添加多个条件，在条件生成器中可以设置多个条件之间的关系，并轻松创建条件表达式，如图 6-61 所示。

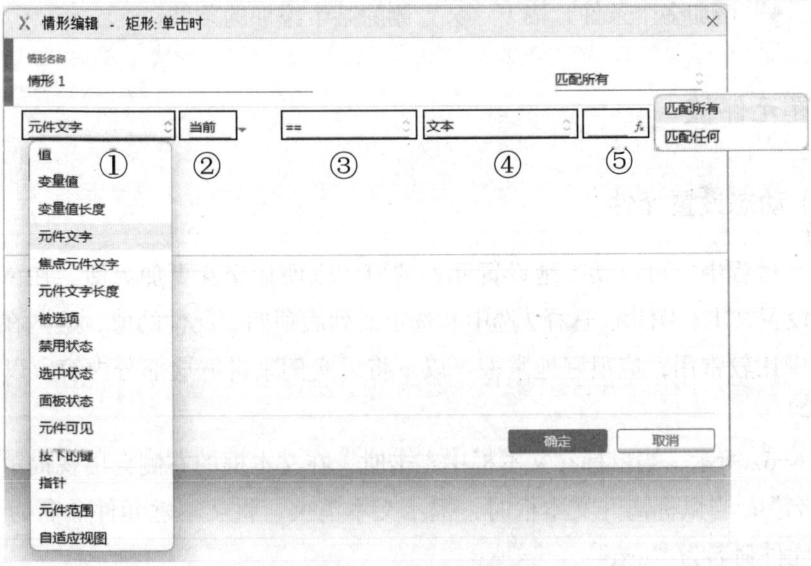

图 6-61　条件生成器

图 6-61 中各部分的说明如下：

①为 Axure 中所有可用的条件列表，可以建立基于以下元件类型的值的条件。

值：文本 / 数字的值或变量。

变量值：存储在变量中的当前值。

变量值长度：变量值的字符数。

元件文字：表单中输入的文字。

焦点元件文字：光标所在元件上的文字。

元件文字长度：表单中文本的字符数。

被选项：下拉列表或列表选择框中被选中的项的文字。

禁用状态：值、变量值及元件选中状态被禁用。

选中状态：检测复选框或单选按钮是否被选中，或者一个元件是否是选中状态。

面板状态：动态面板当前显示的某个状态。

元件可见：当前部件显示或隐藏。

按下的键：键盘上按下的某个键。

指针：拖拽某个元件时光标当前的位置。

元件范围：部件之间是否接触。

自适应视图：自适应当前的视图。

②为指定的元件，即判断某个元件的某个条件。

③为条件对比的类型，包括 =、≠、<、>、≤、≥、包含、不包含、是和不是。

④和⑤是要对比的指定元件的值类型和赋的值。

按下“+”增加多个条件，按下“×”删除某个添加的条件。

二、设置元件值

（一）动态设置元件

在交互过程中，可以动态地设置元件的值，以便让交互更加灵活。在 Axure 中可以动态地设置文本、图片、选择 / 选中和选定的列表项四类元件的值，这些在原型交互设计应用中比较常用，应很好地掌握。以下将以实例来讲解这部分内容，以帮助读者理解和学习。

如图 6-62 所示，当鼠标在文本框中点击时，在文本框的右侧会出现提示文本“请输入用户名”；当鼠标离开文本框时，提示文本消失。将文本框元件命名为“input”，提示文本元件命名为“text”。

Step 1：选中文本框“input”，在元件交互面板中点击“新建交互”，选择“获取焦点时”，点击“设置文本”→选择“text”→设置文本值为“请输入用户名”，如图 6-63 所示。

Step 2：选中文本框“input”，在元件交互面板中点击“新建交互”，选择“失去焦点时”，点击“设置文本”→选择“text”→设置文本值为“　”（注意此处什么都不输入意味着是“空”）。操作过程同 Step 1，只需要将文本设置值“请输入用户名”删掉即可，如图 6-64 所示。

图 6-62　文本框

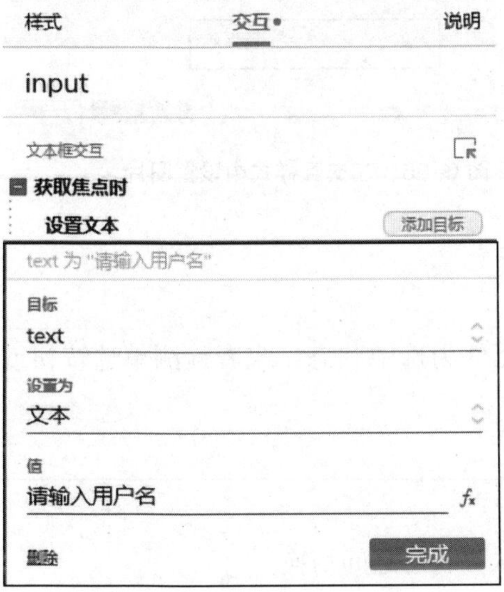

图 6-63　文本框获取焦点设置

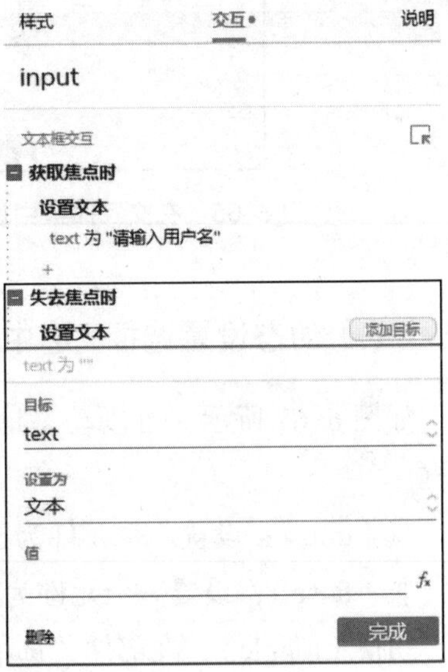

图 6-64　文本框失去焦点设置

（二）动态设置图片

该动作可以动态更新页面中的图片。设置方法如下：

（1）在交互面板中设置图片：选择事件→设置图片，对该图片进行五种状态的动态设置，即默认、鼠标悬停时、鼠标按下时、鼠标选中和禁用，在这五种状态下可以导入不同的图片，如图 6-65 所示。

（2）在交互样式中设置图片：选中图片，单击鼠标右键，选择“交互样式”进行设置，如图 6-66 所示。

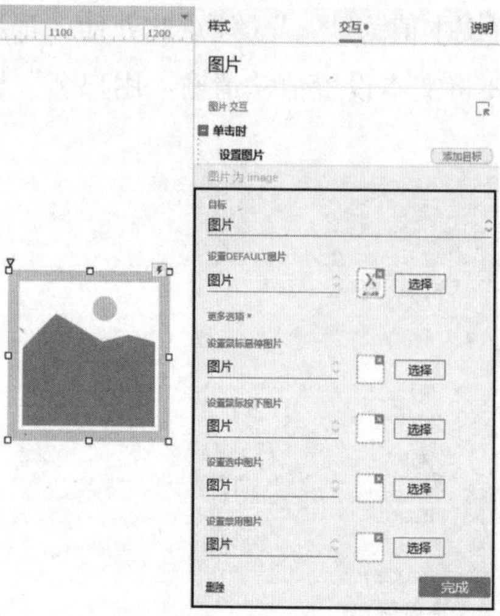

图 6-65　在交互面板中设置图片

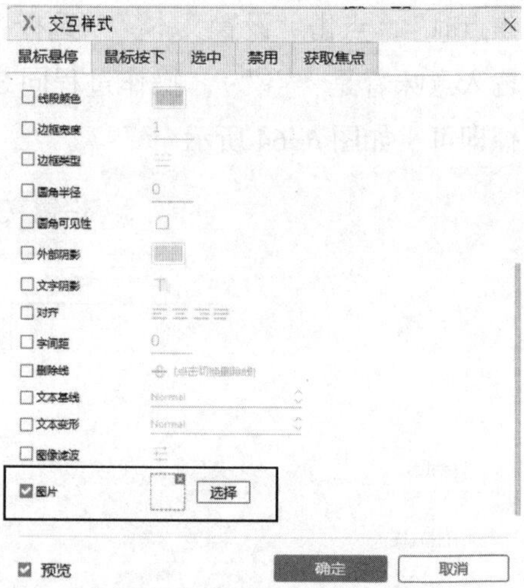

图 6-66　在交互样式中设置图片

（三）动态设置选择 / 选中

如图 6–67 所示，可以动态地设置一个元件为选中状态，或者检测单选按钮或复选框。

真（true）：设置一个元件为选中状态。

假（false）：设置一个元件为默认状态。

切换（toggle）：在部件“选中”与“默认”状态之间切换。

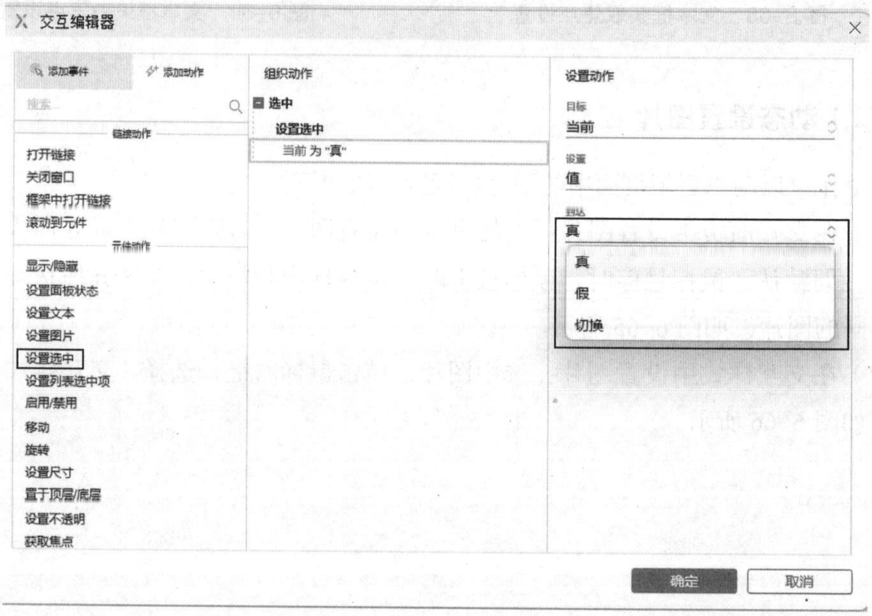

图 6–67　设置元件的状态

三、变量

当用户在原型中进行点击时，变量被用于在页面之间传递和存储数据，这样变量就能在页面之间保持下去。在 Axure 文件中最多可使用 25 个变量。变量可以在交互设计和逻辑条件中使用。简单来说，变量就是数据传递的桥梁，是页面和页面之间沟通的渠道。

（一）变量的管理

对整个项目原型中使用的变量进行管理，可以通过添加、删除和增加变量以及为变量排序等方式。管理变量在菜单栏的“项目→全局变量”中进行，里面显示了所有在该项目中用到的全局变量，如图 6-68 所示。

所谓全局变量就是在整个原型项目中该变量都有效，可以传递使用。

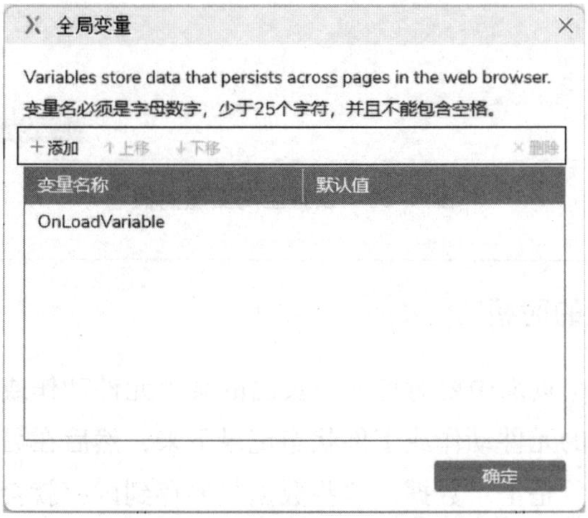

图 6-68 管理全局变量界面

（二）变量的申请与设置

变量的申请可以在两个地方进行，一是可以在“全局变量”管理中点击“+”进行变量的申请。变量的命名规则是：必须为字母和数字，要少于 25 个字符，且变量名里面不能包含空格。二是可以在添加交互的时候直接申请，直接使用。例如我们在对一个按钮添加动作后，要设置变量值，则可以直接在配置动作栏申请一个变量，并且直接使用该变量（即可以为该变量赋值）。

在未提前在变量管理中申请变量的情况下，申请并设置变量值，如图 6-69 所示。

①点击“设置变量值”动作。

②点击“添加变量”，即可进入变量管理面板，点击“+”即可快速申请一个变量。

③设置变量值，即设定变量在该动作后应当为哪个值。变量的值可以为用户直接输入的任何值，也可以等于另一变量的值、另一变量值长度、元件文字、动态面板状态等。

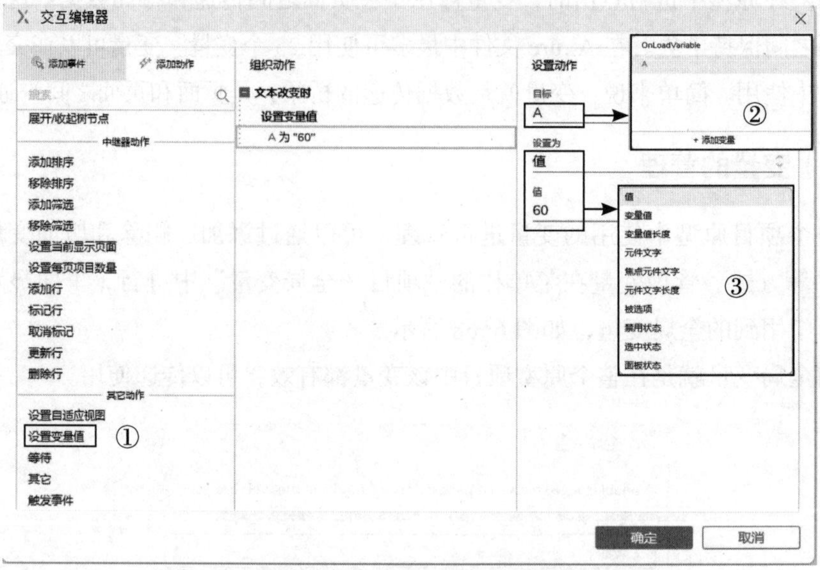

图 6-69　设置全局变量的值

（三）使用变量的时机

简单地说，在一个页面中要对另一个页面的某个元件动作或事件的状态进行访问时，就要把那个页面的元件动作或事件状态记录下来，然后在另一个页面把这个记录打开就可以了。记录就是记录数据，这些数据只要存到内存就会有记录。因此，要在内存中为这些数据分配一定的存储空间，这个存储空间就是变量，变量名为存储空间的名称。具体的变量应用过程如图 6-70 所示。图中清晰地表现了变量 VAR1 和 VAR2 是如何在页面 A 和页面 B 之间传递数据的。

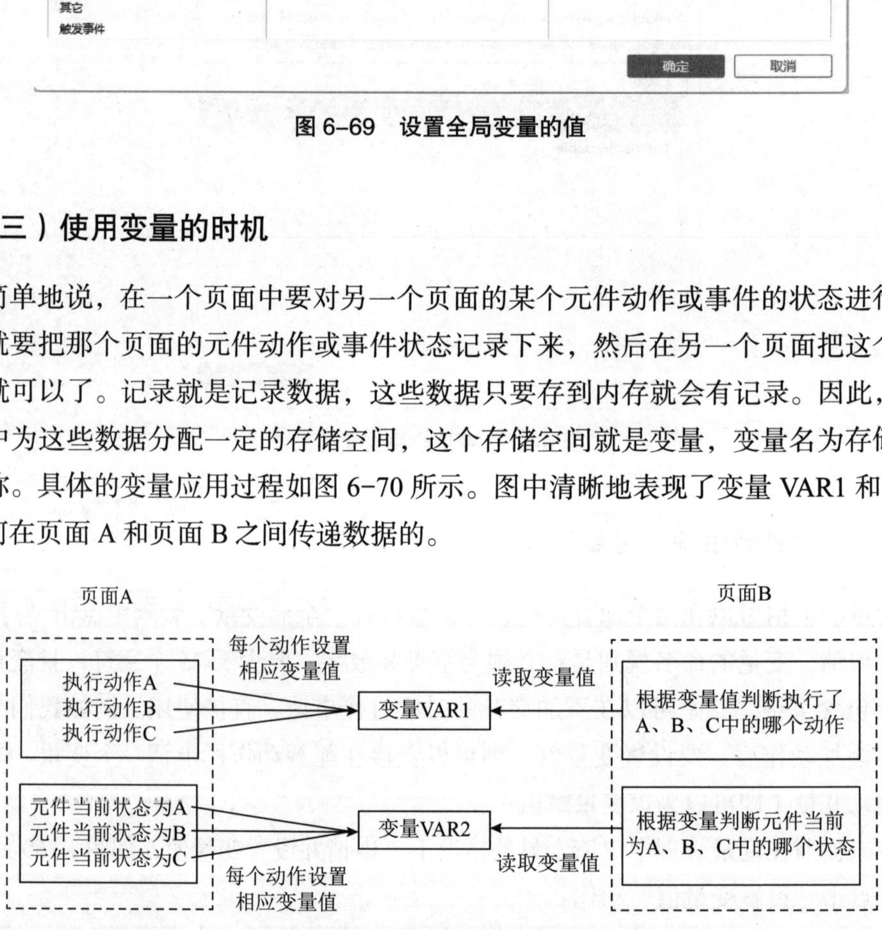

图 6-70　变量应用过程示意图

四、中继器的应用

中继器就是一个数据集的容器，可以将它理解为带数据交互功能的“模拟数据库”。它是一款高级元件，用来显示重复的文本、图片和链接，通常使用中继器来显示商品列表、联系人信息列表、数据表或其他。

（一）中继器的基础

中继器一共有 11 个动作，其中包括 6 个中继器动作和 5 个数据集动作。在原型制作中，它可以导入图片和数据；在交互上，它可以实现新增行、删除行、标记行、排序、筛选等。配合函数使用，中继器还可以实现更多高级交互效果，功能类似于数据库，非常方便、实用。

1. 中继器的样式

行和列的基础操作：从元件库中找到中继器元件，直接拖动到页面制作区域面板中，默认为三行一列。在样式面板中可以修改中继器的相关属性。点击样式面板中的“数据”，可以修改当前中继器中的行和列。如：增加行（上方或下方）、增加列（左方或右方）、删除行和列、上下移动行和列，见图 6-71。

显示增加的列：在中继器中，点击添加行，中继器会实时显示添加的行，点击添加列，则需要在交互面板中设置文本，将添加的列进行关联。例如，在中继器中添加第二列，命名为 Column1，并在每行中依次输入 A、B、C、D。切换到交互面板中，我们能看到已有 Column0 的值为“[[Item.Column0]]”，继续点击“+”，选择“设置文本”，将目标 Column1 的值设置为[[Item.Column1]]，点击确定，见图 6-72。

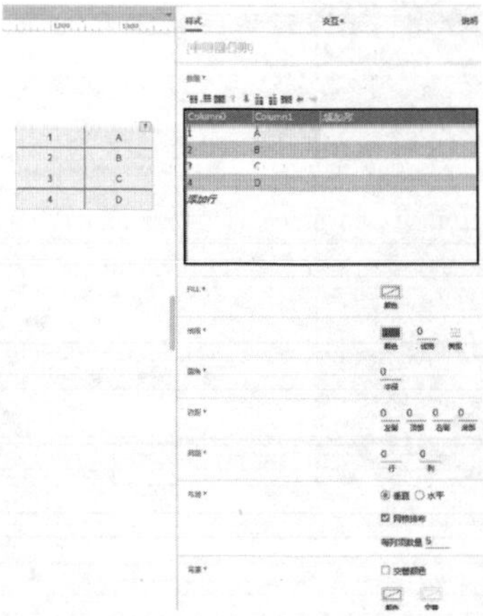

图 6-71　行和列的基础操作

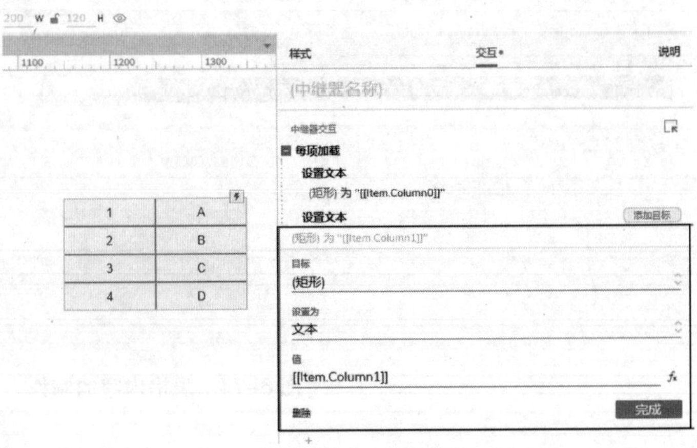

图 6-72　显示增加的列

其他设置：能够调整行和列的边距、间距、布局方式等。

2. 中继器的动作

中继器的动作共有11项，分别为添加排序、移除排序、添加筛选、移除筛选、设置当前显示页面、设置每页项目数量、添加行、标记行、取消标记、更新行、删除行。这些动作可以动态地改变中继器的数据集，从而在页面中动态显示不同的内容，也可以在页面中对显示的数据集进行如删除、添加等操作。

（二）中继器的实例

实例名称：利用中继器制作成绩单。

实例介绍：利用中继器制作成绩单，对成绩单进行排序、增加行、删除行、筛选等。

操作路径：

Step 1：制作成绩单表头。

矩形元件：将矩形元件拖入页面制作区域面板，调整为合适大小，填充颜色，作为表头的背景色。

文本标签元件：分别拖入6个文本标签元件，输入字段为“序号、学号、姓名、班级、分数、操作”。为了方便查找，在样式面板中将6个文本标签依次命名为“序号、B1、B2、B3、B4、B5”。在“分数”栏添加准备好的“排序”图标，见图6-73。

图6-73 表头的制作

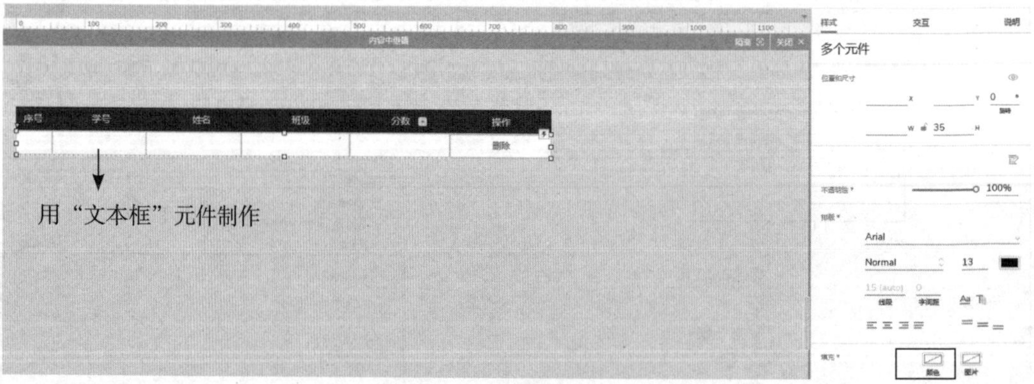

图6-74 表格内容的制作

Step 2：制作成绩单表格内容。

中继器元件与文本框元件：将中继器元件拖入页面制作区域面板，并命名为“内容中继器”。双击中继器进入编辑区域，将中继器中自带的矩形元件删除，分别拖入 6 个文本框元件作为表格内的 6 列内容，并依次命名为“序号 0、表 1、表 2、表 3、表 4、删除”。在样式面板中将 6 个文本框元件的填充色选择为“无填充色”（为后续表格背景做交替色准备），见图 6-74。

中继器样式设置：选择中继器，在样式面板中点击数据，填充表格“数据”下的内容，可在“数据”样式下对表格进行增加、删除行和列，上下移动行，左右移动列等操作。布局选择垂直，背景选择交替颜色，见图 6-75。

中继器交互设置：将中继器样式中填写的数据与中继器表格进行关联。选择中继器，在交互面板中设置文本的值，设置序号 0 为［［Item.Column0］］，表 1 为［［Item.Column1］］，表 2 为［［Item.Column2］］，表 3 为［［Item.Column3］］，表 4 为［［Item.Column4］］，见图 6-76。关联后的效果见图 6-77。

其他元件的应用：用“下拉列表”元件制作分数筛选的按钮。双击“下拉列表”，添加不同的分数段用于筛选。“+”图标用于增加表格的行。“〈 〉”代表翻页图标，见图 6-78。

成绩单表格整体样式预览效果，见图 6-79。

图 6-75　中继器样式设置

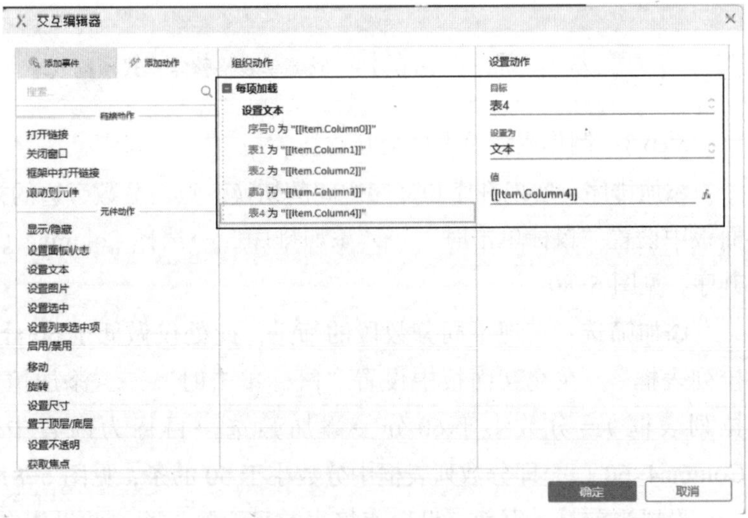

图 6-76　中继器交互设置

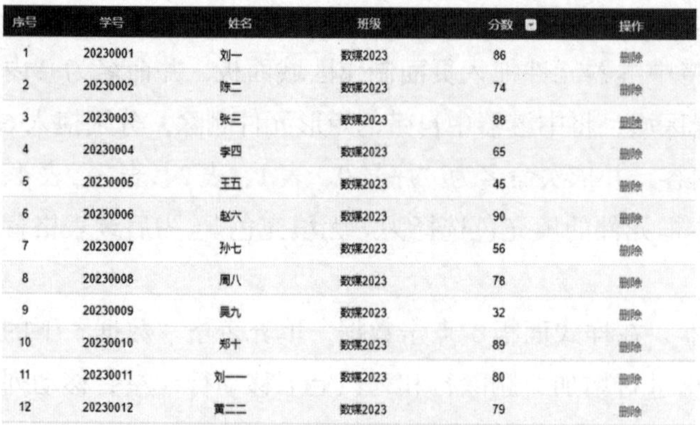

序号	学号	姓名	班级	分数	操作
1	20230001	刘一	数媒2023	86	删除
2	20230002	陈二	数媒2023	74	删除
3	20230003	张三	数媒2023	88	删除
4	20230004	李四	数媒2023	65	删除
5	20230005	王五	数媒2023	45	删除
6	20230006	赵六	数媒2023	90	删除
7	20230007	孙七	数媒2023	56	删除
8	20230008	周八	数媒2023	78	删除
9	20230009	吴九	数媒2023	32	删除
10	20230010	郑十	数媒2023	89	删除
11	20230011	刘一一	数媒2023	80	删除
12	20230012	黄二二	数媒2023	79	删除

图 6-77　中继器关联后的效果图

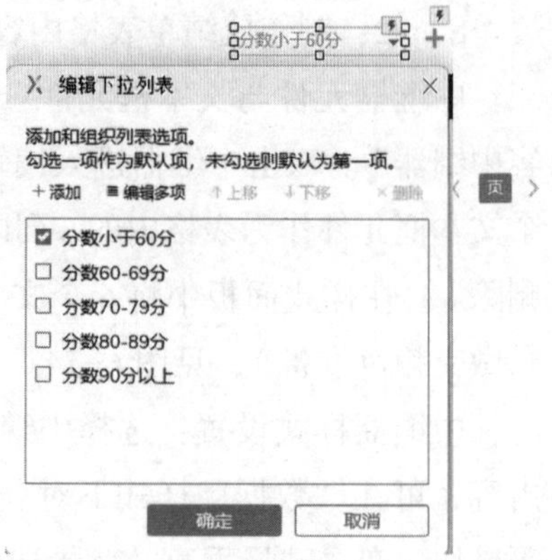

图 6-78　其他元件的应用

序号	学号	姓名	班级	分数	操作
1	20230001	刘一	数媒2023	86	删除
2	20230002	陈二	数媒2023	74	删除
3	20230003	张三	数媒2023	88	删除
4	20230004	李四	数媒2023	65	删除
5	20230005	王五	数媒2023	45	删除
6	20230006	赵六	数媒2023	90	删除
7	20230007	孙七	数媒2023	56	删除
8	20230008	周八	数媒2023	78	删除
9	20230009	吴九	数媒2023	32	删除
10	20230010	郑十	数媒2023	89	删除
11	20230011	刘一一	数媒2023	80	删除
12	20230012	黄二二	数媒2023	79	删除

图 6-79　成绩单表格整体样式预览效果

Step 3：制作成绩单表格交互。

添加排序：实现升序和降序之间的切换。点击分数旁边的排序按钮“ ”，在交互面板中设置“鼠标单击时”→“添加排序”→选择 Column4（成绩列）→切换排序→升序，见图 6-80。

添加筛选：实现不同分数段的筛选，此处仅做低于 60 分的筛选演示。选择“下拉列表框”，在交互面板中设置“鼠标单击时”→“添加情形”→如果被选项（下拉列表框）= 分数小于 60 分→添加筛选→目标为内容中继器→规则为［［Item.Column4<60］］，即分数列表框中分数小于 60 的条，见图 6-81。

设置当前显示页面：设置表格当前显示的页面，此设置针对 2 页以上的表格，可以分页显示。因此，在中继器样式中需要设置分页显示，勾选多页显示，每页项数量在此案例中为 10，即一页只显示 10 条信息，见图 6-82。选择“<”图标，见图 6-83。

在交互面板中，点击新建交互，选择“鼠标单击时”→“设置当前显示页面”→目标为“内容中继器”→页面为“上一页”，见图 6-84。下一页的交互与上一页的相似，只需要将页面选择为“下一页”即可，此处不再赘述。

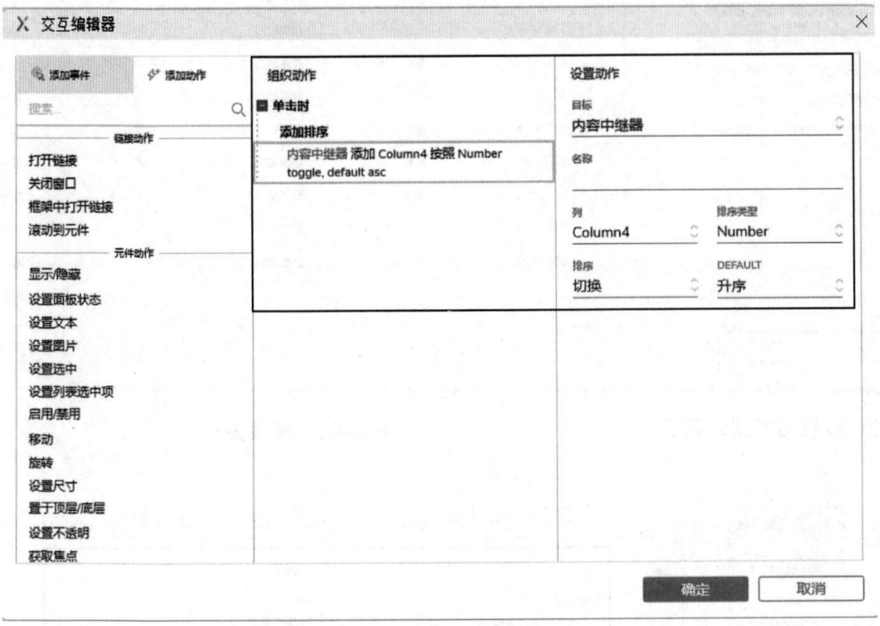

图 6–80　添加排序

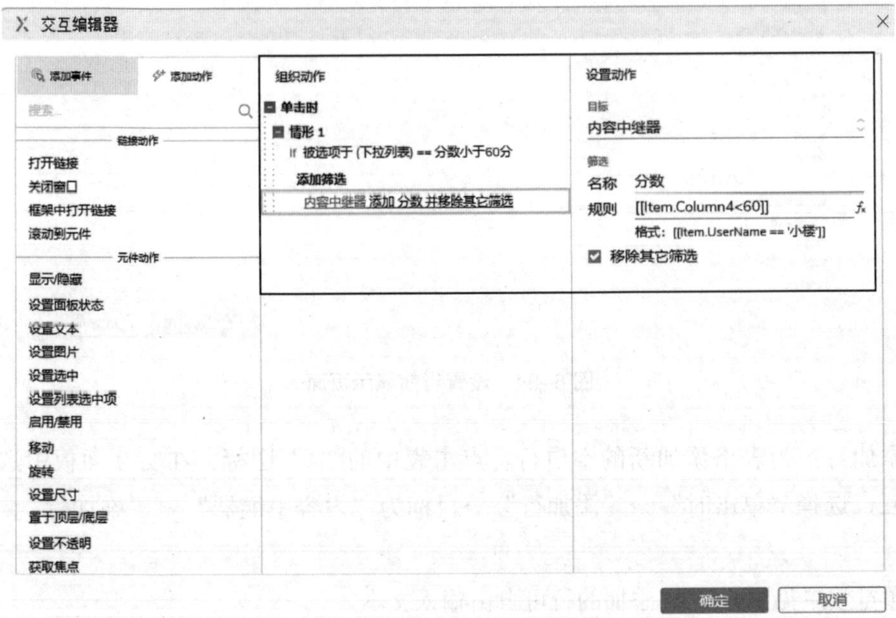

图 6–81　添加筛选

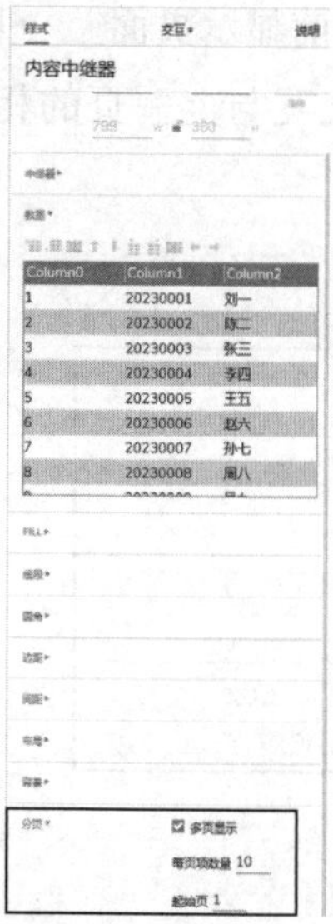

图 6-82　设置当前显示页面

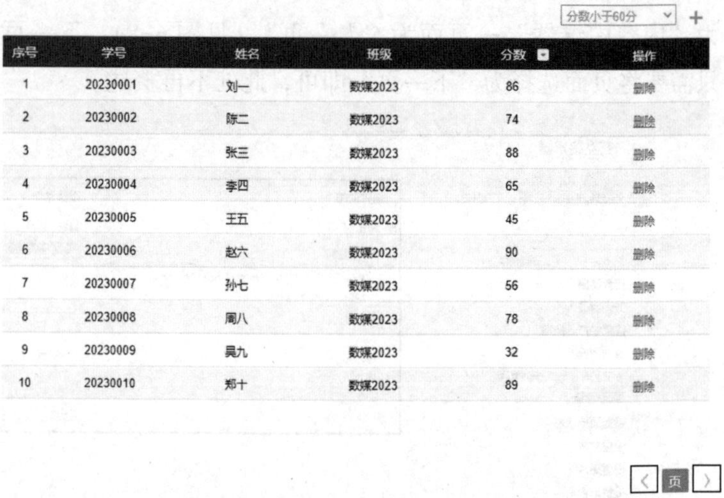

图 6-83　翻页图标

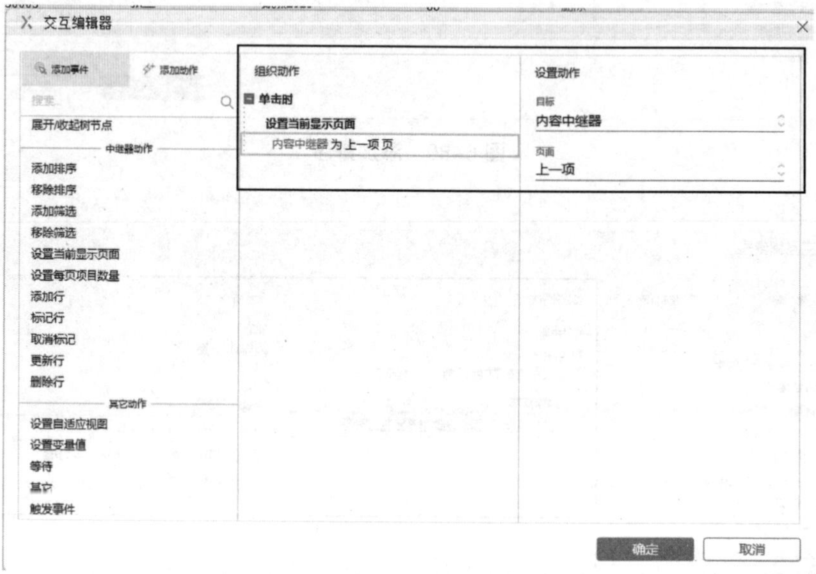

图 6-84　设置当前显示页面

添加行：为表格添加新的空白行。点击表中的“+”图标，在交互面板中选择新建交互，选择“单击时”→“添加行”→目标为“内容中继器”→“添加行”，见图 6-85。

预览效果见图 6-86，添加的行可自由输入文本。

删除行：删除表格中的某一行。选择表格中的“删除”，在交互面板中选择新建交互，选择“单击时”→“删除行”→目标为“内容中继器”→“当前行”，见图 6-87。

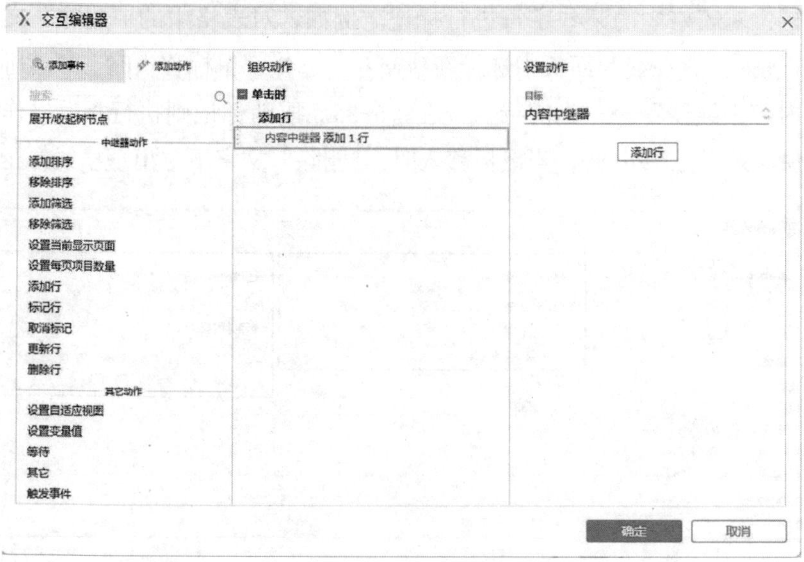

图 6–85　添加行

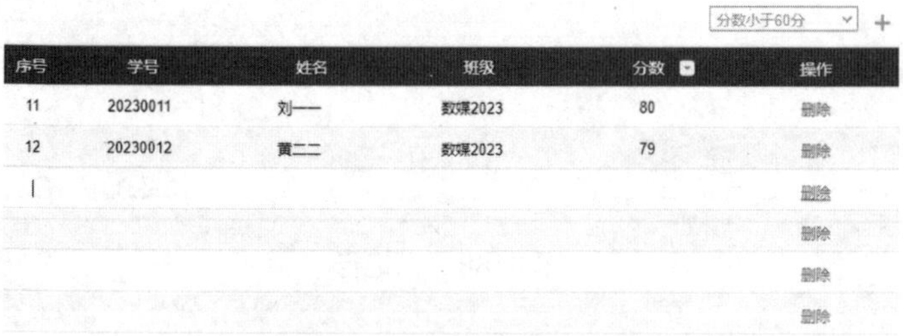

图 6–86　添加行预览效果

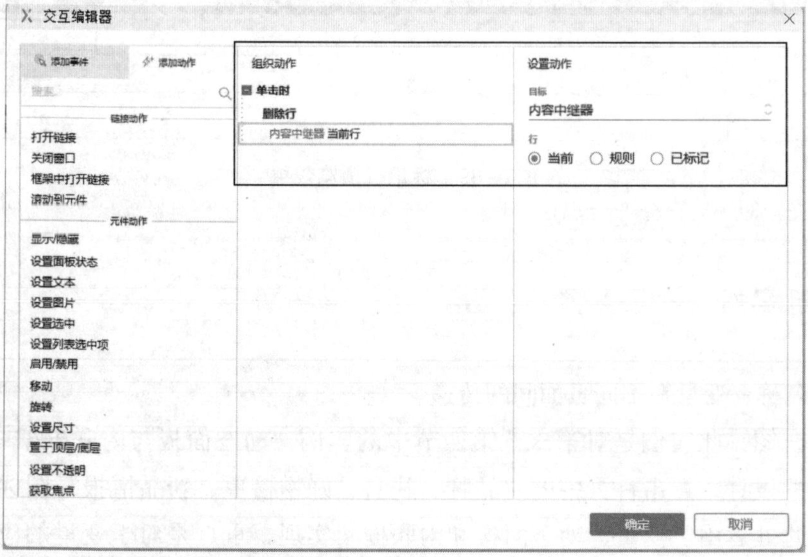

图 6–87　删除行

标记行：对表格中的某些字符进行标记。例如，对表格中的“删除”文字进行标记。选择“删除”，在交互面板中选择新建交互，选择“鼠标移入时”→“标记行”→目标为“内容中继器”→“当前行”，见图 6-88。取消标记则执行相反操作，此处不再赘述。预览效果见图 6-89，当鼠标移入时，“删除”文字下方出现横线标记。

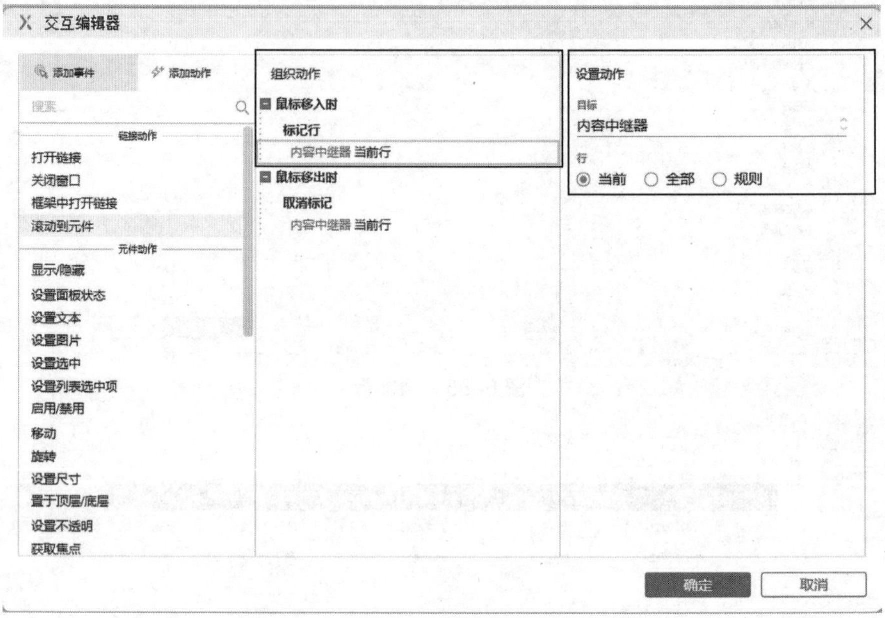

图 6-88　标记行

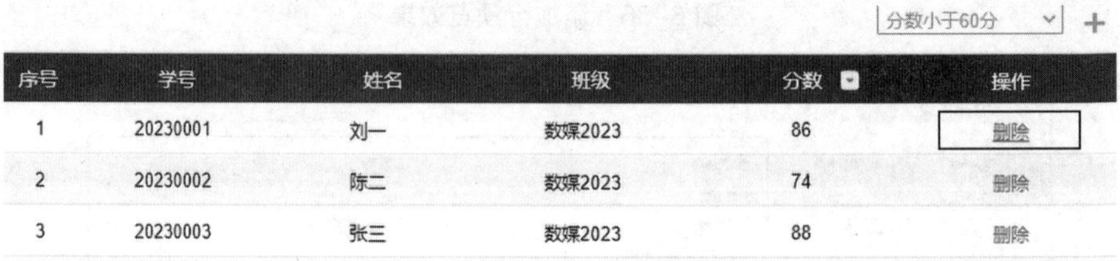

分数小于60分

序号	学号	姓名	班级	分数	操作
1	20230001	刘一	数媒2023	86	删除
2	20230002	陈二	数媒2023	74	删除
3	20230003	张三	数媒2023	88	删除

图 6-89　标记行预览效果

五、应用实例

实例名称：变量在不同页面间的传递。

实例介绍：此实例是对第六章第四节中的实例“动态面板与内联框架综合应用”的更深入的设计，点击首页中的“品牌、礼盒、好物榜单、新品情报”图标，打开对应界面。此处运用了变量、动态面板和内联框架实现，重点是对于变量的应用。此案例中的图标、需要链接的内部页面等设计均提前完成，此处不作讲解。制作关键点见

图 6-90。

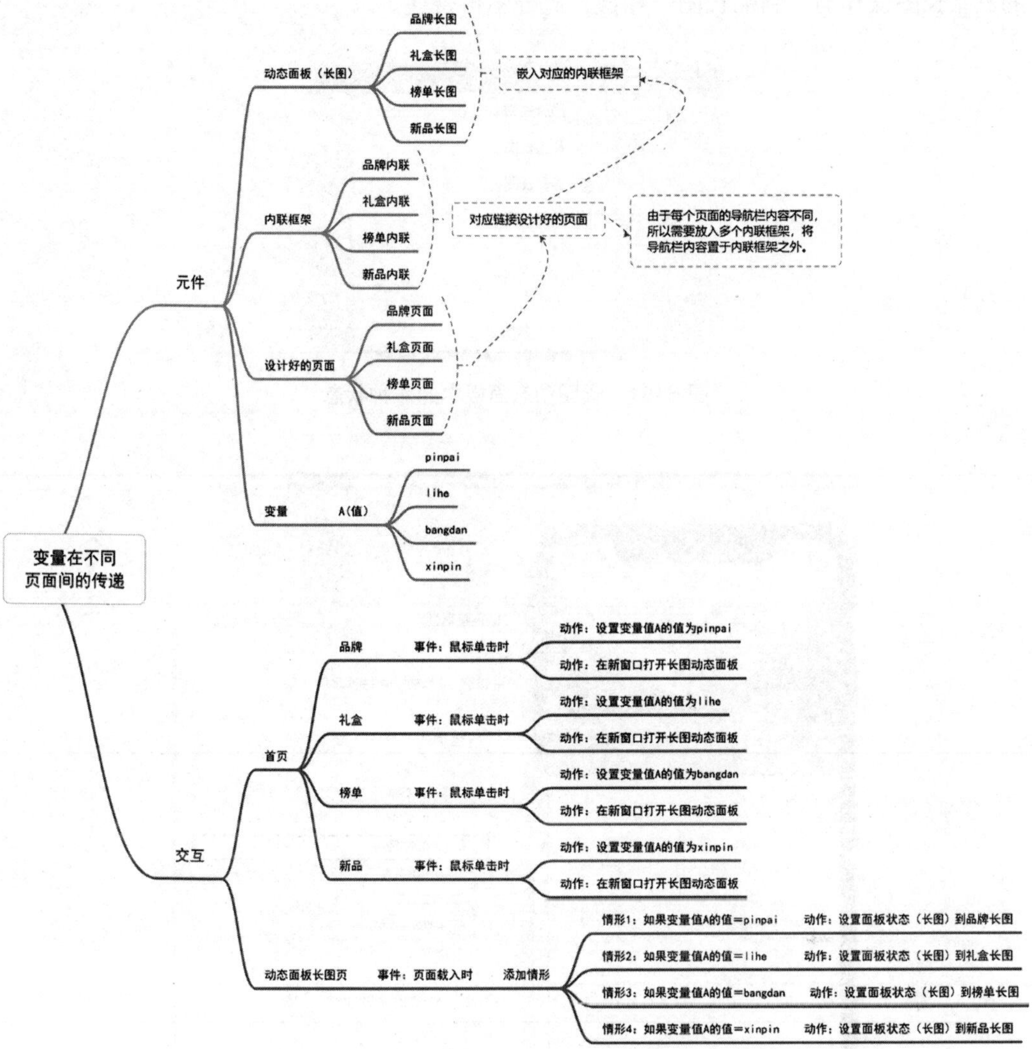

图 6-90　变量在不同页面间的传递制作关键点

操作路径：

Stcp 1：页面的制作

将手机壳元件拖入页面制作区域面板，并锁定。拖入动态面板元件，调整大小（符合手机界面），在样式面板中将该动态面板命名为“长图”。双击动态面板，建立 4 种状态，分别命名为“品牌长图、礼盒长图、榜单长图、新品长图”，见图 6-91。分别点击 4 种状态，每种状态里均放入内联框架（因为每页导航栏内容不同），并按照对应关系分别命名为“品牌内联、礼盒内联、榜单内联、新品内联”。以“新品长图”页为例，由于顶部导航栏需要呈现固定不变的效果，所以顶部导航栏置于内联框架之外，双击内联框架，链接目标选择已提前设计好的“新品页面”，见图 6–92。动态面板中的其余长图操作与“新品长图”相似，此处不再赘述。

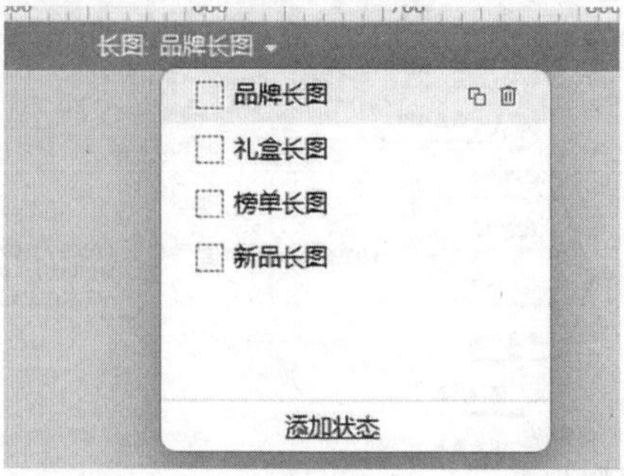

图 6–91　长图动态面板中的 4 种状态

图 6–92　内联框架的应用

Step 2：交互的制作

选中首页中的“品牌”图标，在交互面板中选择“单击时”→设置变量值，此处添加全局变量，命名为 A → A 的值命名为 pinpai →在新窗口中打开长图动态面板页面，见图 6–93。同理，分别选择“礼盒、好物榜单、新品情报”图标，分别选择鼠标单击时，设置变量值 A 为 lihe、bangdan、xinpin，在新窗口中打开长图动态面板页面。

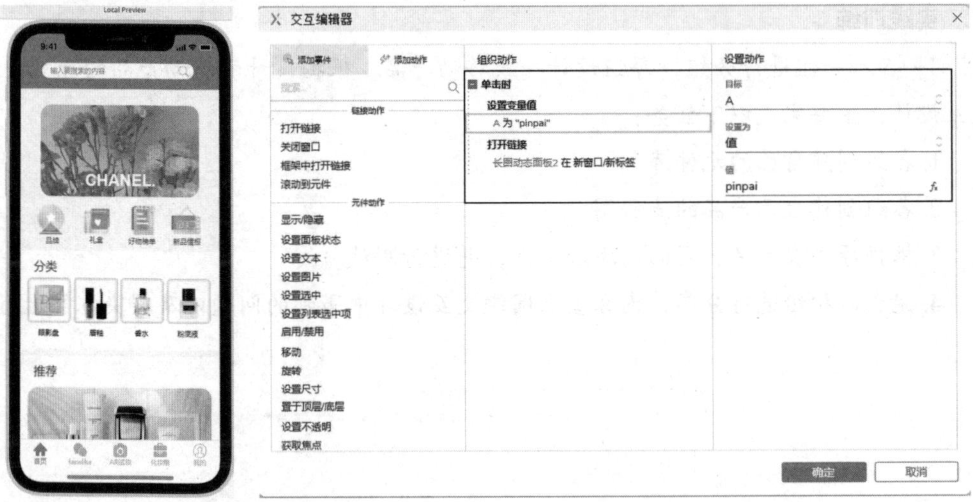

图 6-93　首页交互制作

选择“长图动态面板”页，在交互面板中选择“页面载入时”→“添加情形”进行判断→情形 1，如果变量值 A 的值 =pinpai →添加动作：设置面板状态（长图）到品牌长图→情形 2，如果变量值 A 的值 =lihe →添加动作：设置面板状态（长图）到礼盒长图→情形 3，如果变量值 A 的值 =bangdan →添加动作：设置面板状态（长图）到榜单长图→情形 4，如果变量值 A 的值 =xinpin →添加动作：设置面板状态（长图）到新品长图，见图 6-94。

图 6-94　长图动态面板页交互制作

实践训练

3—5人一组进行分组，每组设计一款移动产品，根据设计的移动产品的原型进行交互设计，主要完成以下任务：

1. 各组创建自己的元件库。
2. 各组创建自己产品的流程图。
3. 根据原型在控件、页面间添加交互，并进行测试。
4. 完成后按组进行分享，内容重点围绕交互设计中遇到的问题以及解决方案进行。

第七章　移动平台产品设计项目实践

本章要点

1. 通过具体项目实践案例进一步理解和掌握移动产品设计的流程
2. 通过具体项目实践案例了解产品设计的各类规范
3. 体会移动产品设计的实践创新

扫码查看
第七章彩图

移动平台产品设计项目实践对学习者来说具有重要意义，可以帮助他们了解移动平台产品设计的全流程，从而加强自身产品设计实践能力。首先，可以培养学习者的创新能力，学习如何深入思考，从而创造出更加出色的作品。其次，可以帮助学习者熟悉各种设计技巧和规范，应用各种设计软件，更加深入地了解移动产品设计的过程。此外，这种实践还可以让学习者了解市场趋势，获得更多的设计灵感，从而创造出更多有价值的产品。

第一节　项目一：青动

一、项目创意来源

少年强则国强，青少年的健康状况一直以来都受到国家重视。目前，中国青少年的生活越来越多地被电子产品和网络占据，青少年对室内活动的兴趣更高。许多城市缺乏适合青少年的运动场所，这也影响了他们参与运动的积极性。随着社会生产力的飞速发展，不断提升的生活质量带来的不只是便利、舒适，也让青少年产生了许多不良的生活习惯，青少年的生活方式正在向“静多动少”发展，久坐行为常态化，身体活动严重缺乏。学校体育课程的时间和空间有限，青少年对运动的兴趣也受到影响。他们对单调的运动形式不感兴趣，缺乏吸引力的运动形式也影响他们的运动积极性。

智慧运动是适应新时代的体育强国战略的前提，是我国运动训练的新理念和新方向。研究发现，城市的绿色运动空间（如图 7-1 所示）可以缓解快节奏生活带来的精神疲劳。把城市绿地与运动场地结合起来，游戏化地设计可以提供健康运动的环境，引导城市居民参与运动，与自然亲密接触，释放压力。因此，智慧运动公园是城市体育普及的重要条件和公共空间的重要组成部分，与城市居民的健康密切相关，值得进一步研究。

图 7–1　城市的绿色运动空间

该项目与灞河左岸生态运动公园联动，以生态为基础，结合多元空间营造复合的场地，联动周边地块，统筹各主体诉求，建设以生态景观为主、运动休闲为辅的健身休闲绿道。该项目创新沉浸式的体育锻炼新方式，致力于将虚拟宠物与趣味跑步深度融合，结合先进的AR+LBS定位技术，将虚拟场景与现实场景紧密结合，其沉浸式、游戏化的体验将赋能青少年户外体育运动。

二、设计过程

设计过程如图 7–2 所示。

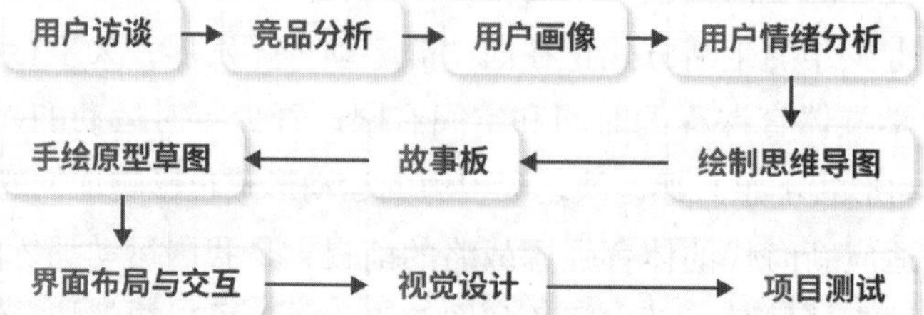

图 7–2　设计过程

三、前期准备过程

（一）用户访谈

用户访谈 1（如图 7-3 所示）：

访谈对象：关注健康、有一定运动习惯的年轻人，对科技产品有一定的兴趣和接受度，比较关注产品的趣味性和实用性。

访谈概述：本次访谈是关于智能手表上的游戏化运动产品的用户体验和反馈。用户表示自己使用过这种产品，最吸引她的是游戏化运动的设计，让运动变得更有趣了。同时，智能手表的使用也很方便，可以随时查看自己的运动数据和与其他人比拼。用户还分享了自己使用这款产品的体验和故事，并提出了希望增加更多游戏化运动模式的建议。

访谈结论：用户对智能手表上的游戏化运动产品非常满意，并建议增加更多游戏化运动模式。这表明，游戏化设计可以增强用户的动力和体验，为运动产品的发展提供了新的思路和方向。

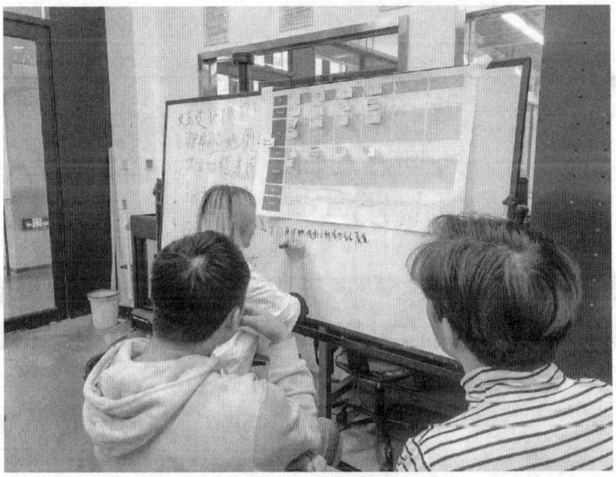

图 7-3　用户访谈 1

用户访谈 2（如图 7-4 所示）：

访谈对象：一个对智能手表上的游戏化运动产品感兴趣，希望通过使用这样的产品来更好地坚持锻炼的人。

访谈概述：本次访谈的对象是一位未使用过智能手表上的游戏化运动产品的用户。他希望这样的产品能够让他更容易坚持锻炼，他认为游戏化的设计可以让他更享受运动过程，同时智能手表的使用也很方便，让他随时了解自己的运动数据。他希望这款产品能够增加更多的游戏化运动模式，比如更多种类的运动或者更多的挑战模式，并增加一些个性化的功能，让用户可以根据自己的健康状况定制运动计划。

访谈结论：本次访谈的对象对于智能手表上的游戏化运动产品持积极态度，认为这样的产品能够让他更容易坚持锻炼。他的期望和建议主要是增加更多的游戏化运动模式，增加个性化的功能，让用户能够更好地定制运动计划。这些反馈将被提交给产品开发团队，以进行进一步的开发和改进。

图 7–4　用户访谈 2

（二）竞品分析

在竞品优势对比（如图 7–5 所示）方面，相关竞品除了缺乏对青少年的吸引力和多为排名形式之外，还存在以下问题：

	户外健身	青少年运动	智慧运动	数据分析	设备连接	游戏化体验	家长监管
活力街	✓	✓		✓		✓	
[illegible]		✓	✓			✓	✓
乐动力	✓	✓		✓	✓		
运动秀	✓		✓		✓		

图 7–5　竞品优势对比

功能单一：许多运动类产品只提供单一的运动模式，缺少多样性和创意性，不能满足青少年的需求和兴趣。

与现实场景结合不足：现有的运动类产品多为虚拟场景，与现实运动场景结合不足，无法激发青少年的参与热情。

不能与智能可穿戴设备互联：许多运动类产品不能与智能手表、智能手环等智能可穿戴设备互联，不能提供精准的数据记录和反馈。

家长不能很好地获得青少年的运动信息：许多家长关心孩子的身体健康状况，但现有的运动类产品无法提供青少年的实时运动数据，不能让家长更好地了解孩子的运动情况。

图 7–6　竞品市场分析

因此，目前市场需要一款互动性高、吸引力高的运动产品，它不仅能够满足青少年的运动需求和兴趣，还能与现实场景结合，提供多样化的运动模式和创意性的挑战模式。同时，该产品还应该能够与智能可穿戴设备互联，提供准确的数据记录和反馈，让用户能够看到自己的进步。此外，该产品还应该提供家长端的应用程序，让家长能够实时了解孩子的运动情况，更好地关注孩子的身体健康状况。

（三）用户画像

产品用户画像分别如图 7–7 至图 7–9 所示。

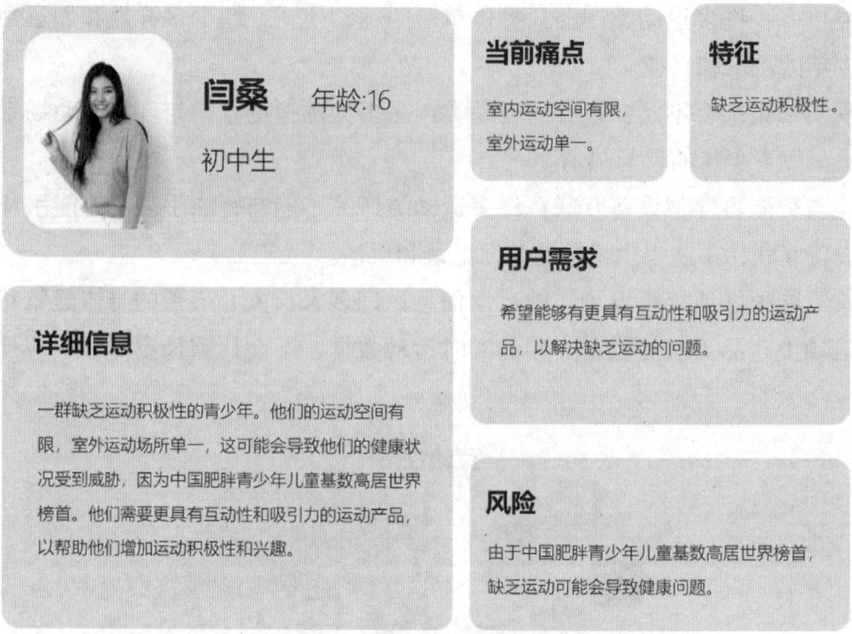

图 7–7　青少年用户画像

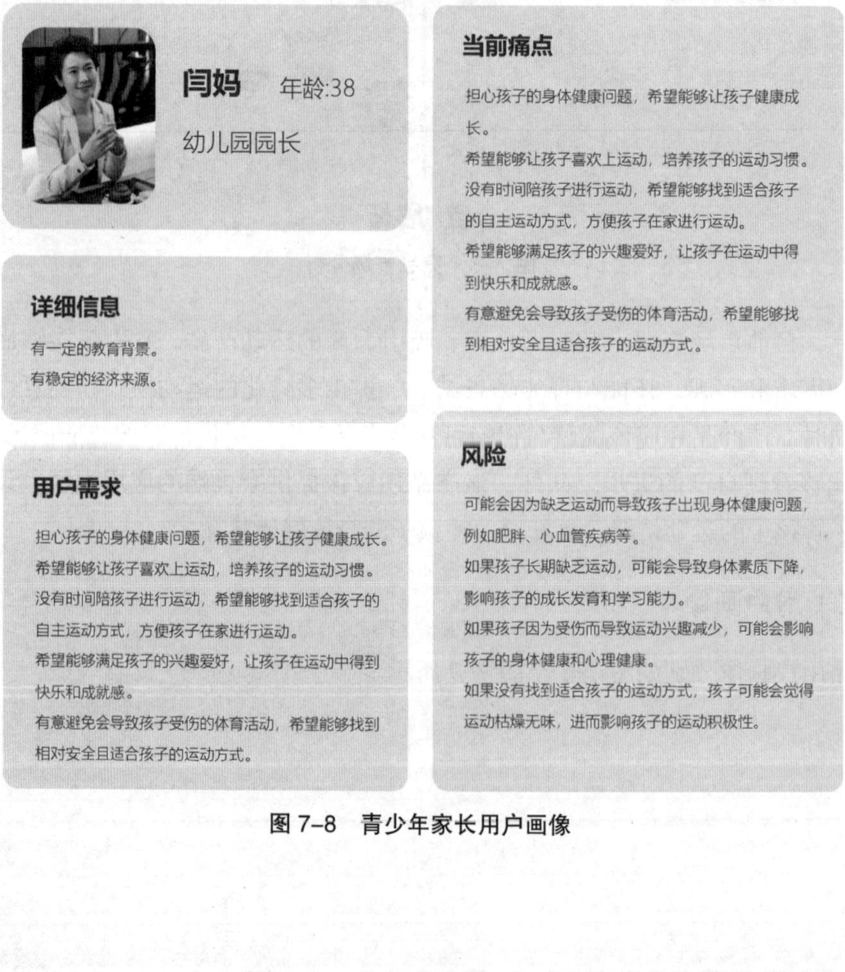

图 7–8　青少年家长用户画像

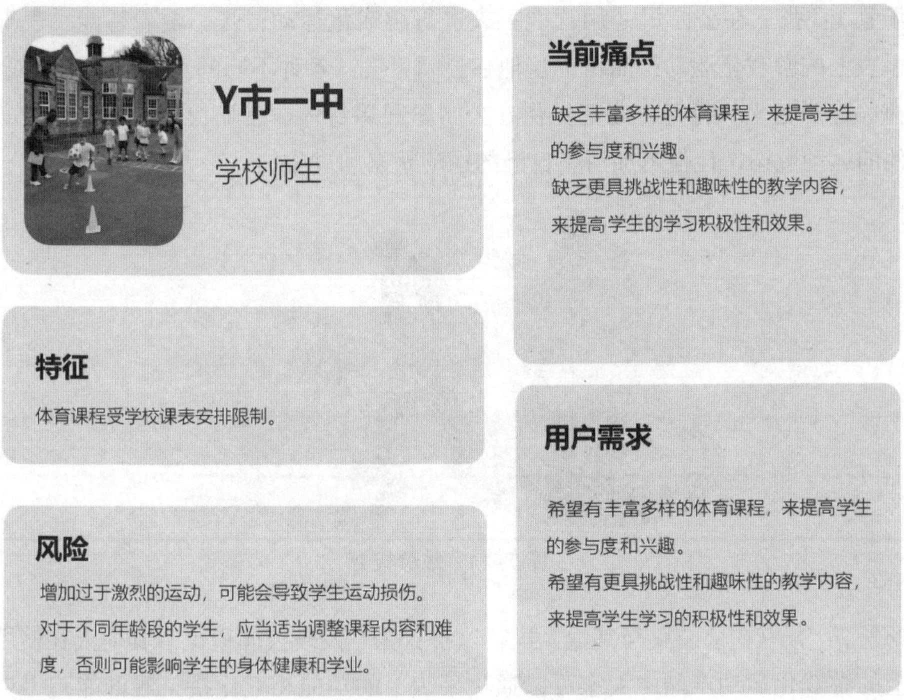

图 7-9　学校用户画像

（四）故事板

用户信息：

名字：张三

年龄：17 岁

体验：使用过智能手表上的游戏化运动产品

场景：在公园里使用智能手表进行游戏化运动

故事板如图 7-10 至图 7-12 所示。

图 7-10　故事板 1

场景 1：张三在公园里使用智能手表进行游戏化运动；张三戴着智能手表来到公园，手表上的游戏化运动产品可以让他在公园里尝试各种不同的运动项目，比如慢跑、俯卧撑、仰卧起坐，等等；张三觉得在公园里锻炼身体非常愉快，而且这款产品可以记录他的运动数据，让他更加清楚自己的运动状态和进步。

图 7-11　故事板 2

场景 2：张三在公园里与其他人进行比拼；张三发现公园里也有其他人在使用智能手表上的游戏化运动产品；大家可以通过手表上的功能相互比拼，看谁能跑得更快或做更多的俯卧撑；这种比拼的氛围非常好，让张三感到非常有动力。

图 7-12　故事板 3

场景 3：张三的家长也很支持他使用这款产品；张三的家长也非常欣赏这款产品，认为它可以让张三更加积极地锻炼身体；张三的家长也通过这款产品来监控他的运动状态，以确保他的身体健康。

四、思维导图 & 原型绘制

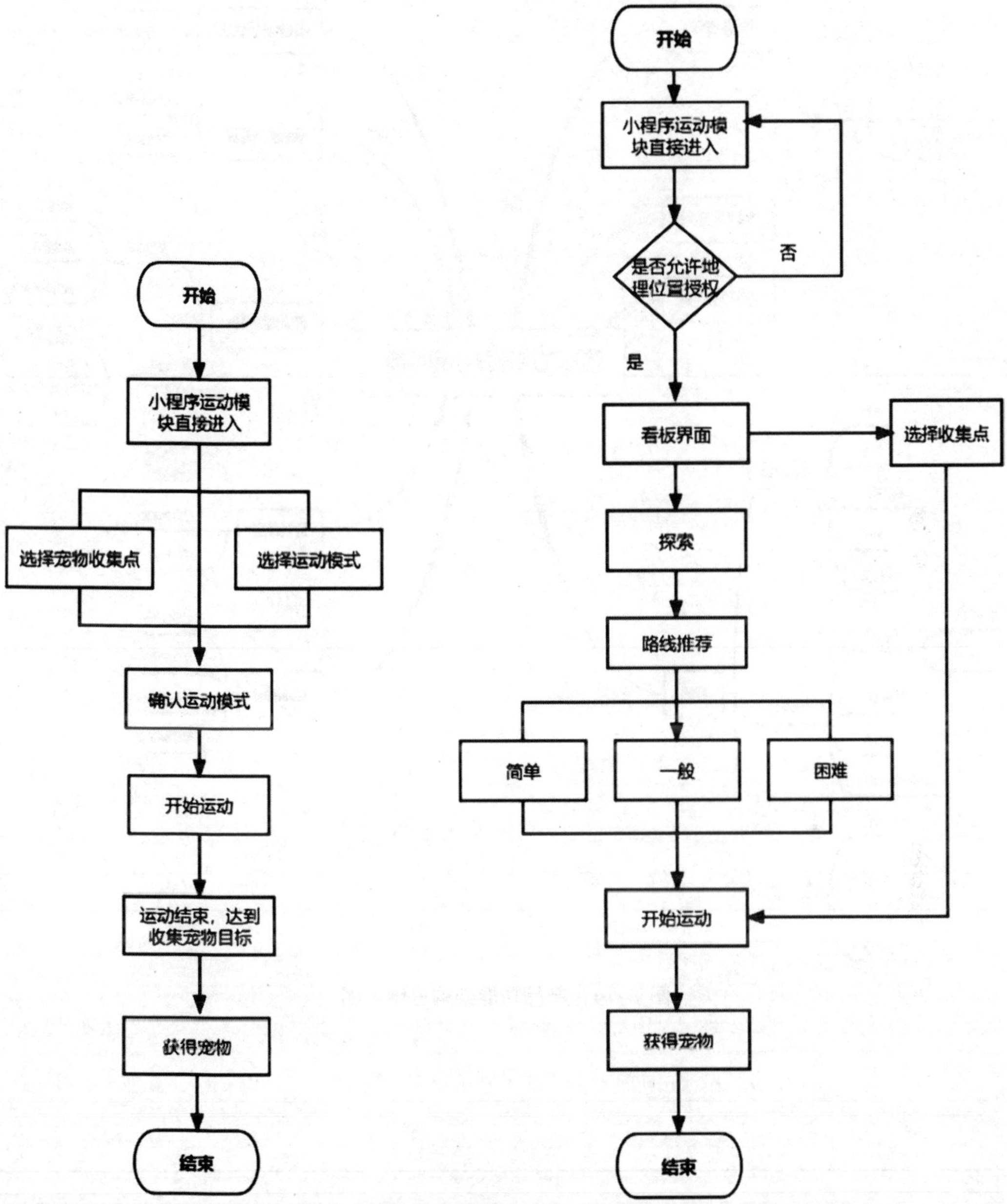

图 7–13　任务流程图 & 核心功能流程图

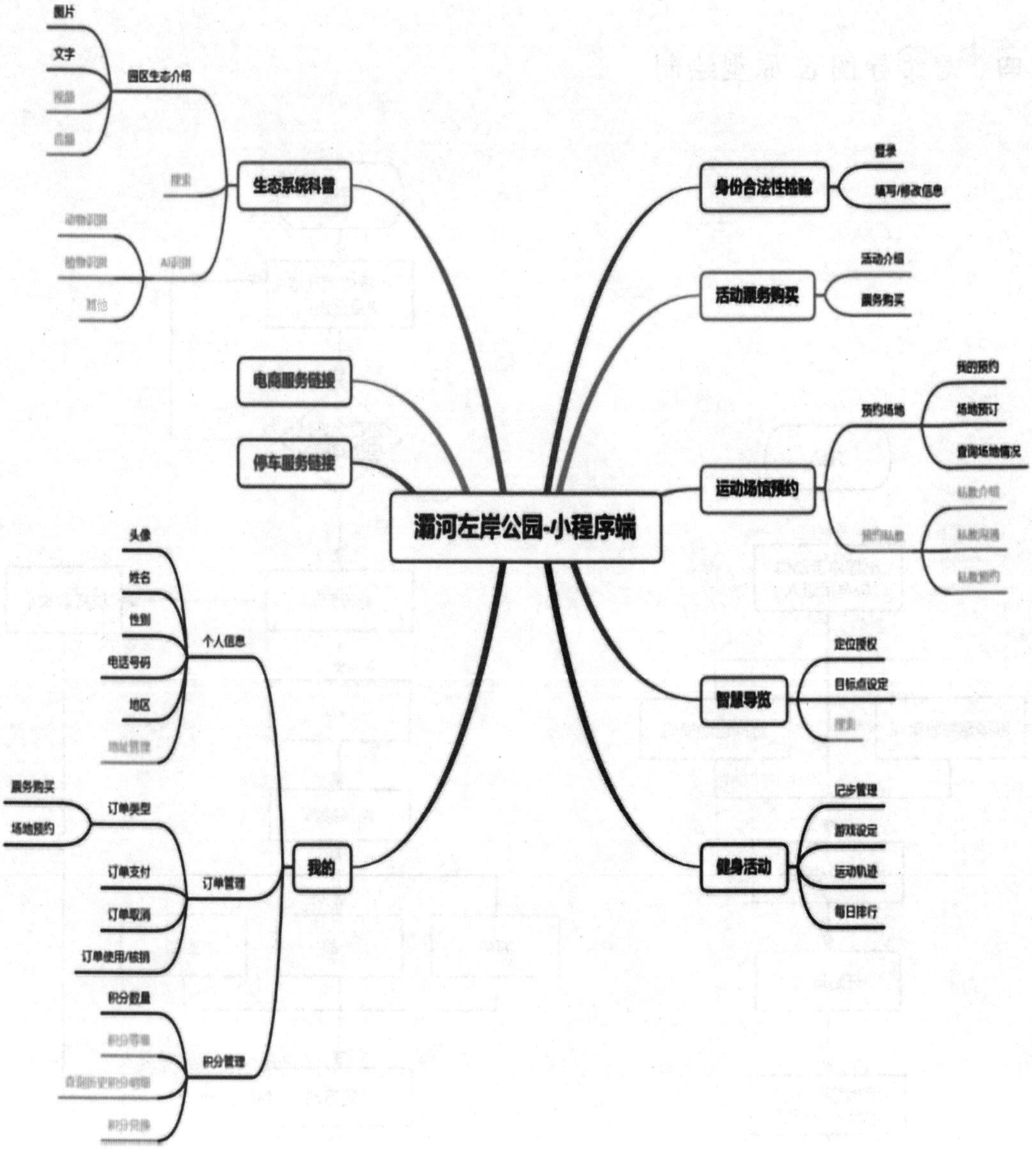

图 7-14　产品功能架构思维导图

场馆预约
票务购买
健身活动
线上商城
智慧停车
生态科普
场馆预约
篮球场
一号篮球场
二号篮球场
场馆预约
6
7
8
9
10
8:00
9:00
下一步
场馆预约
¥40
2022.03.27
篮球馆 二号篮球场
时间 9:00—11:00
姓名 陈花绿
手机号 13629203407
价格
单价 ¥20
时间 2
合计 40
立即支付
票务购买
濠桥左岸生态运动公园篮球大赛
2022年 3/13 · 08:00 - 17:00
濠桥左岸生态运动公园篮球馆
¥180
+21人购买
活动详情
主办方
活动须知
购买
票务购买
¥180
2022.03.27
濠桥左岸生态运动公园篮球大赛
时间 8:00—11:00
姓名 陈花绿
手机号 13629203407
价格
单价 ¥99
数量 3
总计 198
立即支付
健身活动
陈小杰
Running
let's go
排行榜
2384
生态科普
植物
动物
小白鹭

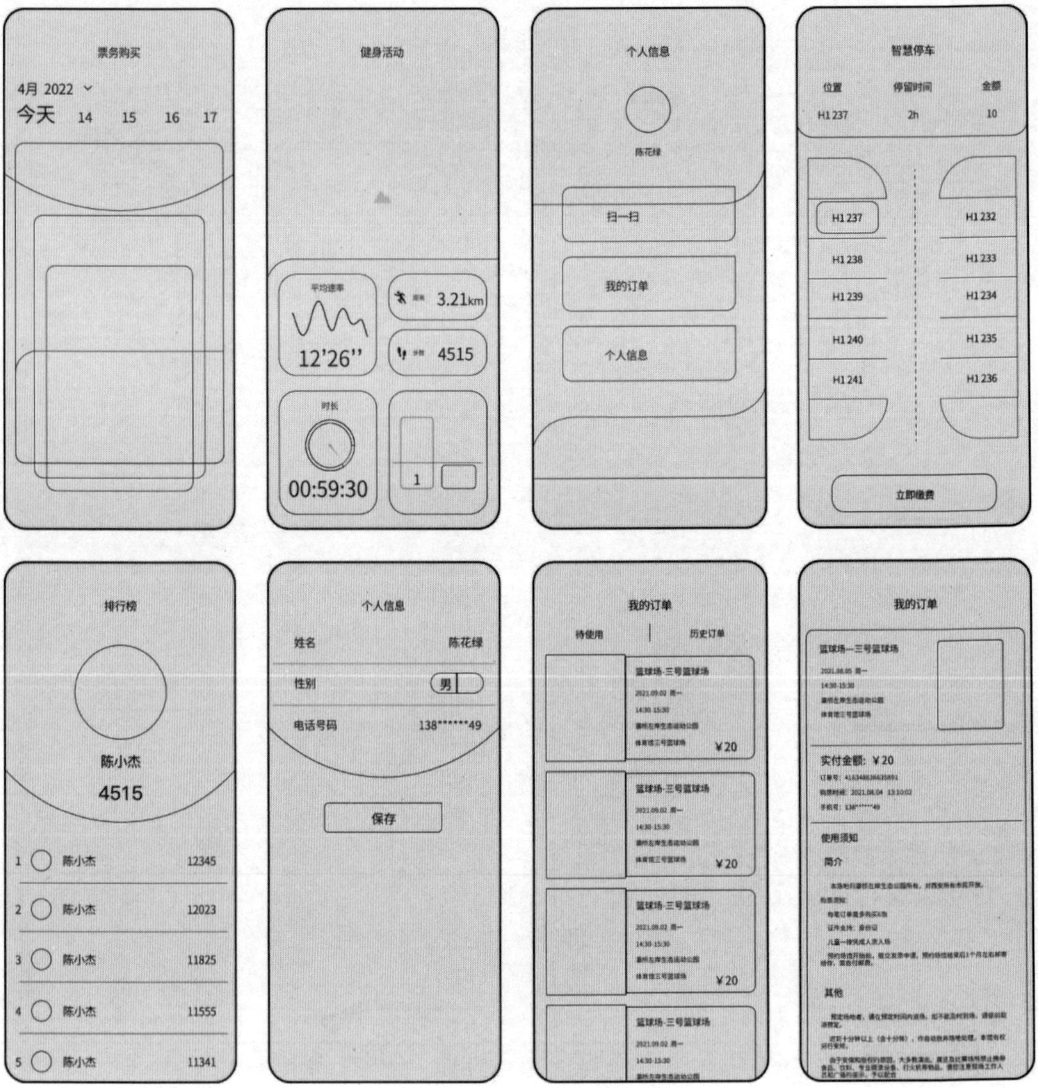
票务购买
4月 2022
今天 14 15 16 17
健身活动
平均速率
3.21km
12'26''
4515
时长
00:59:30
1
个人信息
陈花绿
扫一扫
我的订单
个人信息
智慧停车
位置 停留时间 金额
H1 237 2h 10
H1 237
H1 232
H1 238
H1 233
H1 239
H1 234
H1 240
H1 235
H1 241
H1 236
立即缴费
排行榜
陈小杰
4515
1 陈小杰 12345
2 陈小杰 12023
3 陈小杰 11825
4 陈小杰 11555
5 陈小杰 11341
个人信息
姓名 陈花绿
性别 男
电话号码 138******49
保存
我的订单
待使用
历史订单
篮球场-三号篮球场
¥20
我的订单
篮球场—三号篮球场
实付金额：¥20
使用须知
简介
其他

图 7–15　原型图

五、高保真原型制作

（一）视觉规范

图 7-16 字体规范

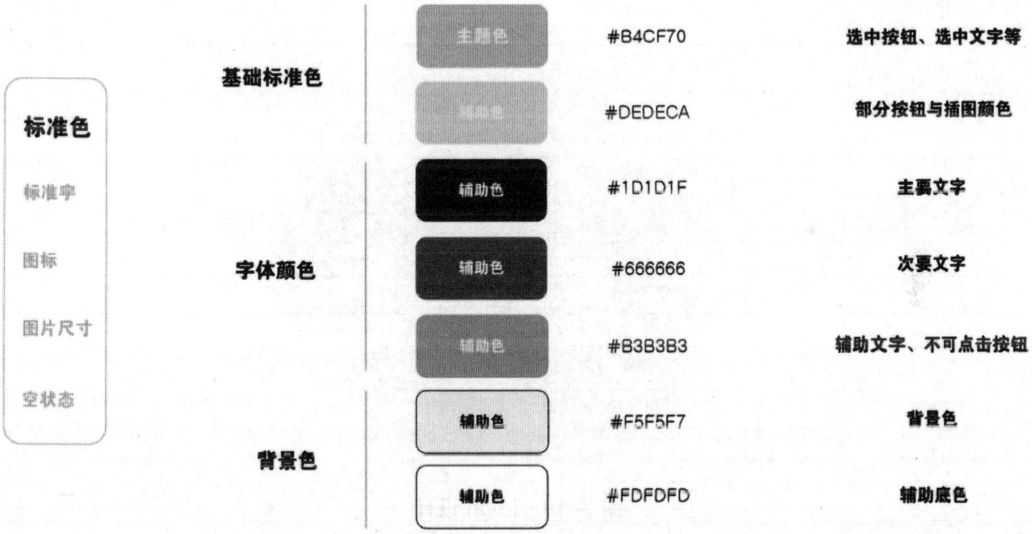

图 7-17 颜色规范

图 7–18　图标规范

（二）Logo 设计

图 7–19　Logo 设计

（三）视觉界面设计

图 7-20　视觉界面设计

（四）空状态设计

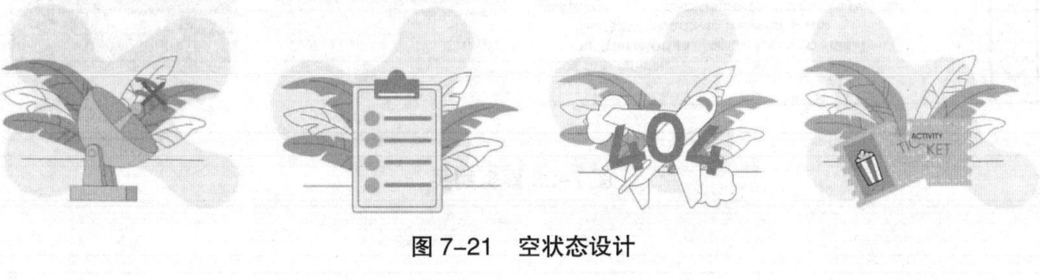

图 7-21　空状态设计

六、主要功能介绍

图 7–22　场馆预约

图 7–23 票务购买

图 7-24 健身活动

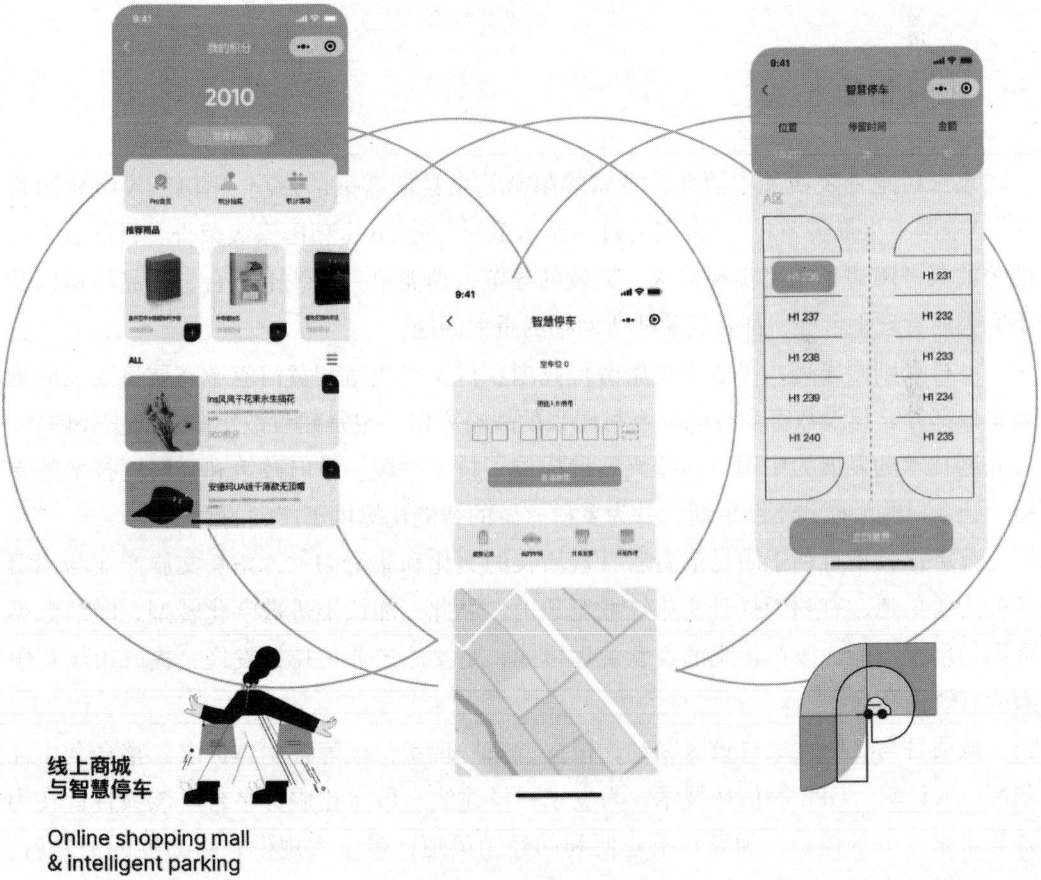

图 7-25　线上商城与智慧停车

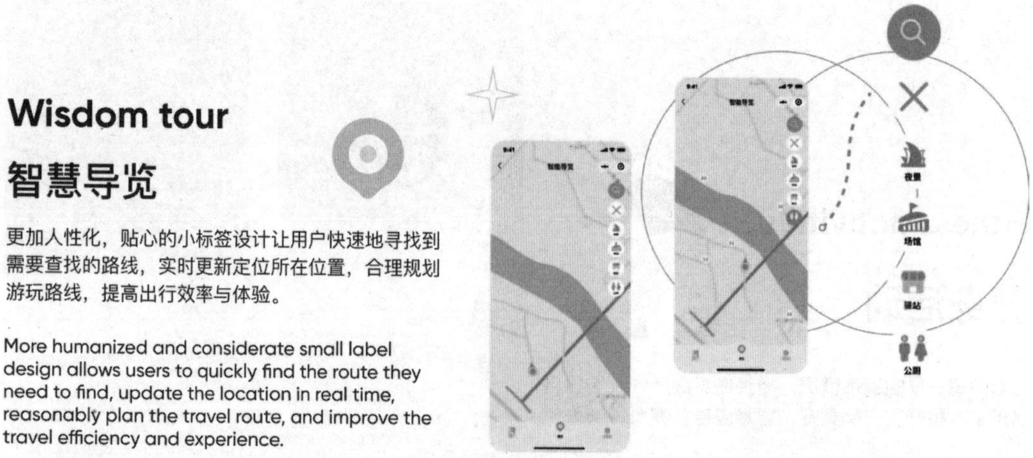

图 7-26　智慧导览

第二节　项目二：袁家村旅游服务

一、项目创意来源

袁家村地处陕西关中渭北，隶属咸阳市礼泉县烟霞镇，荣获“国家 4A 级旅游景区”“中国十大最美乡村”“全国一村一品示范村”等 20 多项国家级荣誉。目前袁家村的公共服务阻碍了农民实现需求，无效的导览、功能单一的线上平台、产品滞销以及不完善的管理平台等，都是袁家村所面临的重大问题。

乡村兴则国家兴，民俗文化旅游是我国乡村振兴战略和黄河流域高质量发展的重要组成部分。建设数字乡村既是乡村振兴的战略方向，也是建设数字中国的重要内容。互联网技术的发展为中国乡村振兴发展提供了技术手段。政府政策和互联网技术的支持，让乡村旅游模式不断革新，并为乡村旅游的智能化提供了广阔的契机。

数字化转型有利于满足消费者日益增长的文化和旅游需求，拓宽文旅产业与消费者的沟通渠道，有利于提升文旅产业竞争力。因此，加快推进数字化转型、激活数据资源的巨大潜能、改革传统的经营管理模式，是文旅产业可持续发展、提升市场竞争力的有效途径。

该项目与咸阳袁家村景区联动，根据袁家村现状，统筹各主体诉求，整合利用互联网、云计算、GPS 等信息技术，为袁家村搭建线上数字化服务平台。该项目旨在为游客带来良好的体验，为商户搭建便利的经销渠道；带来大规模、高黏度的消费者，通过掌握庞大的消费者数据资源，为商户提供其他增值服务，为景区管理者提供系统规范的管理平台；实现袁家村数字化转型，带动当地经济可持续发展。

图 7–27　产品构思

二、设计过程

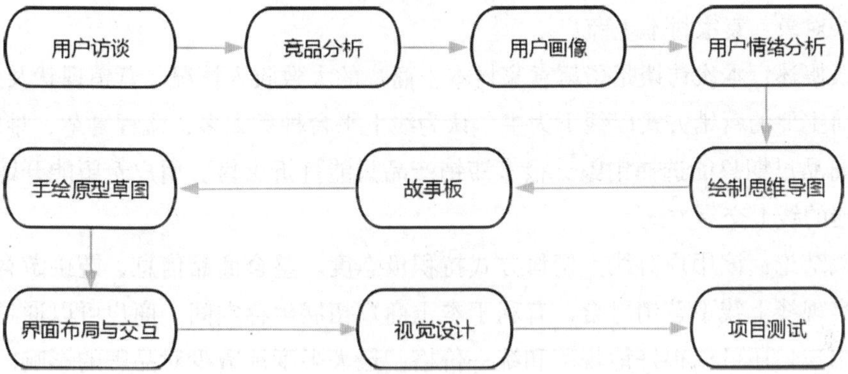

图 7–28　设计过程

三、前期准备阶段

（一）用户访谈

用户访谈 1：

访谈对象：来咸阳袁家村游玩的游客。

访谈概述：本次访谈是关于袁家村数字化服务及游客游玩的整体用户体验和反馈。用户表示游玩目的以品尝关中特色美食及体验民俗文化为主，整体体验良好；但因为没有快速获取信息的平台而在寻找路线和停车时浪费了时间。此外，用户认为线上商城内容单一，希望可以简单便捷地解决诸如此类的问题。用户还认为人多拥挤，造成不好的体验，希望可以直观地了解实时路况、景点人流量等。

访谈结论：该用户对袁家村建设数字化平台持有积极态度，认为这样的产品能够在旅行中带来便捷，节省时间；除去基本功能，他希望增加并引入实时客流数量监测，让用户根据实际情况选择路线、更改行程等。

图 7-29　用户访谈 1

用户访谈 2：

访谈对象：袁家村本土商户。

访谈概述：本次访谈是了解袁家村本土商户的大致收入情况、营销现状及期望等。用户目前主要的营销方式以线下为主，认为线上平台种类太多，流程复杂、难以理解。食品类商品过期只能选择销毁，很多滞销产品只能打折出售。用户希望能开辟有黏性的、便捷的线上交易方式。

访谈结论：该用户对线上销售方式持积极态度。整合商品信息，链接游客和零售方式，实现线上线下营销融合，有利于本土商户拓展生存空间。商户可以通过网络快速获取用户，还可以很好地规范和统一价格，最大限度地减少对品牌的影响。线上线下资源整合可以实现优势互补、共享供应链和精准营销，可以提高电商渗透度，加强用户黏性。

图 7-30　用户访谈 2

（二）竞品分析

分类	乌镇	大理古镇	平溪古镇	凤凰古镇	青木川古镇	三河古镇	南浔古镇	黄靖古镇	花溪青岩古镇	西塘古镇	和顺古镇	袁家村
智能导览	√	√		√	√	√	√	√	√	√		
酒店住宿	√	√	√	√	√	√	√	√	√	√	√	
特色美食	√	√	√	√				√	√		√	
特产购买	√						√	√		√	√	√
信息发布	√		√	√		√	√	√	√		√	
景点门票	√	√	√	√		√	√	√	√	√	√	
停车找车	√			√		√						
投诉反馈	√			√		√		√				

图 7-31　竞品优势对比

竞品问题：相较于其他景区，袁家村的线上平台非常单一，只有线上商城，且平台较多、不统一，商品不全面。

大多数竞品在整体架构的导航上面，基本上已经没有差距了。可以看出在功能完善上，以后大改的机会可能会很少，更多的只是服务提升和细节的改动。除了社区功能之外，其他的核心功能在操作的便捷上基本相同。

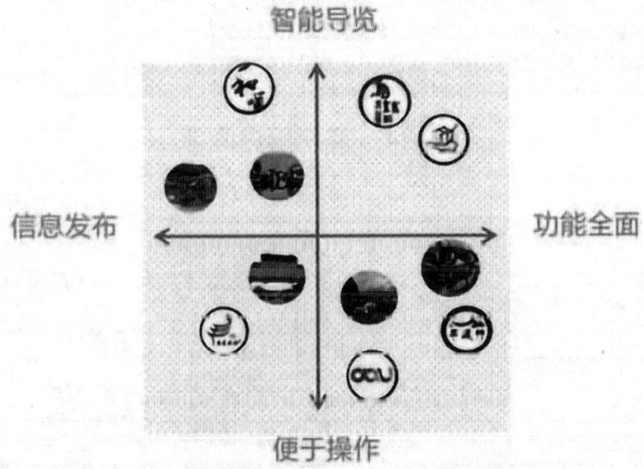

图 7-32　竞品市场分析

因此，目前袁家村缺少功能完善的数字化平台。从景区管理的角度而言，数字景区建设可以使游客获得更简单、更便捷的服务体验，还可以提升游客满意度。袁家村应在特色旅游景区平台的基本功能需求上，最大限度地整合景区现有的数据资源，结合自身优势，打造特色的数字化平台，满足大众需求。

（三）用户画像

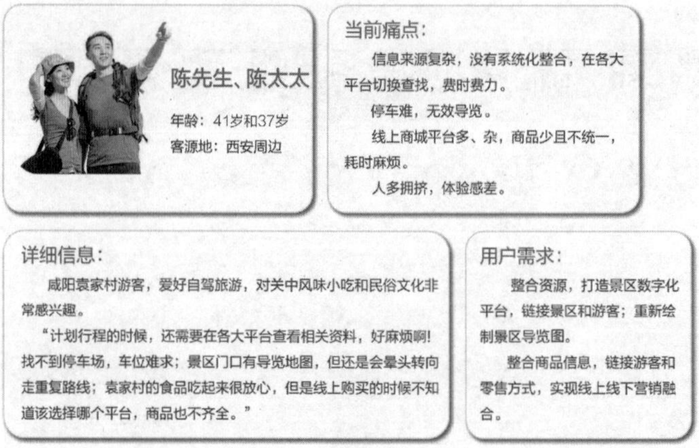

图 7–33　游客用户画像

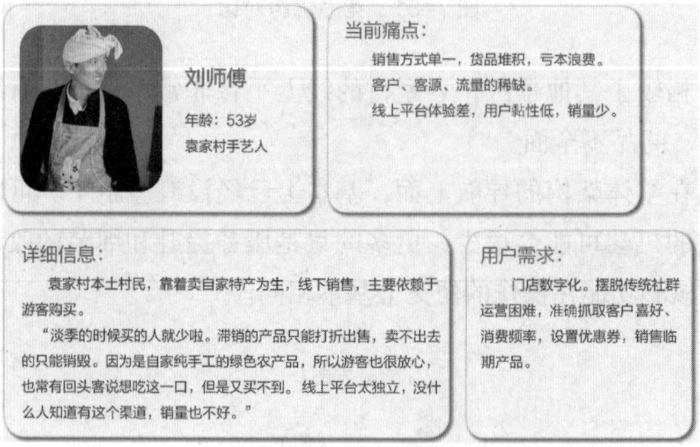

图 7–34　商户用户画像

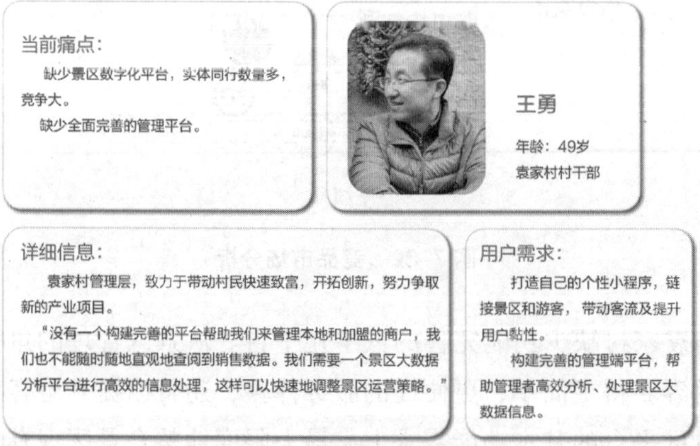

图 7–35　管理者用户画像

（四）故事板

用户信息：

名字：陈先生

年龄：41 岁

体验：使用袁家村旅游小程序

场景：初次来袁家村旅游

故事板如图 7-36 至图 7-37 所示。

图 7-36　故事板 1

场景 1：陈先生一家自驾来袁家村旅游，打开袁家村旅游小程序，入村及时找到了停车位，并准确知道自己此时的定位，规划好自己的旅游路线，开启袁家村旅游，体验感不错。

图 7-37　故事板 2

场景 2：陈先生旅游完回家后，对袁家村的美食念念不忘，还想吃袁家村当地土特产，于是打开袁家村旅游小程序，找到自己想要的特产商品，下单购买。商品通过快递运输，很快就到了，陈先生再一次品尝到袁家村的美食。

四、思维导图 & 原型绘制

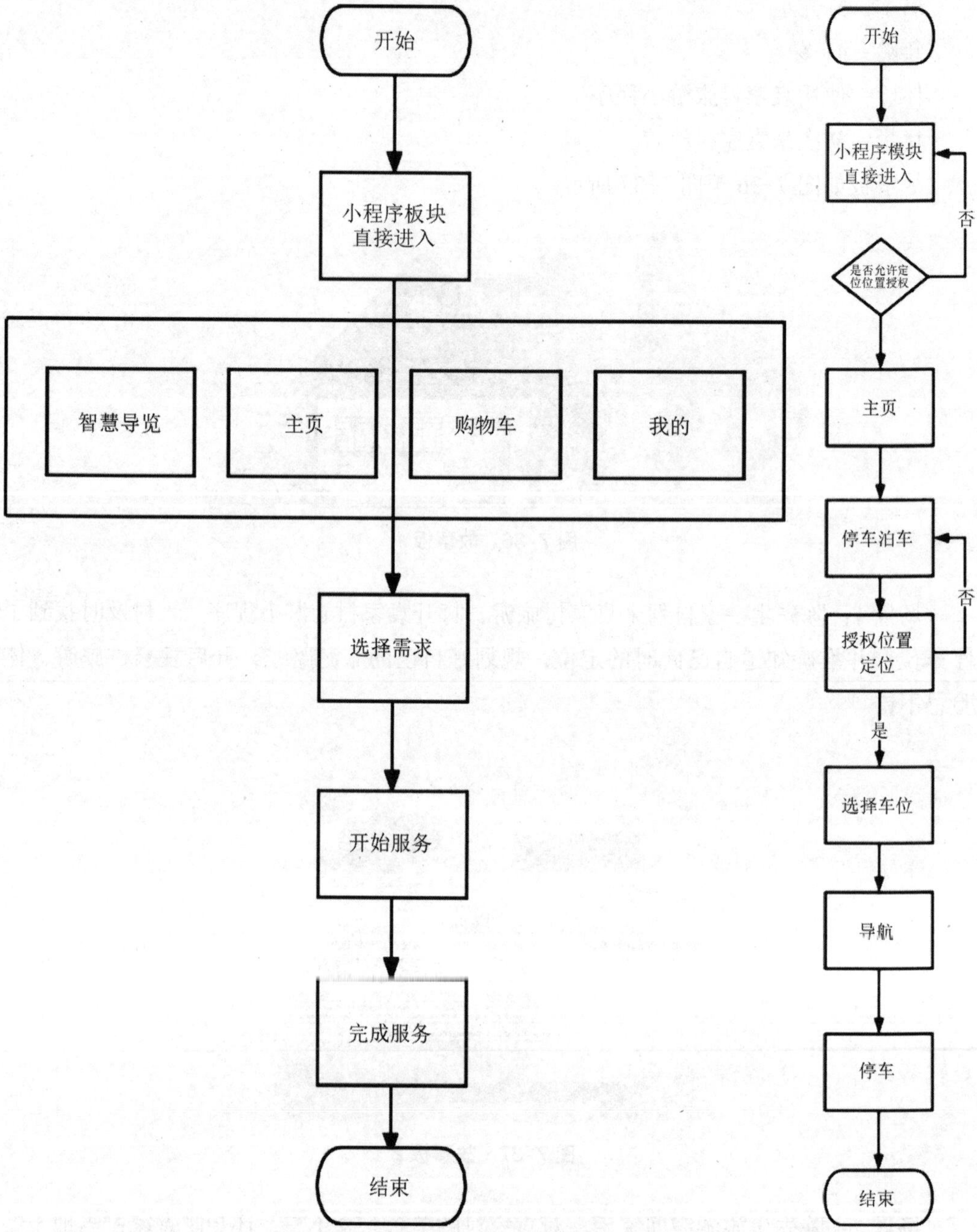

图 7–38　任务流程图 & 核心功能流程图

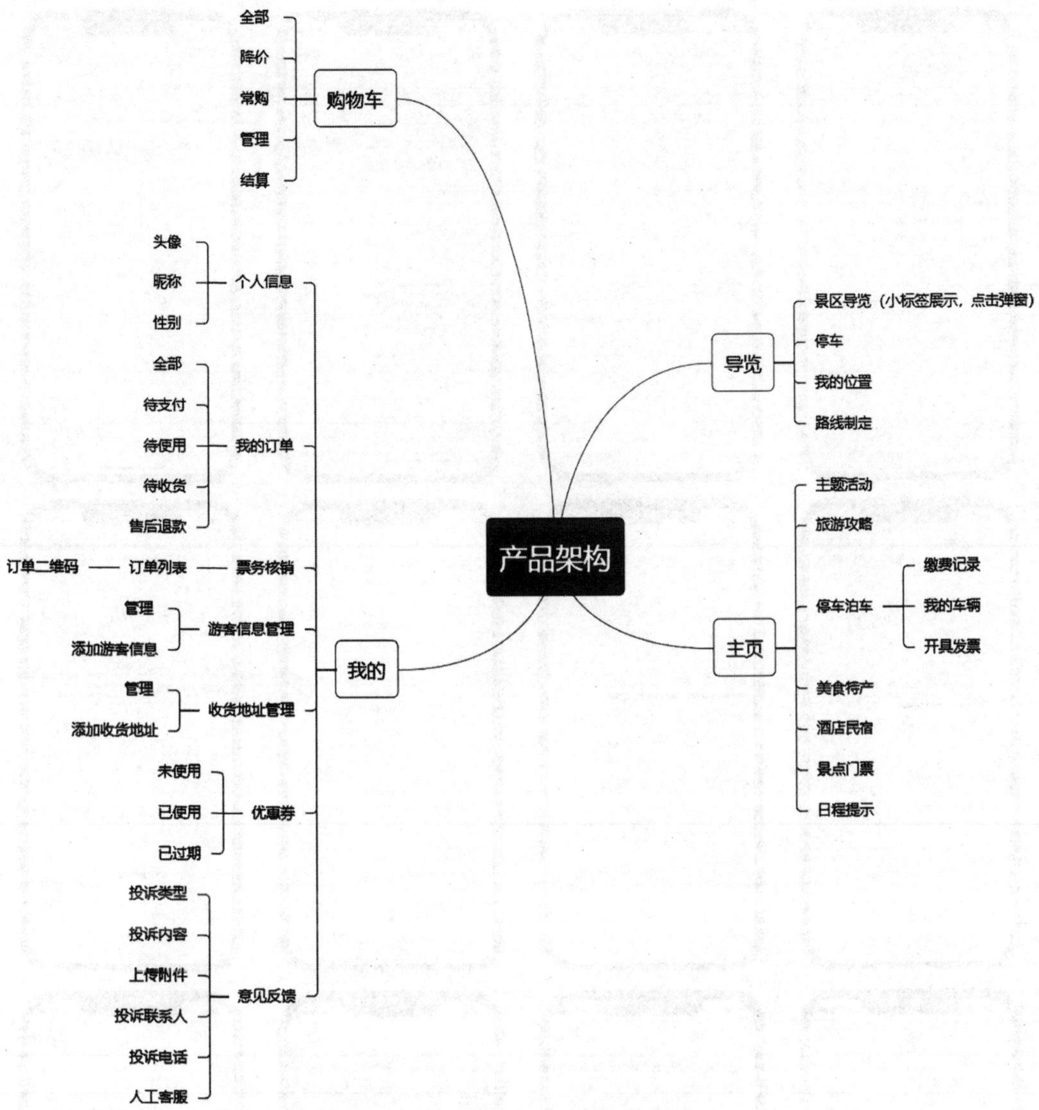

图 7-39　产品功能架构思维导图

热门活动
预订
游玩攻略
礼泉居然天上客栈
礼泉花田月民宿
礼泉澜庭民宿
景点门票
【详情介绍】
关中非物质文化传承馆

图 7-40　原型绘制

五、高保真原型设计

（一）视觉规范

主题色	#B07061	主色调，部分面积使用；选中按钮、选中文字等
辅助色	#F7F3E9	辅助色，小部分面积使用
字体颜色	#4D2523	主文字颜色，主要功能模块使用
	#1D1D1F	主文字颜色，用于通用标题、详情内容等
	#B3B3B3	辅助文字颜色，用于简介说明、次要辅助性文字
背景色	#F3F3F3	用于大部分次级页面
	#FFFFFF	辅助色

图 7-41　颜色规范

字体	样式	字号	使用场景
苹方	标准字	20pt	用于导航栏标题、详情标题等
苹方	标准字	18pt	用于重要标题和文字
苹方	标准字	16pt	用于导航标题文字
苹方	标准字	14pt	用于详情内容、按钮的文字等
苹方	标准字	12pt	用于中部、底部icon、信息提示等
苹方	标准字	24px	用于辅助性文字

图 7-42　字体规范

（二）Logo 设计

产品 Logo 仍使用袁家村原本图标。

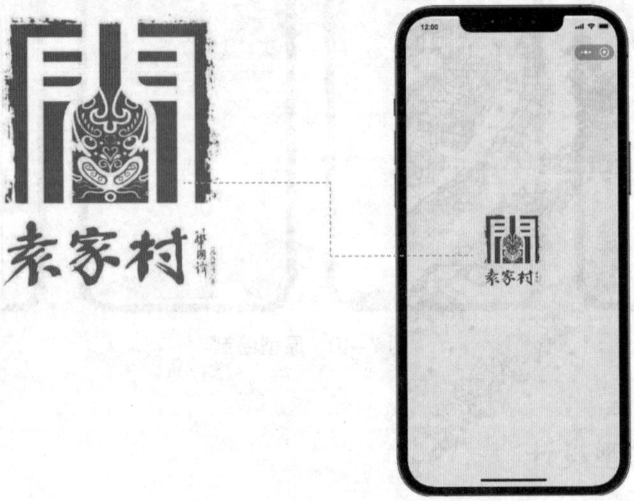

图 7–43　Logo 应用及启动页

（三）图标设计

图 7–44　图标设计

主页图标是将袁家村“书院街”标志性建筑的外形进行精炼，采用正负关系制作。

导览图标中，引入袁家村四处可见的“水源”，在定位标志的下方将水的外形进行演变，保持识别性，增加特点。

购物车及我的图标，根据关中民俗文化衍生而成，融入礼泉袁家村的地域特色。

（四）视觉设计

图 7-45　视觉界面设计

（五）空状态设计

图 7–46　空状态设计

六、主要功能介绍

热门活动：线上活动预约，线下扫码核销，可以灵活选择预约的时间，简化预约流程，提升效率。灵活的预约方式，全自动的计费形式，支持预约取消或改签，并带有实时的消息提醒，给客户带来不一样的消费体验，增加满意度。

图 7–47　主页功能

游玩攻略：官方游玩攻略，帮助游客做好路线规划和提前了解民情，有助于游客提升旅途的效率和意义。

酒店民宿：线上预定，方便快捷。用户可根据需求对酒店民宿进行快速筛选，从详情页小窗口中快速了解酒店情况。将住宿内容整合，合理安排资源，数字化操作，安全、便利、快捷。

图 7–48　游玩攻略及民宿酒店

景点门票：线上操作，线下核销，操作简单，介绍清晰明了，提高使用效率；门票的销售更加透明化，方便实时查询，方便游客购买，避免无谓的奔波。

图 7–49　景点门票

美食特产：依托先进的互联网＋技术，打造完整便捷的线上消费闭环。让消费者在美食商圈平台上实现足不出户就能轻松完成美食选购与美食制作体验，轻松享受美食带来的乐趣。

图 7–50　美食特产

第三节　项目三：西安博物院藏品移动端数字化展示

一、项目创意来源

2021 年，中宣部、国家发改委、教育部、科技部等部门发布《关于推进博物馆改革发展的指导意见》，提出优化传播服务，推进博物馆大数据体系建设，加强与融媒体、数字文化企业合作，创新数字文化产品和服务，大力发展博物馆云展览、云教育，构建线上线下相融合的博物馆传播体系。在博物馆未来的发展中，用好数字化手段，可以更好地满足公众文化需要，更好地传承和弘扬中华优秀传统文化。

当前，人们对文化生活的需求不断提高，对传统文化的兴趣也与日俱增，而博物馆作为文化收藏的重要场所，具有弘扬传统文化的功能，博物馆的内容传播也因此受到重视。我们通过调研发现，由于时间和空间的限制，博物馆藏品利用移动端进行展示的情况逐渐成为趋势。所以，采用微信小程序作为西安博物院藏品的传播媒介，是快节奏社会中最简单、快捷的传播形式，能够以低成本触达用户，并增强用户的使用黏性。

将西安博物院藏品利用微信小程序进行传播，用户可以在小程序上自主了解藏品信息，更系统地获取自己所需要的相关知识，且可以通过碎片化时间进行参观浏览，这样不仅贴合现代人使用手机的习惯，而且满足了大众对于博物馆文化的需求。

我们以西安博物院为背景，设计出一款针对馆内藏品展示的微信小程序。目标用户是 10—65 岁的对西安博物院藏品信息、知识有好奇心、求知欲的群体。其目的是希望用户可以利用碎片化时间，线上线下参展结合，随时随地了解藏品信息和藏品相关知识。

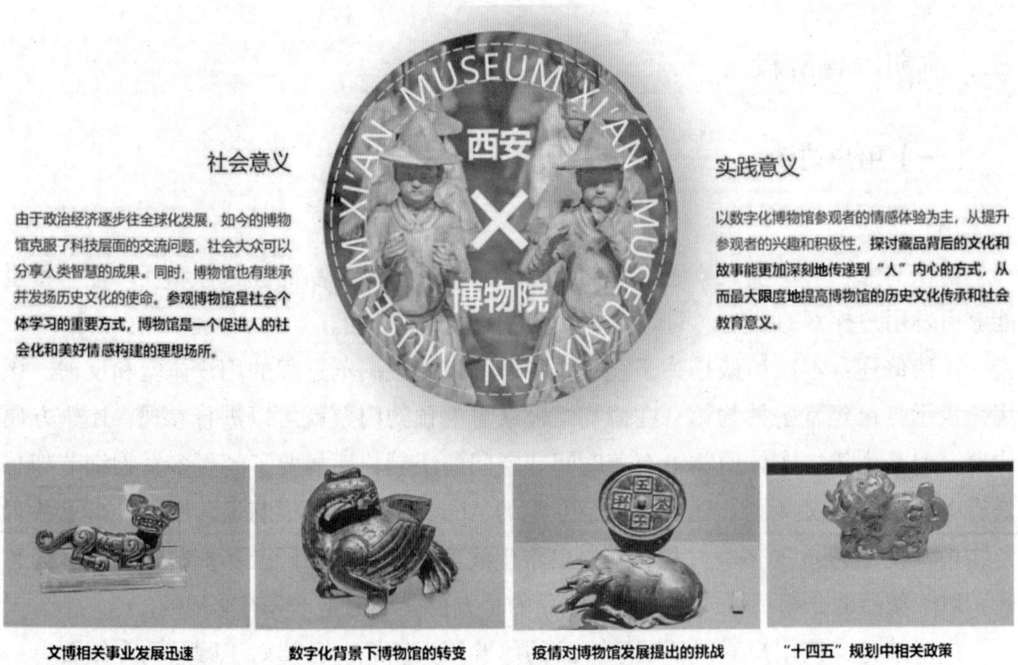

图 7–51　项目创意来源

二、设计过程

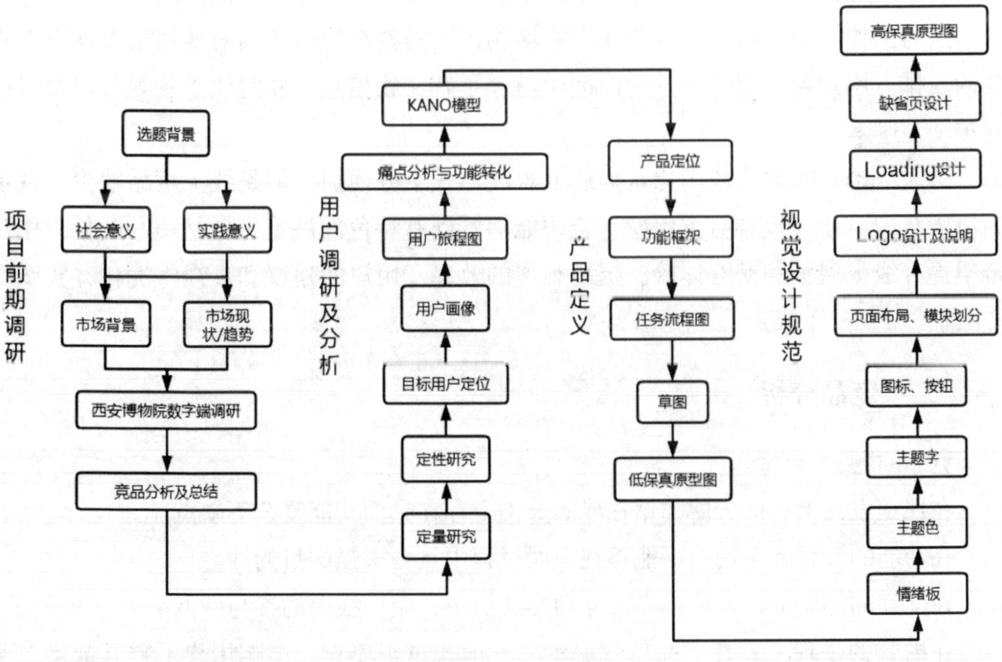

图 7–52　设计过程

三、前期准备阶段

（一）用户访谈

用户访谈1：

访谈对象：对历史文物感兴趣的年轻人，比较注重产品的趣味性和互动性。希望能够引发用户探索的欲望，调动用户对展品信息的积极性。

访谈概述：本次访谈是关于线上线下博物馆参观浏览过程的用户体验和反馈。该用户表示自己经常去博物馆，在博物馆公众号上预约门票就可以进行参观，比较方便快捷。但是由于去实体博物馆有着时间和空间的限制，而想要了解更多文物细节却总是有图无文或有文无图，还需要下载专门的App，用户觉得很麻烦。用户分享了参观博物馆及使用App的体验过程，并提出希望线上展示要全面顾及不能前来的游客的感受，对于藏品的介绍不可或缺，还有藏品的全方位展示也是十分有必要的。

访谈结论：该用户对线下展示产品的体验不太满意，希望对于藏品的介绍要有一些深度，可以吸引更多的文学、史学爱好者。并建议优化无障碍浏览藏品、界面简洁、内容易懂、功能使用便捷，为藏品展示产品提供了新思路和方向。

用户访谈2：

访谈对象：一个对历史文化感兴趣，注重互动体验和可快速获取知识的人。

访谈概述：本次访谈的对象是一位下班时间带孩子的用户，用户表示在日常生活中，因为工作原因，没有时间带孩子去博物馆，需要在短时间内对博物馆参观有着高效的安排。用户希望通过碎片化时间学习和了解文物信息，届时线下参观可以给自己的孩子讲述。

访谈结论：本次访谈用户认为线上观展形式十分便捷。但是线上藏品缺少了现场的情境氛围，让人很难有沉浸感，希望能够看到有特色的展览主题情境。此外，用户希望提升线上展览的交互体验，提高观展的效率。用户的建议和反馈将优化并实践在产品中。

（二）竞品分析

竞品问题：

在视觉设计上：部分博物馆在界面分类上存在界面功能复杂等缺点。

在功能的设置上：用户不能够在观展过程中具备很强的目的性。

在交互的体验上：博物馆界面互动形式简单，用户线上的参与性低。

在内容的呈现上：在藏品信息展示上，形式过于单一，影响用户了解其故事背景和观展中的学习体验。

因此，目前市场上需要一款目的性强、参与性高的藏品展示类产品，不仅能满足兴趣爱好者的需求，还能更好地让用户快速获取知识。同时，该产品还应该注重无障碍浏览藏品、界面简洁、内容易懂、功能使用便捷等特点，增加用户黏性。此外，该产品还应该能让用户利用碎片化时间，线上线下参展结合，让用户随时随地了解藏品信息和藏品相关知识。

App/公众号名称	开发者	产品介绍	目标用户	藏品展示功能	优点	不足
国家博物馆	中国国家博物馆	汇集国家博物馆各类线上服务，提供线上云观展综合服务	国家博物馆线下观众 博物馆爱好者	明确的品类 平面图（2—3张） 讲解 分享/收藏	文物欣赏和解读 语音讲解 藏品线下展馆定位	1.界面功能复杂 2.语音讲解只有部分藏品 3.照片不够高清
每日故宫	故宫博物院	每日甄选一款馆藏珍品，邀用户同游宋元山水，共访禁城别院，探寻皇家日常令人惊叹的细节，感受传世珍品不竭的历史生命	线上用户 博物馆爱好者	不同的专题类型 高清图 音乐 分享/收藏	高清文物细节欣赏和解读 充满艺术气息的分享模版	1.功能分布简洁，但无从下手 2.展品展示角度少
沈阳故宫博物馆小程序	沈阳市文博中心	沈阳故宫博物院文化推广，资讯快报，展览宣传，公益服务等	线上用户 博物馆爱好者	三维展示 语音讲解 分享/收藏	360°展示 高清文物细节欣赏和解读	1.没有品类分类 2.界面略显沉闷乏味
三星堆博物馆小程序	四川三星堆博物馆	明星语音讲解；实景导览；票务指南；交通指南；游玩攻略；优惠活动	线上用户 博物馆爱好者	VR虚拟展厅 3D中央展厅 短视频 讲座·纪录片	360°展示 高清文物细节欣赏和解读 DIY创作	1.界面分类模糊 2.布局拥挤

图 7–53　竞品分析

（三）用户画像

根据用户调研，提炼出以兴趣参观为主的休闲类用户和以获取知识为主的学习类用户，并绘制了用户画像模型。

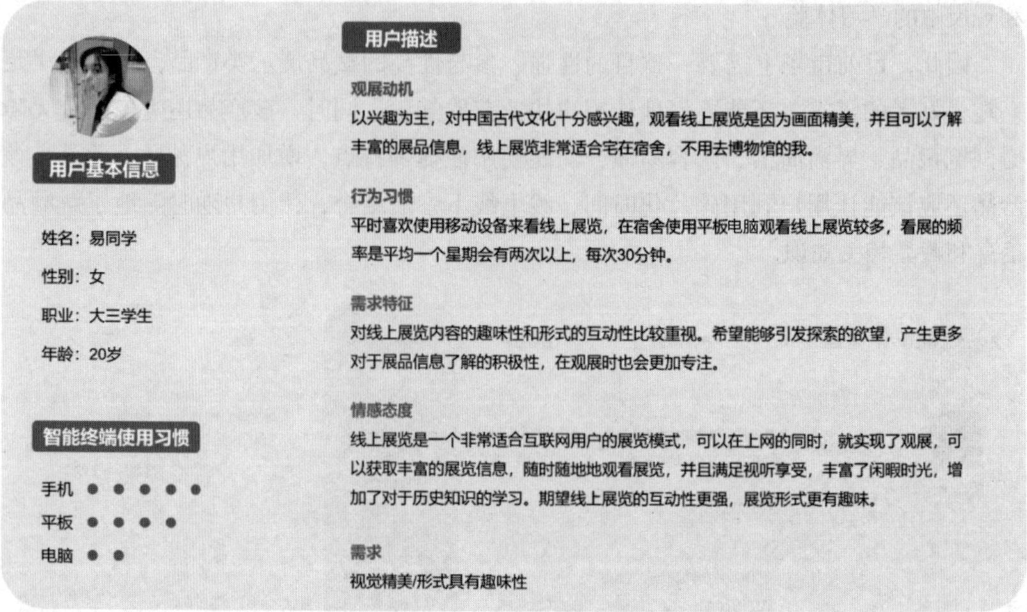

图 7–54　用户画像模型 1

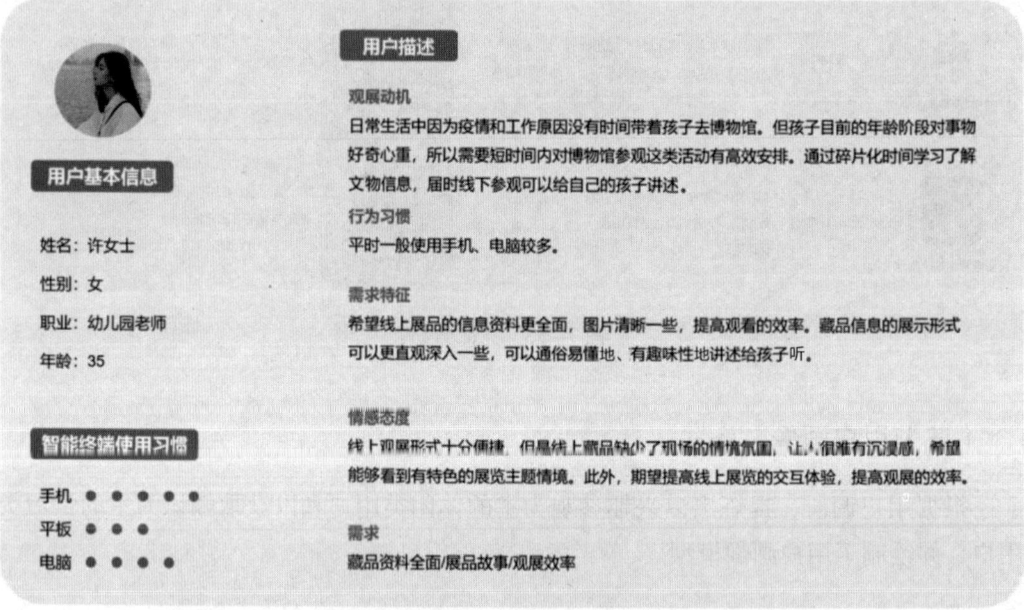

图 7–55　用户画像模型 2

（四）故事板

用户信息：

名字：易同学

年龄：20 岁

体验：使用过线上文物展示应用产品。

场景：在博物馆里使用文物展示应用产品进行线上线下参观文物结合。

场景一：周末易同学和朋友去博物馆参观历史藏品。出发前，易同学使用公众号进行门票场次预约，同时查看博物馆公众号上的藏品信息推送。到达博物馆后与朋友进行参观。

图 7–56　故事板 1

场景二：易同学和朋友开始了藏品参观，由于周末游客较多，参观藏品的空间受到限制，而且部分藏品不允许拍照，藏品的展示时间也受到限制，等易同学顺着人流到达馆藏文物前，藏品的展示时间已经结束。

图 7–57　故事板 2

场景三：观展中，易同学对一件藏品很感兴趣，想要近距离欣赏，但下方介绍只有简短的一句话，并且有距离限制。易同学下载并打开了博物馆藏品展示的 App，在 App 内搜索并查看藏品详情介绍、其他角度照片以及听了语音讲解，易同学觉得很便捷。

图 7–58　故事板 3

四、思维导图 & 原型绘制

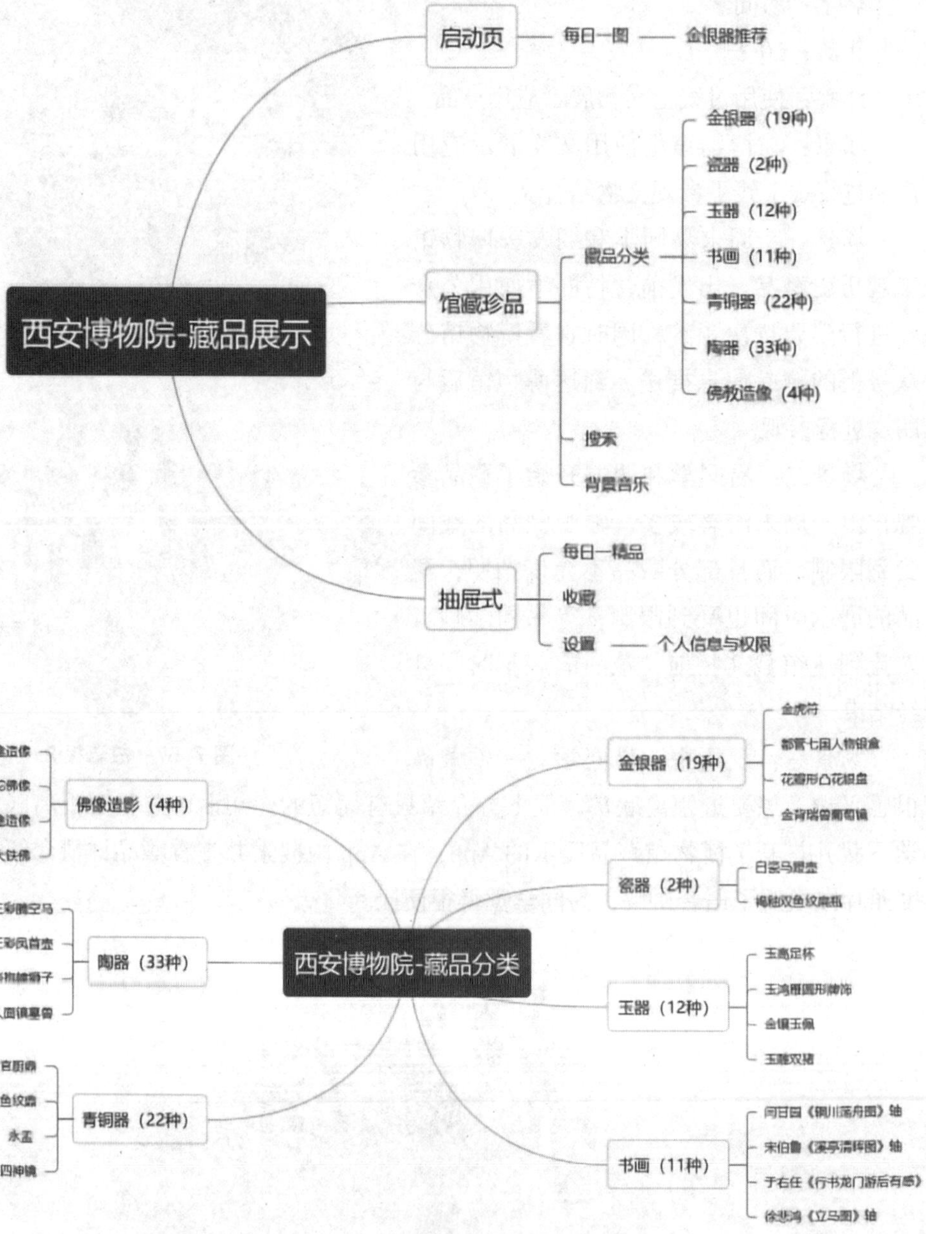

图 7–59　产品思维导图

西安博物院
每日一精品
收藏
设置
每日一精品
每日一精品
全部分类
全部分类
全部分类
收藏
收藏
金银器
金虎符
金虎符
时代：战国时期（公元前475年-公元前221年）
尺寸：长4.8厘米 高2.3厘米
来源：1979年陕西省凤翔县出土
取消

图 7-60　中保真线框图

五、高保真原型设计

（一）色彩的提取

根据西安博物院藏品自身的属性，确认“精巧别致、文化底蕴、古朴、典雅”这四个词语后找到相对应的图片，并从中提取出 48 种颜色。经过筛选，每个词语提炼出一种适合西安博物院藏品展示小程序的视觉颜色，运用在界面设计中。

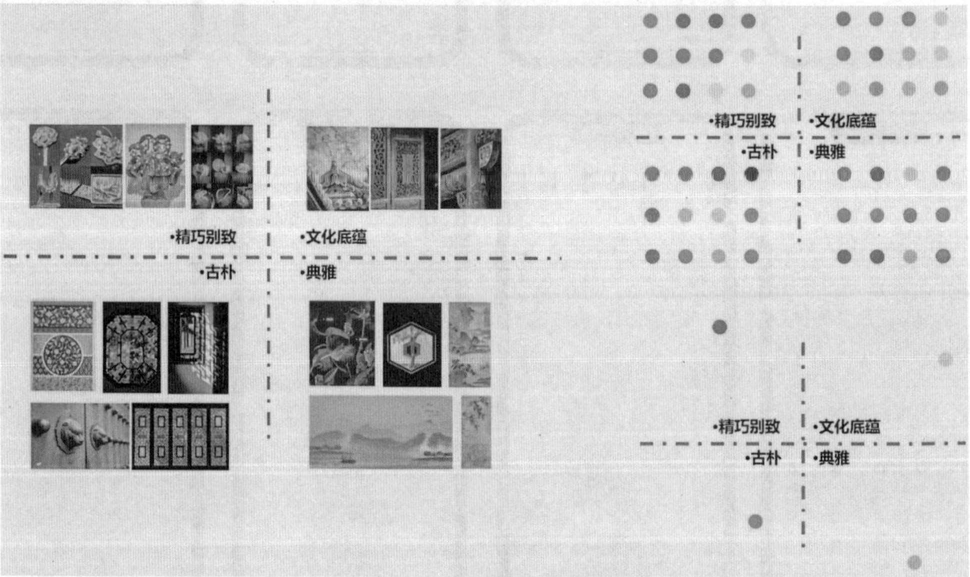

图 7-61　颜色规范的推导过程

（二）视觉规范

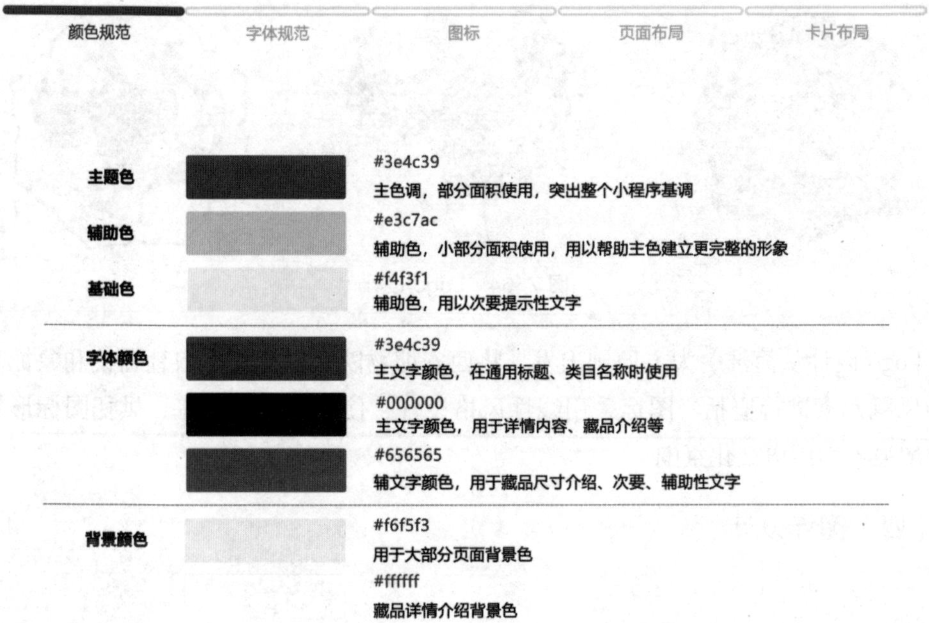

图 7–62　颜色规范

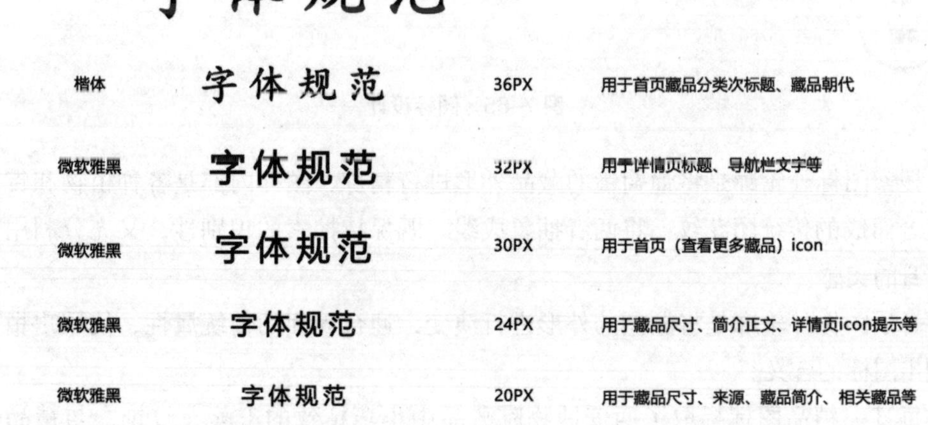

图 7–63　字体规范

（三）Logo 设计

图 7–64　Logo 设计

Logo 设计从简洁、大方原则出发，将西安博物院藏品金背瑞兽葡萄镜和象征高贵的金凤凰元素进行概括，图标采用线性风格设计，使图标形象简练、烘托图标形象的同时增强界面历史文化氛围。

（四）图标设计

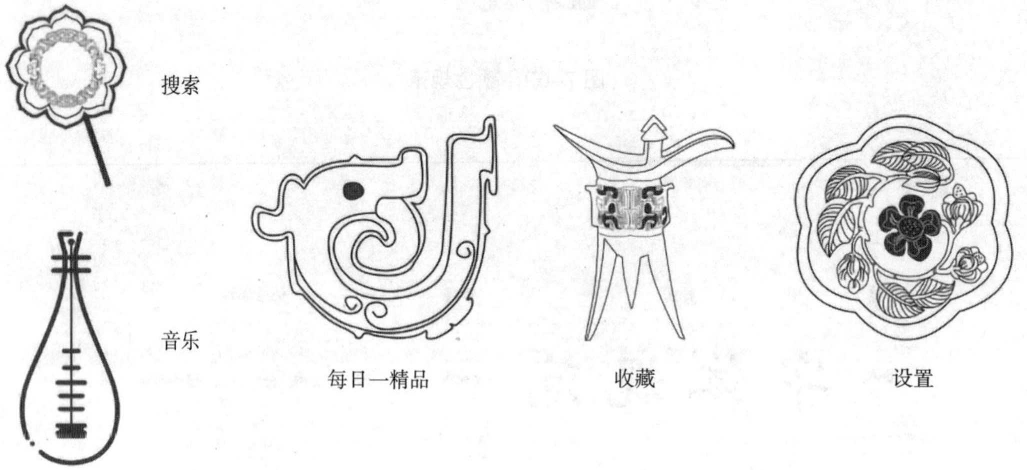

图 7–65　图标设计

搜索图标外轮廓是将葡萄镜的藏品外形进行精炼，图标内部是各种植物和吉祥图案组合而成的传统团花纹，将两者抽象成线。既保持搜索的识别性，又充分利用了藏品本身的美感。

音乐图标外轮廓是将琵琶的外形进行演变，迎合界面的传统属性，使用户精准地识别出图标的含义。

每日一精品图标提取了西安博物院藏品中小巧精致的玉夔龙纹饰，与精品一词对应。

收藏图标是西安博物院内藏品父己爵，爵是中国传统的器具，具有收集之意，故运用此藏品进行提取。

设置图标是金花银盘，金花银盘外形似传统设置图标外形，具有普适化，让用户能够清晰辨认图标含义。

（五）视觉界面设计

图 7-66 视觉界面设计

（六）空状态和 Loading 设计

图 7-67　空状态和 Loading 设计

六、主要功能介绍

启动页：以每日一精品文物推荐为主，向用户推送藏品，点击即可查看藏品全貌图，按需选择下载、收藏、转发。

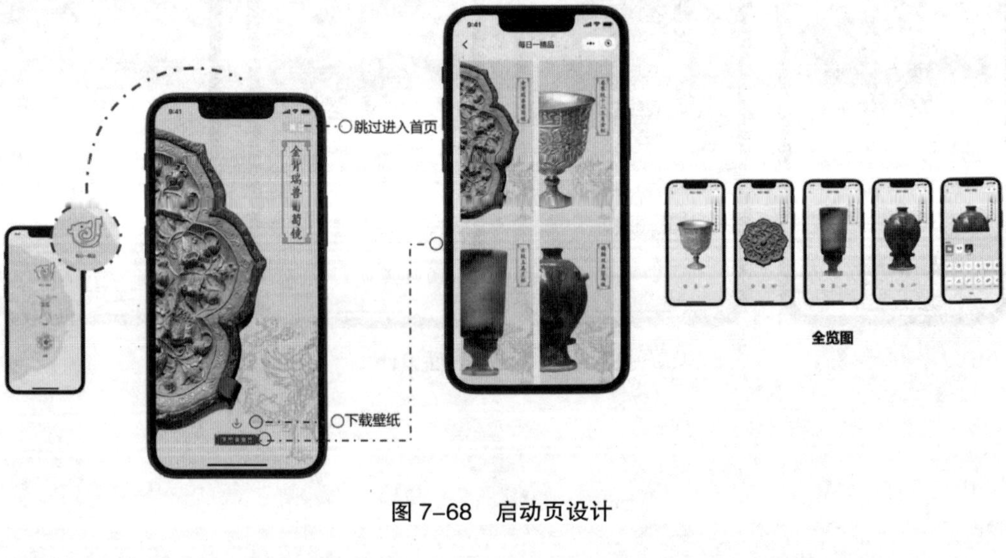

图 7-68　启动页设计

收藏页：运用卡片式设计，将内容模块划分，使用户快速获取内容。

抽屉式设计将功能隐藏起来，使页面更简洁，用户可在此找到启动页保存下来的藏品（每日一精品）和收藏、设置等功能。

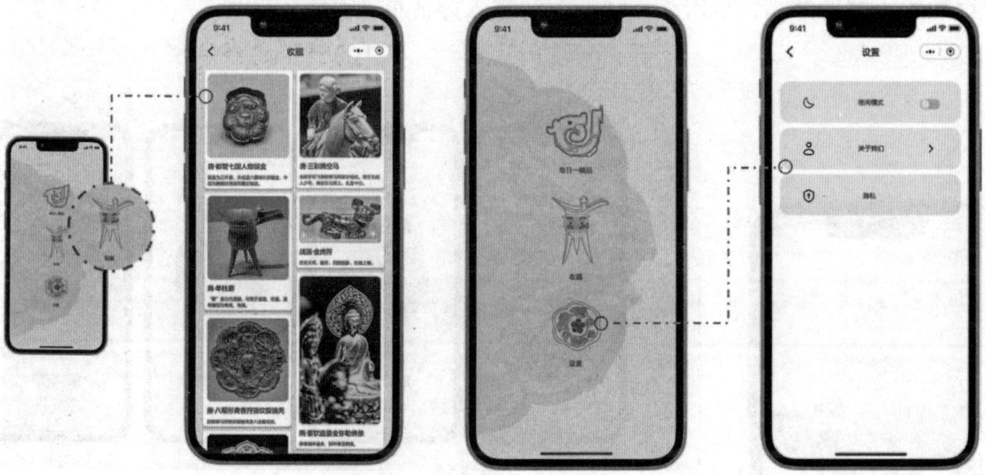

图 7–69　收藏页、抽屉式设计

搜索页：用户通过材质分类准确选择需求，也可以选择点击搜索藏品名称，快速聚焦藏品内容。

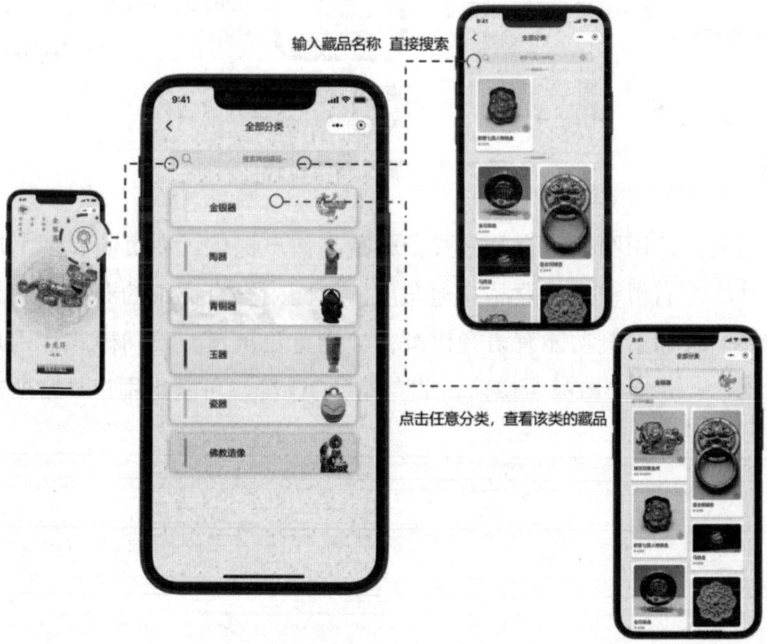

图 7–70　搜索页设计

藏品首页：将藏品分类用转轴的方式呈现在页面上方，重点突出藏品本身。藏品背景采用与之相匹配的花纹做装饰，让页面有层次之分，藏品下方是名称和朝代等基本信息。最下方按钮是查看该藏品分类里的其他藏品。设计目的是希望让用户能不假思索地快速且直观地跳转到下一界面。点击查看藏品分类后随即进入藏品专题，选择自己想要了解的藏品，点击查看详情按钮进入详情页。

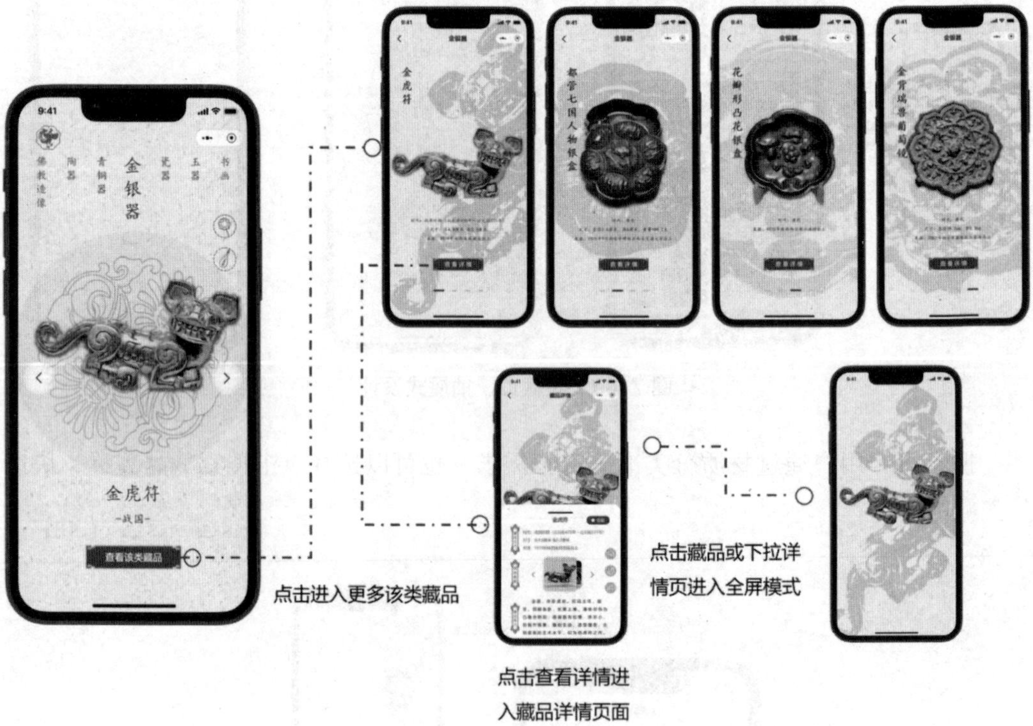

图 7–71　藏品首页设计

藏品详情页：运用图文结合的方式，将藏品信息提炼，在页面呈现上用户可快速了解藏品尺寸，左右滑动查看藏品其他角度，页面内容有详细的藏品内容介绍、同类藏品详情跳转。页面右侧功能有语音讲解，让浏览更沉浸，夜间模式让用户在夜间使用时更易阅读，一键分享藏品至微信、朋友圈、QQ 等，可满足用户日常所需。

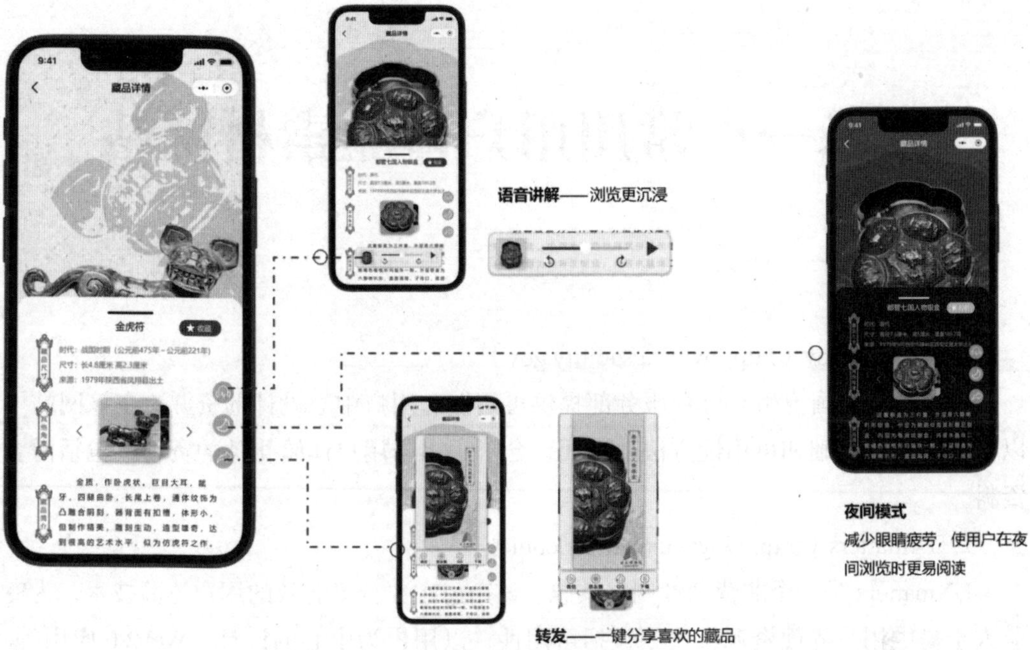

图 7–72　藏品详情页设计

附录一：常用用户体验素材网站

1. Usability.gov（http://www.usability.gov）

该网站由美国卫生与公众服务部提供可用性和用户中心设计的资源，在该网站可以学习可用性基础和可用性方法，里面包含了很多与用户体验相关的资料，包括博客资料。

2. UXmatters（http://www.uxmatters.com）

UXmatters 是一个非营利性网络杂志。该杂志主要分享有效的用户体验技术，为专业人士提供用户界面资源，议题包括可用性、以用户为中心的设计、Web2.0 应用等。还有一些文章讨论富网络应用对用户的帮助和搜索表单的可用性设计。

3. UXMagazine（http://www.uxmag.com）

主要讨论关于用户体验的话题，诸如层样式设计、程序员的设计技巧等，文章短小精悍，善于用通俗的案例来讲解理论知识。

4. Smashing Magazine（http://uxdesign.smashingmagazine.com）

该网站的精选文章很综合，包括 Design、Coding、Mobile、Word Press 等，虽然篇幅较长，但文章质量较高且体系完整，比较适合用户体验从业人员持续关注此网站。

5. UXbooth（http://www.uxbooth.com）

非常专业的用户体验网站，专注于用户体验设计的相关方面，文章整体偏向理论探讨，偏向学术派，文章质量很高。

6. Useit.com（http://www.useit.com）

该网站是可用性专家 JakobNielsen 建立的，网站的 Alertbox 部分是一个讨论当前可用性问题的双周专栏。

7. Lukew 个人博客（http://www.lukew.com）

Lukew 是一位资深的用户体验专家，是多个公司的创始人，博客中的文章几乎都是干货，分享频率很高。

8. Design Modo（http://designmodo.com）

该博客偏向于介绍设计前沿和设计趋势，Inspiration 标签中的内容尤其新颖，Resources 标签中也有很多小工具的介绍，都是很实用的内容。

9. UserInterfaceEngineering（http://www.uie.com）

UserInterfaceEngineering 公司主要进行用户界面工程的研究、培训和咨询，会举办用户界面年会。公司网站的文献栏目下有大量用户界面设计方面的文章，包括 Web 应用中的可用性挑战等。

10. UsableWeb（ http://www. usableweb. com）

UsableWeb 收集了用户界面设计方面的文章链接，我们总能在里面找到超越时间的一些文章和资源。

11. UsabilityPost（ http://www. usabilitypost，com）

该博客是一个关于可用性设计的博客，文章中提到了很多设计和应用技巧，比如用页面空白改进用户界面、用 Photoshop 颜色配置文件设计 web 图像等。

12. InfoDesign（http://www.informationdesign.org）

InfoDesign 主要讨论信息设计方面的话题，也有一些关于网络无障碍性、可用性和用户体验方面的文章可供参考。

附录二：UI 交互设计相关资料汇总

1. http://www. zcool. com. cn 站酷网

站酷网是国内最具人气的设计师互动平台，现有 200 多万设计师、艺术家聚集在此，该平台致力于打造伴随设计创意群体学习、交流、就业、交易、创业各个成长环节的生态体系。每日上传原创作品 6000 余张，目前是国内设计创意行业深受设计师喜爱的大型社区。

2. http://www.zcool.com.cn UI 中国

UI 中国，前身为 iconfans.com，是专业的界面设计师交流、学习、展示的平台，同时也是 UI 设计师人才流动的集散地，会员均为一线 UI 设计师，覆盖主流互联网公司。拥有海量的 UI 学习资料，所有内容都围绕 UI 展开，具有很强的专业性。

3. http://dribbble.com 追波网

Dribbble 是一个展示 UI 设计细节、UI 视觉灵感的分享社区，也是一个有趣的设计交流平台，在设计师圈子中已是无人不晓。网站上有全球顶级设计师的各种设计工作的截图，也有一些概念性设计，为了保证高质量的设计内容，采用的是会员邀请制。

4. http://hao.uisdc.com 设计师网址导航

该网站是优设网旗下的导航站，当我们找不到设计资源的时候，可以通过该站去寻找设计网站。

5. http://www.iconfont.cn 阿里巴巴矢量图标库

该网站提供了阿里旗下多款产品的矢量图标下载服务，具有很强的学习指导意义，还提供了图标字体生成的解决方案。

6. http://huaban.com 花瓣网

花瓣网是一家“类 Pinterest”网站，是一个基于兴趣的社交分享网站，网站为用户提供了一个简单的采集工具，帮助用户将自己喜欢的图片重新组织和收藏。既可以当图片搜索引擎使用，也可以当收藏夹使用，人们常用它来收集网上好看的图片。

7. http://www.serve.uisdc.com 优设网

该网站是一个优秀网页设计联盟，最初以网页设计居多，现在已经聚集了很多移动设计、网页设计和摄影等方面的优秀内容，同时还有大量优秀的原创文章，内容来源于自媒体以及各大互联网公司的设计总监、资深设计人员及设计爱好者，他们分享自己的专业技术、设计理念和对于某一实际问题的理解和总结。

8. http://www.zcool.com.cn/article/ZNTMwOTI=.html

该网站关注如何高效地输出 iOS 和 Android 标注和切图。

9. http://www.origintel.com/

Origintel 绘初设计，包含了很多的案例和技术文章。

10. http://www.zcool.com.cn/article/ZNTMyNTY=.html

iOS 7 设计师笔记，也可以在主页欣赏更多的原创作品以便学习。

11. http://www. zcool. com. cn/article/ZNDgzMDg =. html

《移动客户端设计开发经验——流程篇》。

12. http://www.zcool.com.cn/article/ZNDg2ODQ= .html

《移动客户端设计开发经验——设计篇》。

13. http://www.zcool.com.cn/article/ZNDQzMDA=.html

《手机客户端 UI 设计规范模版》。

14. http://www. zcool. com. cn/article/ZMzgzNDAO. html

《App 图标设计规范（翻译理论）》。

15. http://www.zcool.com.cn/article/ZMzk2MTI =.html

《浅谈手机客户端列表设计技巧》。

16. http://www.zcool.com.cn/article/ZMzglMDM2.html

《说说 App 引导页》。

17. http://www.zcool.com.cn/article/ZMzgOMjM2.html

《UI 设计观点全球 50 位顶级 UI 设计师访谈与项目解析》图书内容分享。

18. http://fanrc. loftcr. com/

为范儿奋斗网站，汇集了很多原创 App 设计资料，包括完整的视觉展示，有很多还是很值得借鉴的。

19. https://www.mockplus.cn/blog/post/27

《手机网站设计尺寸及界面布局》。

20. https://www.mockplus.cn/blog/post/291

《2016 年 UI 设计的新趋势》。

21. https://www.mockplus.cn/blog/post/292

《微软设计师：什么才是好的设计？》

22. http://uxc.360.cn/

360UXC。

23. http://cdc.tencent.com/

腾讯CDC

24. http://isux. tencent. com/

腾讯UX

25. UED大全

http://www.baiduux.com/ 百度UFO

http://ued.sohu.com/ 搜狐UED

http://ued.taobao.com/ 淘宝UED

http://www.uedl63.com/ 网易UED

http://www.uedblog.com/ YAHOO! CN UED

http://ued.ctrip.com/ 携程UED

http://fed.renren.com/ 人人网FED

http://cdc.tencent.com/ 腾讯CDC

http://isd.tencent.com/ 腾讯ISD

http://www. sndaued. com/ 盛大UED

http://ued.koubei.com/ 雅虎口碑网UED

http://ued. alipay. com/ 支付宝UED

http://www.aliued.cn/ 阿里巴巴（中文站）UED

http://www.aliued.com/ 阿里巴巴（国际站）UED

http://www.alisoftued.com/ 阿里软件UED

http://www. the9 ued. com/ The9 UED

26. http://bbs.xxdemo.com/forum.php? mod = viewthread&-tid= 7816&• extra

用户体验设计和精益设计的平衡之道。

27. www.usability.gov

国外交互设计、用户体验文档。

28. 百度文库

国内用户体验文档。

29. Axure组建库（http://www.axure.com/support/download-widget-libraries）

Axure官方组件库平台，根据需要选择下载组件库，可以让设计工作更便捷、高效，有助于制作出精美的高保真原型。

30. http://www.uiparade.com

设计控件素材网站。

31. http://www. iicns. com

全球知名的图标欣赏网站。

32. http://www.fontsquirrel.com
全球英文字体网站。
33. http://www.deviantart.com
全球知名的艺术网站。

附录三：UI 设计师必读的八本专业书籍推荐

一位资深的 UI 设计师应该具备哪些理论基础？其实这并没有标准答案，最关键的是市场的需求，但作为设计师也应该在设计中不断提升自己的业务能力和理论水平。

1. 诺曼 . 设计心理学 3：情感化设计［M］. 梅琼，译 . 北京：中信出版社，2012.

2. 库伯，等 .About Face 3 交互设计精髓［M］. 刘松涛，等译 . 北京：电子工业出版社，2008.

3. 科尔伯恩 . 简约至上交互式设计四策略［M］. 李松峰，秦绪文，译 . 北京：人民邮电出版社，2011.

4. COOPER A. 交互设计之路［M］. 丁全钢，译 . 北京：电子工业出版社，2006.

5. GARRETT J J. 用户体验要素：以用户为中心的产品设计［M］. 范晓燕，译 . 北京：机械工业出版社，2010.

6. 克鲁格 . 点石成金：访客至上的网页设计秘籍［M］. 北京：机械工业出版社，2013.

7. WILLIAMS R. 写给大家看的设计书：第 4 版［M］. 苏金国，刘亮，译 . 北京：人民邮电出版社，2009.

8. 佐佐木刚士 . 版式设计原理［M］. 武湛，译 . 北京：中国青年出版社，2007.

参考文献

［1］胡正荣，黄楚新，等 . 中国新媒体发展报告 No.13（2022）［M］. 北京：社会科学文献出版社，2022 .

［2］诺曼 . 设计心理学 3：情感化设计［M］. 梅琼，译 . 北京：中信出版社，2012.

［3］库伯，等 .About Face 4 交互设计精髓［M］，倪卫国，等译，北京：电子工业出版社，2020.

［4］科尔伯恩 . 简约至上交互式设计四策略［M］. 李松峰，秦绪文，译 . 北京：人民邮电出版社，2011.

［5］COOPER A. 交互设计之路［M］. 丁全钢，译 . 北京：电子工业出版社，2006.

［6］GARRETT J J. 用户体验要素：以用户为中心的产品设计［M］. 范晓燕，译 . 北京：机械工业出版社，2010.

［7］塞勒 . 移动浪潮：移动智能如何改变世界［M］. 邹韬，译 . 北京：中信出版社，2013.

［8］BULEY L. 用户体验多面手［M］. 新浪微博用户研究与体验设计中心，七印部落，译 . 武汉：华中科技大学出版社，2014.

［9］常丽 . 潮流 UI 设计必修课［M］. 北京：人民邮电出版社，2015.

［10］余振华 . 术与道：移动应用 UI 设计必修课［M］. 北京：人民邮电出版社，2016.

［11］罗仕鉴，朱上上 . 用户体验与产品创新设计［M］. 北京：机械工业出版社，2010.

［12］腾讯公司用户研究与体验设计部 . 在你身边为你设计：腾讯的用户体验设计之道［M］. 北京：电子工业出版社，2013.

［13］克鲁格 . 点石成金：访客至上的网页设计秘籍［M］. 北京：机械工业出版社，2013.

［14］RATCLIFFE L，MCNEILL M. 当用户体验设计遇上敏捷［M］. 陈宗斌，译 . 北京：人民邮电出版社，2013.

［15］赵大羽，关东升 . 品味移动设计［M］. 北京：人民邮电出版社，2013.

［16］傅小贞，胡甲超，郑元拢 . 移动设计［M］. 北京：电子工业出版社，2013.

［17］布朗 .IDEO，设计改变一切［M］. 侯婷，译 . 沈阳：万卷出版公司，2011.

［18］WILLIAMS R. 写给大家看的设计书：第 4 版［M］. 苏金国，刘亮，译 . 北京：人民邮电出版社，2009.

［19］魏因申克 . 设计师要懂心理学［M］. 徐佳，马迪，余盈亿，译 . 北京：人民邮电出版社，2013.

［20］佐佐木刚士 . 版式设计原理［M］. 武湛，译 . 北京：中国青年出版社，2007.

［21］原田玲仁 . 每天懂一点色彩心理学［M］. 郭勇，译 . 西安：陕西师范大学出版社，2009.

［22］CAGAN M. 启示录：打造用户喜爱的产品［M］. 七印部落，译 . 武汉：华中科技大学出版社，2011.

图书在版编目(CIP)数据

用户体验与UI交互设计 / 石云平，刘丽萍，李永文主编 . -- 2版 . -- 北京：中国传媒大学出版社，2024.6

ISBN 978-7-5657-3608-7

Ⅰ . ①用… Ⅱ . ①石… ②刘… ③李… Ⅲ . ①人机界面—程序设计—教材 Ⅳ . ① TP311.1

中国国家版本馆CIP数据核字(2024)第025077号

用户体验与UI交互设计（第二版）

YONGHU TIYAN YU UI JIAOHU SHEJI (DI-ER BAN)

主　　编	石云平　刘丽萍　李永文
副 主 编	雷子昂　李　可　左子昂
责任编辑	张　静
特约编辑	李　婷
责任印制	李志鹏
封面设计	运平设计

出版发行	中国传媒大学出版社		
社　　址	北京市朝阳区定福庄东街1号	**邮　　编**	100024
电　　话	86-10-65450528　65450532	**传　　真**	65779405
网　　址	http://cucp.cuc.edu.cn		
经　　销	全国新华书店		

印　　刷	北京中科印刷有限公司
开　　本	787mm × 1092mm　1/16
印　　张	20
字　　数	392千字
版　　次	2024年6月第2版
印　　次	2024年6月第1次印刷

书　　号	ISBN 978-7-5657-3608-7/TP · 3608	**定　　价**	68.00元

本社法律顾问：北京嘉润律师事务所　郭建平